连接结构动力学预测与辨识

Dynamic Prediction and Identification of Jointed Structures

王　东　万　强　张周锁　著

国防工业出版社

·北京·

内 容 简 介

本书介绍了连接结构动力学研究的通用基本理论，包括动力学建模、求解和系统辨识三部分内容。第一部分，针对连接界面黏滑摩擦接触行为引起的非线性特征，介绍了基于微细观接触机理和唯象模型的两类非线性动力学建模方法；第二部分，针对含局部非线性连接模型的结构动力学微分方程，介绍了谐波平衡法、高维非线性代数方程组迭代求解方法和非线性动力学降阶方法；第三部分，针对连接结构预紧状态的辨识问题，介绍了非线性系统辨识方法、动力学敏感特征提取方法和连接状态识别方法。本书在阐明连接结构动力学理论原理和分析方法的基础上，介绍了作者团队近年来的研究进展，并指出了工程装备结构动力学分析与性能评估面临的挑战。

本书可作为高等院校航空航天、军工和核电等专业的高年级本科生或研究生的教材，也可为工程力学、机械工程、动力学与控制等专业的科学研究和工程技术人员提供参考。

图书在版编目（CIP）数据

连接结构动力学预测与辨识 / 王东，万强，张周锁著. —北京：国防工业出版社，2024.4

ISBN 978-7-118-13292-2

Ⅰ. ①连… Ⅱ. ①王… ②万… ③张… Ⅲ. ①结构动力学 Ⅳ. ①O919

中国国家版本馆 CIP 数据核字（2024）第 063913 号

国防工業出版社出版发行

（北京市海淀区紫竹院南路 23 号 邮政编码 100048）

三河市天利华印刷装订有限公司印刷

新华书店经售

*

开本 710×1000 1/16 插页 4 印张 15 字数 250 千字

2024 年 4 月第 1 版第 1 次印刷 印数 1—1200 册 **定价 90.00 元**

国防书店：(010)88540777　　书店传真：(010)88540776

发行业务：(010)88540717　　发行传真：(010)88540762

作者简介

王东，男，1988 年生，博士，中国工程物理研究院总体工程研究所副研究员。主要从事连接结构非线性动力学建模与求解方法研究。承担国防基础科研核科学挑战计划专题 1 项，国家自然科学青年基金 1 项，叶企孙联合基金重点项目子课题 1 项。以第一作者发表期刊论文 20 余篇（SCI 检索 10 篇），授权发明专利 2 项。获“十三五国防核科学挑战英才”“中物院总体所先进青年”称号。

万强，男，1979 年生，博士，中国工程物理研究院总体工程研究所研究员，博导，副所长。主要从事表面黏附接触机理和无损检测方法研究。主持国家自然科学基金 3 项、中物院科学技术发展基金 3 项。发表期刊论文 120 余篇（SCI 检索 50 余篇），专著 3 部，授权发明专利 12 项。获陕西省科学技术奖一等奖 1 项，四川省科技进步奖二等奖 1 项，中国力学学会科技进步奖二等奖 1 项。获中国科协求是杰出青年奖，四川省青年科技奖，中物院邓稼先青年科技奖。入选四川省学术和技术带头人，四川省“天府万人计划”科技菁英。

张周锁，男，1964 年生，博士，西安交通大学教授，博导。主要从事机械设备状态监测与故障诊断方法研究。主持国家自然科学基金项目 4 项，国防预研项目 1 项。发表期刊论文 40 余篇（SCI 检索 20 余篇），专著 1 部。获国家技术发明二等奖 1 项，国家科技进步三等奖 1 项，教育部技术发明一等奖 1 项。中国机械工程学会高级会员，中国振动工程学会故障诊断专业委员会理事。

作者简介

前　言

随着我国科技的迅速发展，在核武器、航空发动机和大型空间站等工程装备结构的研制过程中，连接结构动力学研究往往是装备结构优化设计、状态监测/检测、可靠性评估与寿命预测的关键所在。

工程装备结构中，部组件往往通过不同形式的连接结构装配而成，如螺栓连接、隔振器连接、楔形环、铆接和过盈配合等。零部件之间主要通过这些预紧连接界面传递能量和载荷。连接是整体结构的关键薄弱环节，在全寿命周期的服役过程中，受到振动和冲击载荷的作用，连接界面的预紧性能将发生退化，严重地影响装备结构的完整性、功能性和安全性。在装备结构设计阶段，需要开展连接界面接触行为影响的动力学传递特性分析，建立连接界面特征参数与装备性能之间的关联，为结构设计的优化改进提供依据。在装备结构服役过程中，需要提取结构的动力学敏感特征，识别连接界面的预紧状态和载荷传递特性，评估整体结构的可靠性和安全性等。

连接界面的黏着、滑移、摩擦、碰撞和分离等接触行为具有明显的多尺度和非线性等特征，对装备结构的动力学响应特性有重要的影响。考虑到连接界面接触行为的复杂性，以及对内部接触界面进行实验观测的困难性，连接结构的动力学建模、响应预测和状态辨识等一直是颇具挑战的科学问题，所以有必要对目前连接结构动力学的研究方法进行梳理和总结，力图发展新的非线性连接模型、高效的非线性动力学求解算法和有效的连接状态辨识方法。

本书针对连接结构动力学研究的相关问题，介绍了动力学建模、求解和系统辨识等方面的研究工作，形成了复杂连接结构非线性动力学响应的快速预测能力和连接界面预紧状态的有效辨识能力，研究工作对连接结构动力学的发展具有积极推动作用。本书具有以下特点：

（1）系统性。本书力图较系统地讲述连接结构动力学研究的基本问题，包括动力学建模、求解与系统辨识三部分研究内容。能够为工程装备结构设计者和实验人员深入地认识连接结构对动力学传递特性的影响机制提供理论指导。

（2）创新性。本书内容涉及连接结构动力学研究的先进建模方法、高效求解技术、敏感特征提取方法和预紧性能定量评估方法等，并指出了连接结构动力学研究面临的挑战，能够为从事工程装备结构动力学优化设计与性能评估的科研工作者提供理论指导。

（3）实用性。本书面向工程装备结构动力学分析与性能评估的需求，建立了连接界面黏滑摩擦接触行为的非线性动力学降阶模型和高效非线性动力学求解方法，实现了正向地快速预测复杂连接结构的稳态非线性动力学响应；发展了振动响应的敏感特征提取方法和预紧状态分类方法，实现了反向地识别连接结构的预紧状态；以工程中常见的螺栓连接结构为例，对非线性动力学响应的预测能力和预紧状态的辨识能力进行说明。本书能够为从事工程装备结构动力学设计和健康监测的工程人员提供技术指导。

本书共分为 10 章。第 1 章为绪论，讲述了连接结构动力学研究的背景意义、现状和挑战问题。第 2 章介绍了连接界面基于物理机理和唯象模型的两类非线性动力学降阶建模方法。第 3 章介绍了融合微细观接触机理和唯象模型的降价建模方法。第 2 章和第 3 章着重利用具有物理意义的模型参数描述连接界面黏滑摩擦接触行为引起的非线性软化刚度和迟滞非线性等特征。第 4 章介绍了连接结构的非线性动力学分析方法，包括谐波平衡法、高维非线性代数方程组的牛顿-拉弗森（Newton-Raphson）迭代法及收敛增强方法。第 5 章介绍了复杂连接结构的非线性动力学降阶方法，包括基于模态叠加法和局部非线性转换的两种降阶方法。第 4 章和第 5 章发展的非线性动力学求解方法实现了正向地快速预测复杂连接结构的稳态非线性动力学响应，并利用含螺栓连接的质量弹簧振子系统、二维欧拉梁结构和三维薄壁筒结构进行算例演示，揭示了连接界面黏滑摩擦接触行为对结构非线性动力学响应特性的影响规律，能够为工程装备结构的动力学优化设计与性能评估提供理论支撑。第 6 章介绍了基于灵敏度特征分析的非线性系统辨识方法，是连接结构动力学正问题和反问题的过渡章节。第 7 章介绍了基于连接界面非线性载荷重构的预紧状态辨识方法。第 8 章介绍了连接结构振动响应的时频域分析方法。第 9 章介绍了基于自适应模式分解构造动力学敏感特征的连接状态辨识方法。第 10 章介绍了基于状态子空间信息相似性的连接结构预紧性能定量评估方法。第 7~10 章发展的系统辨识方法实现了反向地识别连接结构预紧性能的变化，并利用螺栓连接梁和螺栓法兰连接结构的动态特性实验进行验证，能够为工程装备结构的健康监测与状态评估提供理论算法和实现途径。其中，连接结构动力学建模、求解和辨识研究使用的商业有限元软件和 Matlab 软件由西安交通大学提供。

在本书成稿过程中，王东负责全书的统稿和主要内容编写；万强负责第 7 章内容的编写，并对全书内容进行整体把关；张周锁负责第 9 章和第 10 章内容的编写。

由于作者水平有限，书中难免有不妥之处，热忱欢迎读者和专家批评指正。

作者

2023 年 1 月

目 录

第1章 绪论

1.1 背景意义

1.1.1 必要性

工程装备结构是支撑国防安全和促进国民经济发展的重要物质基础。在新一轮科技革命浪潮下，只有坚持创新驱动、智能转型并强化应用基础研究才能有效地促进高档数控机床、智能机器人、先进轨道交通、航空航天和兵工等领域的发展。这对工程装备结构的精度、效率、可靠性和使用寿命等提出了更加严苛的设计要求，一些原本被弱化的影响因素也逐渐被重点考虑，以探究其在新工程背景下的影响效应，从而确保工程装备结构的运行安全和使用功能。

连接结构动力学（dynamics of jointed structures）研究是工程装备结构优化设计与性能评估的基础支撑。工程装备结构，如航空发动机、航天飞行器和武器系统等，都是由种类繁多的零件和部件装配而成。以武器系统为例，其由战斗部、动力装置、制导系统和弹体四大部件组成。零部件主要通过不同形式的连接结构装配而成，如螺栓法兰连接、发动机叶盘榫接、包带连接、楔形环和金属橡胶减振器等，如图1.1所示，这将形成大量的接触界面，即连接界面（joint interfaces）[1-3]。连接是工程装备结构的重要组成单元，也是整体结构的关键薄弱环节，界面的预紧状态将严重影响工程装备结构的完整性、功能性和安全性。

连接界面的存在对整体结构的动力学响应特性有重要影响。工程装备结构中各零部件之间主要通过连接界面传递载荷和能量[4-6]。在产品全寿命周期内，受到振动和冲击载荷的作用，接触界面将发生摩擦、磨损、滑移、碰撞和分离等行为[7-9]，引起界面预紧力下降和结构损伤破坏等现象。1983年美国康涅狄格州大桥坍塌，原因是桥体螺栓连接的松动和断裂。2007年中华航空公

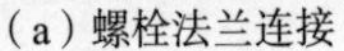
（a）螺栓法兰连接

（b）金属橡胶减振器

（c）发动机叶盘榫接

图 1.1　工程装备结构的典型连接形式

司一架波音客机发生起火爆炸，原因是前缘襟翼螺栓松动脱落，刺穿油箱。连接界面预紧状态的改变将影响整体结构的稳定性和可靠性，造成核心部件的功能失效，尤其是航空航天飞行器和武器装备等精密结构。但是，这些接触界面的黏滑摩擦接触行为将引起迟滞能量耗散，形成干摩擦阻尼效应，很多工程装备结构则利用这种能量耗散机制来减振和抑振，如金属橡胶隔振器和涡轮发动机中叶片-叶盘榫接的缘板阻尼结构等[10-11]。

因此，准确地预测连接结构的动力学响应特性、评估连接界面的预紧状态对保证装备结构的可靠性、稳定性和使用性能具有重要的工程应用价值。同时，为了减弱连接界面力学行为的不利影响、优化摩擦耗能的减振和抑振效果，连接结构的动力学建模、动态响应特性分析、服役状态辨识与评估等就成为亟待解决、无法回避的重要科学问题，本书统称为连接结构动力学问题。

1.1.2　挑战性

连接结构动力学问题可分为正向地预测结构的动力学响应、反向地辨识外激励载荷和连接界面的力学特性，三类动力学问题已知量和未知待求量的关系如图 1.2 所示。

针对图 1.2（a）中的正向预测问题，连接界面内部的接触行为具有明显的非线性和多尺度等特点，在宏观尺度表现出的非线性特征与界面的微细观接触机理和粗糙度特征等相关，这给工程装备结构的动力学建模与响应特性分析带来了极大的困难[12-15]。

非线性方面，连接界面的摩擦和滑移等接触行为将引起迟滞非线性、能量

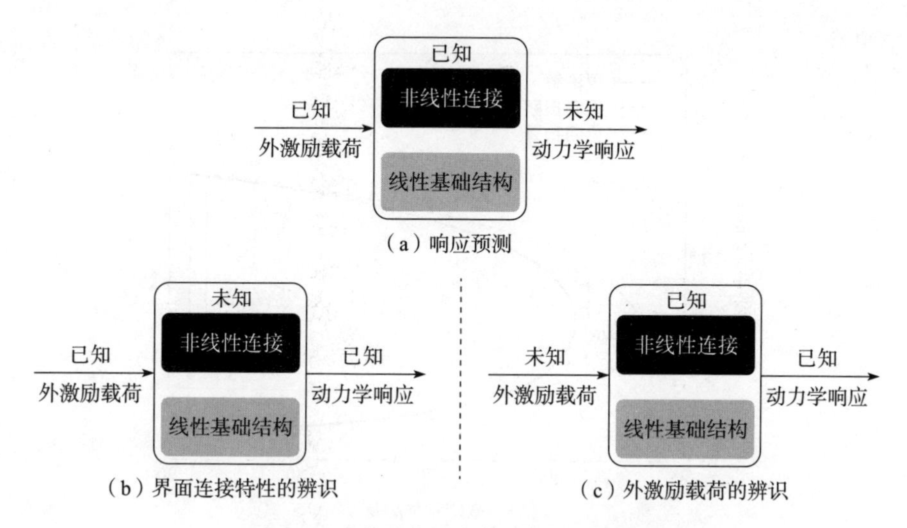

图1.2 连接结构动力学研究的三类问题

耗散和非线性软化刚度等特征，对整体结构的动力学响应特性有重要影响[2,8,16]，出现诸如共振频率漂移、倍频和跳跃等现象，如图1.3所示。在图1.3（a）中，随着外激励载荷幅值的增加，频响函数（frequency response function，FRF）峰值对应的共振频率逐渐减小，表现出非线性刚度软化效应；频响函数的峰值逐渐减小，表现出幅变阻尼效应。在图1.3（b）中，由于强非线性的影响效应，正向、负向扫频获得的频响函数的路径不重合，即跳跃现象，在两个跳跃频率点之间存在非线性多支解。

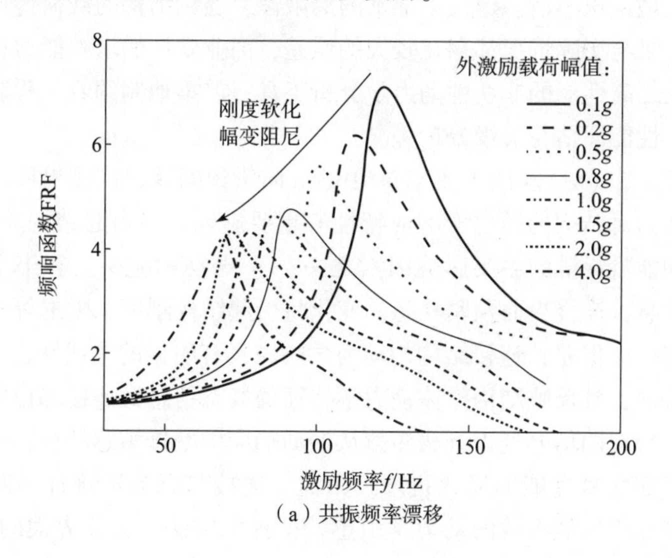

（a）共振频率漂移

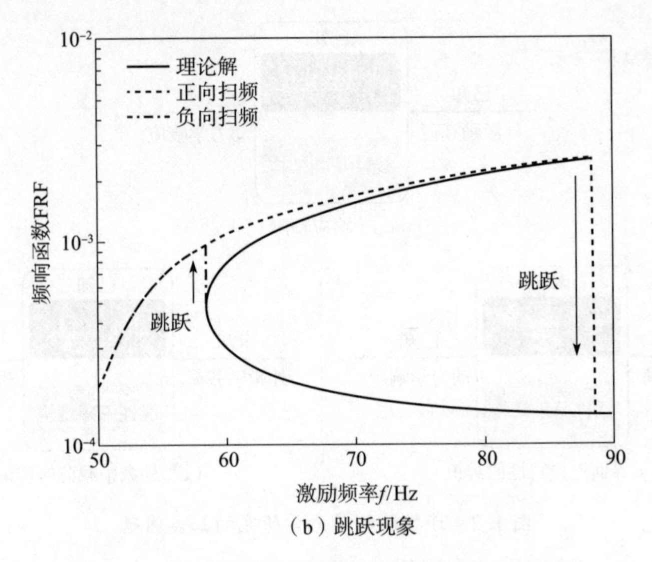

（b）跳跃现象

图 1.3　连接界面对非线性动力学响应特性的影响

多尺度方面，在空间尺度上（米级至微米级），工程装备结构整体具有米级尺度，描述连接界面接触行为的单元为微米级尺度。在时间尺度上（分钟级至纳秒级），获得结构的稳态动力学响应需要几十秒甚至几分钟，而数值积分的时间步长在微秒级甚至纳秒级尺度[7]。因此，直接采用精细有限元方法对工程装备结构进行数值仿真将耗费巨大的计算资源。并且，由于对连接界面微细观接触机理认识不清、建模不准确的局限性，连接结构的载荷传递和动力学响应分析结果与实际情况都存在较大的误差，商业软件的求解能力也受到极大的限制。缺乏高性能的非线性动力学分析工具，严重地制约着工程装备结构的优化设计、性能评估与决策分析等。

针对图 1.2（b）和图 1.2（c）中的反向辨识问题，连接界面的摩擦和滑移等接触行为对结构的动力学响应特性有重要影响，是引起结构非线性刚度、无源阻尼和能量耗散的主要影响因素之一[17]。振动响应中含有丰富的结构状态和损伤信息，连接界面预紧状态的变化将引起结构刚度、阻尼等动力学特征参数的改变[7]。但是，连接结构的动力学响应具有明显的非线性、非平稳性和易耦合等特征，且反映结构整体动力学特征的模态信息对连接部位的局部损伤很不敏感。现有的信号处理方法多数从振动响应中挖掘敏感特征，难以真实地反映连接界面预紧性能的退化机理。因此，连接状态的准确评估难度仍然很大，其关键在于发展有效的动力学敏感特征提取方法，关联界面的损伤机理，定量地描述连接结构的预紧性能退化。

基于上述工程背景需求和挑战性的描述，本书重点针对连接界面的非线性动力学降阶建模方法、复杂连接结构的高效非线性动力学求解方法、动力学敏感特征的提取方法与连接界面预紧状态的评估方法进行介绍。

1.2 响应预测方面

针对连接结构动力学研究的相关问题，桑迪亚（Sandia）国家实验室、洛斯·阿拉莫斯（Los Alamos）国家实验室、美国航空航天局（National Aeronautics and Space Administration，NASA）和欧盟等研究机构进行了一系列理论分析和实验研究。其中，桑迪亚国家实验室面向核武器装备性能评估的迫切需求，提出了连接结构动力学研究的若干基础问题，开展了多年的研究工作，于2009年出版了《连接结构动力学手册》《Handbook on dynamics of jointed structures》[7]；并且定期举行连接结构动力学研讨会（International Workshop on Joint Mechanics，2006年，2009年，2013年，2016年），于2018年出版了专著《The mechanics of jointed structures：Recent research and open challenges for developing predictive models for structural dynamics》[8]。美国机械工程师学会（American Society of Mechanical Engineers，ASME）成立了连接结构动力学专业委员会（Dynamics of Structures with Mechanical Contact/Joint Interfaces），聚焦于连接结构动力学的理论研究和实验方法等。2017年3月，欧盟在地平线H2020框架下正式启动了EXPERTISE计划，聚焦于航空发动机的连接结构动力学问题。国内，西北工业大学联合中国工程物理研究院于2017年发起了连接结构动力学研讨会，已连续召开五届（2017年，西安；2018年，成都；2019年，南京；2020年，沈阳；2023年，太仓）。

1.2.1 连接界面的非线性动力学建模方法

1.2.1.1 动态特性实验

连接结构动力学特性实验研究有助于深入地了解连接界面的非线性接触机理以及对整体结构动力学响应特性的影响规律。服役过程中的连接界面是无法直接观测的，研究者主要通过间接地测量结构的动力学响应特性来表征连接界面的接触行为，如基于加速度测量的大质量块模型和“哑铃”状螺栓连接振子（桑迪亚国家实验室）[7]、含端部摩擦的连接梁系统（伊朗科技大学）[18]、基于薄壁设计的共振摩擦振子（埃尔朗根-纽伦堡大学）[19]和基于激光位移测振和压电促动器加载装置的摩擦测试系统（伊利诺伊大学厄巴纳-香槟分校)[20] 等，如图 1.4 所示。

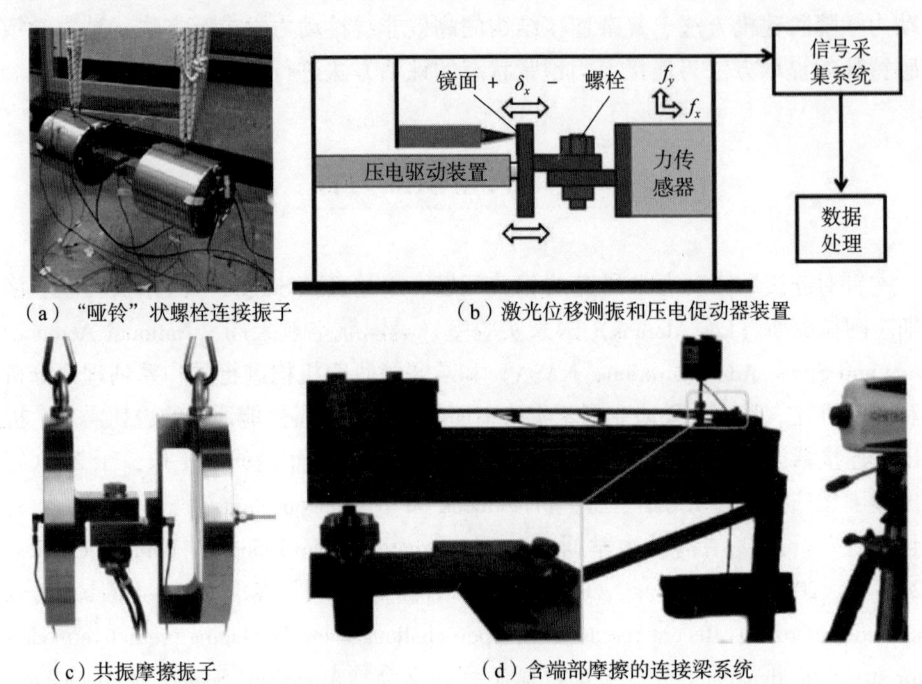

（a）“哑铃”状螺栓连接振子　　（b）激光位移测振和压电促动器装置

（c）共振摩擦振子　　（d）含端部摩擦的连接梁系统

图 1.4　连接结构动力学特性研究的实验设置

在振动和冲击载荷作用下，连接界面在切向（平行于接触界面）可能发生摩擦、黏着和滑移等接触行为，如图 1.5（a）所示；在法向（垂直于接触界面）可能出现间歇性分离和碰撞等接触行为，如图 1.5（b）所示；多数情况下，连接界面切向和法向的接触行为往往是耦合的，如图 1.5（c）所示。连接界面的接触行为将导致结构的动力学响应特性异常复杂，出现诸如由切向黏滑摩擦接触行为导致的刚度软化和能量耗散等现象，以及法向碰撞导致的振动能量在低频和高频之间转移。

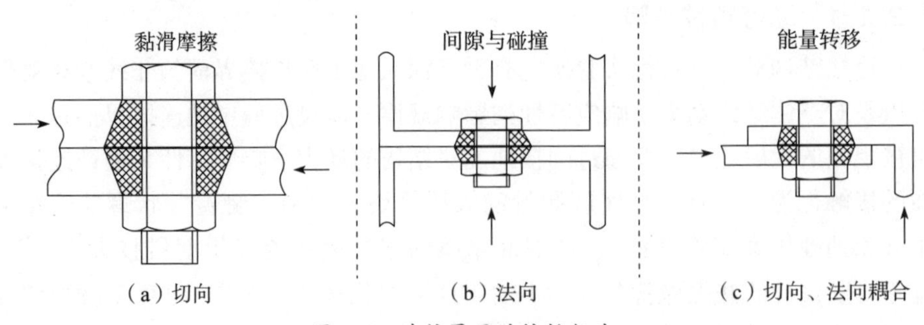

（a）切向　　（b）法向　　（c）切向、法向耦合

图 1.5　连接界面的接触行为

因此，考虑到连接界面内部接触行为的复杂性，以及连接结构动力学分析在物理空间和时间历程上跨越了多个尺度[7]，直接进行工程装备结构动力学仿真的计算规模和计算总步数将异常庞大。采用降阶①模型（reduced-order model，ROM）描述连接界面的非线性特征为复杂连接结构的动力学仿真分析提供了一条可行的实施途径[21-22]。

1.2.1.2 降阶建模方法

等效线性化的动力学降阶建模方法一般采用经验式的刚度、阻尼元件或虚拟材料（各向同性或异性）粗略表征连接界面，利用模态或振动实验结果修正等效刚度（共振频率）和阻尼（共振频率点幅值）等参数，但常常出现某种实验条件下标定的模型参数无法外推到其他载荷工况的现象[23-24]。忽略了连接界面内部物理信息导致的非线性特征，预测的振动传递特性与实际情况还存在较大偏差，难以满足装备结构动力学优化设计、性能评估和决策分析的工程需求。

随着接触力学、摩擦学和塑性力学等学科的发展，研究者开始从不同的角度考虑连接问题，提出了基于物理机理的“自下而上”和基于数据驱动的“自上而下”的两类非线性动力学降阶建模方法[25]。前者从微细观尺度的物理接触机理出发，逐步利用数理统计或分形的跨尺度手段建立连接界面的动力学模型；后者则利用宏观尺度的动力学响应，采用系统辨识方法建立唯象模型来复现连接界面的非线性特征。

（1）基于物理机理的“自下而上”的建模方法（physics-based modeling）。名义的光滑表面在微观尺度下都是粗糙凹凸不平的，如图 1.6 所示。“自下而上”的建模方法从工程表面是绝对粗糙的假设入手，首先分析微凸体的弹塑性接触变形和黏滑摩擦接触行为，再结合粗糙面形貌的概率统计方法或分形思想，建立连接界面的非线性动力学降阶模型[26-27]。

在法向预紧载荷的作用下，连接界面相互挤压，发生接触；受到切向拉伸载荷的作用，接触面将发生黏着和滑移行为。赫兹（Hertz）基于弹性力学和几何学理论研究了两个圆柱和球体的法向接触行为，建立了赫兹弹性接触理论解[28]。之后，Mindlin 结合赫兹接触理论与库仑摩擦理论建立了单个微凸体切向接触的理论解[29-30]。Mindlin 解将微凸体的接触区域分为黏着和滑移两部分，通过切向接触载荷和相对位移的关系描述非线性软化刚度特征，并推导了

① 降阶在本书中有两层意思：在建模方面，降阶（reduced-order）旨在采用简单的模型形式描述连接界面的非线性、多尺度等特征；在动力学求解方面，降阶（reduction）旨在降低非线性动力学方程的维数，减小计算规模。

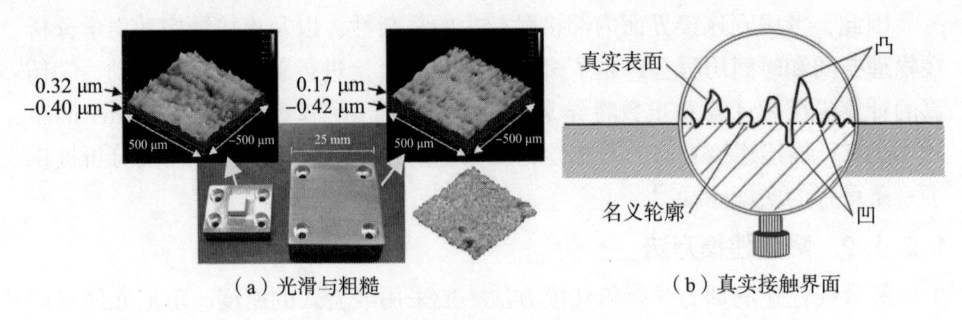

（a）光滑与粗糙　　（b）真实接触界面

图 1.6　名义的光滑平面与粗糙界面

单位周期的能量耗散。Johnson 通过球体和平面接触的微动实验结果验证了 Mindlin 接触理论解[31-32]。

随着法向预紧载荷的增加，微凸体将发生塑性接触变形[33-34]，如图 1.7 所示。Chang 等在赫兹解中引入冯·米塞斯（Von Mises）屈服准则，获得了微凸体接触区域内最大剪切应力的分布规律，在切向接触载荷中考虑了塑性变形的影响，建立了摩擦系数与法向接触变形的关联关系[35]。结合有限元分析方法，Kogut[36]、Jackson[37] 和 Brizmer[38] 分别建立了考虑法向接触变形影响的摩擦系数模型。

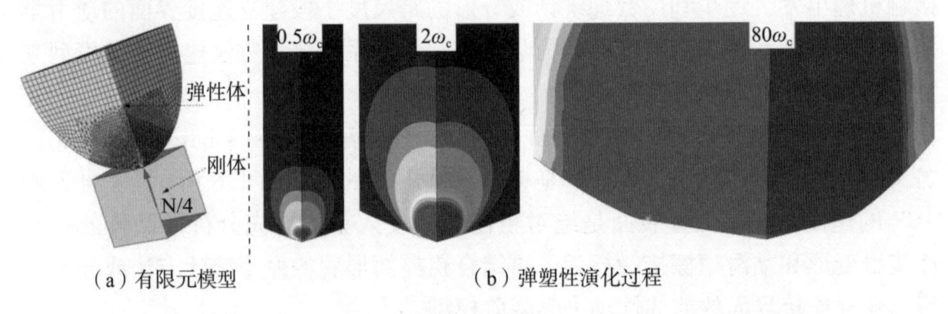

（a）有限元模型　　（b）弹塑性演化过程

图 1.7　微凸体法向接触的变形规律（图中 ω_c 为临界弹塑性接触变形）

Greenwood 等假设接触表面的轮廓均匀地分布着等曲率的球截状微凸体，各微凸体的接触变形互不影响，单个微凸体的接触行为可用赫兹理论进行描述，基于概率统计分析方法建立了描述粗糙表面法向接触行为的 GW（Greenwood 和 Williamson）模型[39]。Phan-thien 将 GW 模型和 Mindlin 解相结合，导出了粗糙表面的切向接触模型[40]。Farhang 等将微凸体切向接触载荷转化为法向接触变形的函数，采用高斯正态函数描述粗糙表面微凸体的高度分布特征，导出了连接界面相对位移与切向接触载荷和单位周期能量耗散之间的关联关系[41]。Argatov 等采用幂函数描述粗糙表面微凸体的高度分布特征，给出了连接界面临界滑移力概率分布的表达式[42]。王东等基于 Mindlin 解建立了描述连接界面黏滑摩擦接触行为的参数化模型，并研究了粗糙度参数对切向非线性软化刚度和单位周期能量耗散的影响[43]。李玲等考虑微凸体的弹性接触行为，利用平均法建立了连接界面的等效线性化模型[44-45]。

Eriten 等在 Mindlin 解中引入了法向接触变形影响的摩擦系数，研究了不同摩擦系数模型对切向非线性软化刚度和单位周期能量耗散的影响[20,46]。Fujimoto 等通过理论和实验研究，给出了微凸体完全塑性变形情况下切向接触载荷与相对位移的双线性关系[47]。王东等建立了一种考虑微凸体弹-塑性接触变形影响的黏滑摩擦模型，如图 1.8 所示，但只考虑了完全弹性和完全塑性两种接触变形的影响[48]。高志强等考虑了微凸体的完全弹性、混合弹塑性和完全塑性的接触变形影响，研究了连接界面黏滑摩擦行为对接触阻尼的影响，并进行了实验验证[49-50]。

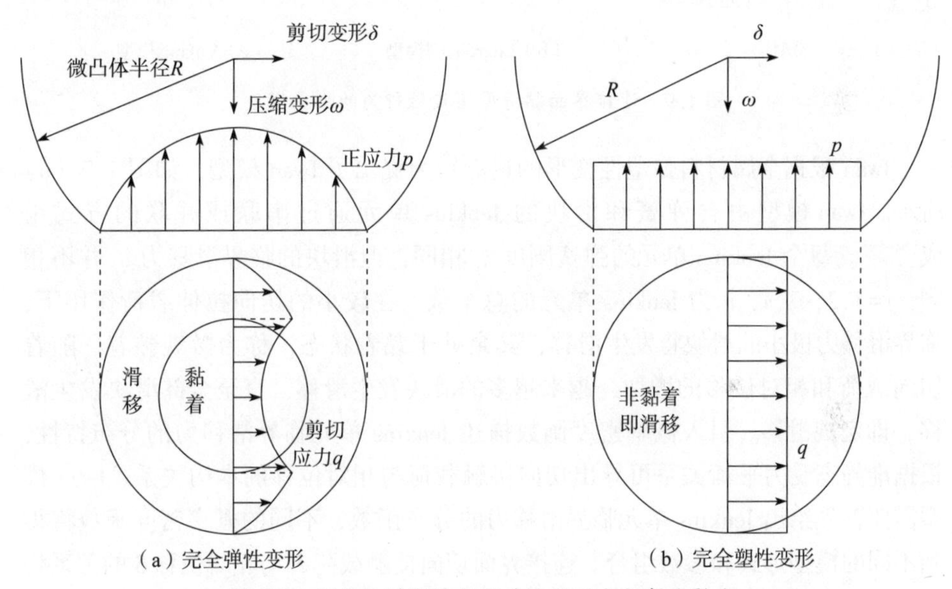

（a）完全弹性变形　　（b）完全塑性变形

图 1.8 微凸体弹塑性变形对接触压力分布的影响

基于粗糙面轮廓的概率统计分析，这类方法建立了微细观接触特征、粗糙度形貌参数与连接结构宏观动力学特征的关联关系。但是，这类非线性连接模型考虑的微细观接触机理并不完备，又含有复杂的积分表达形式，不易在大规模工程装备结构的动力学分析中应用。

（2）基于数据驱动的“自上而下”的建模方法（data-driven modeling）。“自上而下”的建模方法是基于唯象的数学模型形式，利用连接结构宏观尺度的动力学响应，采用非线性系统辨识方法建立连接界面的等效动力学模型。最早描述连接界面切向和法向耦合接触行为的是摩擦模型，如库仑、库仑-黏性、库仑-黏性-静摩擦和 Stribeck 等模型[23,51-52]。针对连接界面摩擦行为引起的黏着和滑移接触行为，研究者建立了多种唯象模型[42-53]，如 Menq 的剪切模型和 Iwan 模型及改进形式、Bouc-Wen 模型、Valanis 模型和 Lugre 毛刷模型，如图 1.9 所示。

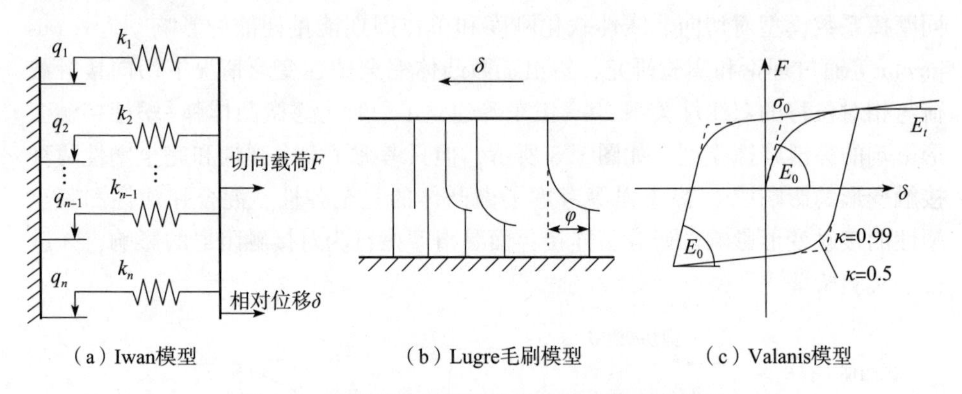

（a）Iwan模型　（b）Lugre毛刷模型　（c）Valanis模型

图 1.9　连接界面黏滑摩擦接触行为的唯象模型

Iwan 根据金属材料弹塑性变形的迟滞行为提出了 Iwan 模型，如图 1.9（a）所示。Iwan 模型由含弹簧和滑块的 Jenkins 单元通过串联或并联的方式组成[54-55]。每个 Jenkins 单元的弹簧刚度 k_j 相同，但滑块的临界滑移力 q_j 并不相同，$j=1,2,\cdots,n$，n 为 Jenkins 单元的总个数。在较小的切向拉伸载荷作用下，临界滑移力极小的滑块将发生滑移，其余处于黏着状态，称为微观黏着。随着切向载荷和相对位移的增加，越来越多的滑块发生滑移，直至全部滑块发生滑移，即宏观滑移。引入概率密度函数描述 Jenkins 单元临界滑移力的分布特性，根据准静态受力平衡关系可导出切向接触载荷与相对位移的本构关系。Iwan 模型需要首先给出 Jenkins 单元临界滑移力的分布函数，不同的概率密度函数将得到不同的模型形式和参数组合。连接界面切向接触载荷 F 与相对位移 δ 的关系为

$$F(\delta) = \sum_{j=1}^{n} \min(q_j, k_j\delta) \tag{1.1}$$

Bouc-Wen 模型也是从金属材料的迟滞现象中抽象出来的，将连接界面的滑移行为类比为金属材料的屈服行为[56]。Yue 基于 Bouc-Wen 模型开发了非线性连接单元，结合商业有限元软件对螺栓连接结构的动力学响应进行仿真分析[57]。Oldfield 研究了螺栓连接结构在扭转载荷作用下的力学行为，采用 Bouc-Wen 模型对有限元计算的迟滞回线进行拟合[53]。利用一阶非线性微分方程表示连接界面切向接触载荷与相对位移的关系：

$$\dot{F}=-a_1|\dot{\delta}||F|^{m-1}F-a_2\dot{\delta}|\dot{F}|^m+a_3\dot{\delta} \tag{1.2}$$

式中：系数 a_1 和 a_2 描述载荷-位移曲线形状；a_3 为初始连接刚度；幂指数 m 调节迟滞回线的光滑度。

Lugre 从接触面凹凸不平的物理事实中抽象出了 Lugre 毛刷模型，如图 1.9（b）所示，采用大量的弹性刷毛模拟粗糙面的接触行为[17]。将微观尺度的不确定性和黏滑特性抽象成平均特性，根据经典动力学原理建立运动微分方程，尤其适用于考虑黏滑行为的动态摩擦问题。

Valanis 模型是利用塑性力学的迟滞关系建立的微分方程，如图 1.9（c）所示。该模型考虑了塑性硬化效应，越接近宏观滑移时，模型的塑性效应越明显（迟滞曲线不重合、关于原点不对称），在多次加-卸载后迟滞曲线才趋于稳定，并且迟滞曲线满足 Masing 映射准则。Ahmadian 和 Jalali 等采用 Valanis 模型描述连接界面的迟滞行为，并对螺栓连接结构的非线性动力学响应进行仿真分析[58-59]。

$$\dot{F}=\frac{E_0\dot{\delta}\left[1+\operatorname{sgn}(\dot{\delta})\dfrac{\lambda}{E_0}(E_t\delta-F)\right]}{1+\kappa\operatorname{sgn}(\dot{\delta})\dfrac{\lambda}{E_0}(E_t\delta-F)} \tag{1.3}$$

$$\lambda=\frac{E_0}{\alpha_0\left(1-\kappa\dfrac{E_t}{E_0}\right)} \tag{1.4}$$

式中：E_0 为初始时刻的刚度；E_t 为整体滑移情况下的刚度；α_0 为屈服位置参数；κ 为无量纲参数，描述微观滑移的影响程度。

相比于 Lugre 毛刷模型、Bouc-Wen 模型和 Valanis 模型等，Iwan 模型能够较好地描述连接界面黏滑摩擦接触行为引起的非线性软化刚度、幅变阻尼和迟滞非线性等特征，且部分模型参数具有明确的物理意义，结构形式简单，适用性更强[60-61]。Iwan 模型中 Jenkins 单元的规模可以任意修改，可用来描述双线性的迟滞行为（单个 Jenkins 单元）、分段线性的迟滞行为（有限个 Jenkins 单元）和光滑的非线性迟滞行为（无穷多个 Jenkins 单元）。

Segalman 等采用截断的幂函数和单脉冲函数描述滑块的临界滑移力分布规律，导出了描述连接界面非线性软化刚度和能量耗散的四参数 Iwan 模型[62-63]。但是，模型预测的连接刚度在黏着和滑移分割点处不连续，并且忽略了宏观滑移之后的残余刚度特征。Song 等采用均匀的密度函数描述滑块的临界滑移力分布规律，在 Iwan 模型的基础上并联了一个线性弹簧，用来描述连接界面发生宏观滑移之后的残余刚度特征。进而，开发了适用于有限元仿真分析的 Iwan 连接梁单元（adjusted Iwan beam element，AIBE），并利用螺栓连接梁的瞬态动力学特征进行模型验证[64-65]。张相盟等也采用均匀的密度函数，给出了 Iwan 模型非线性接触载荷和能量耗散的归一化形式[66-67]。Ouyang 等研究了螺栓连接结构在不同预紧力作用下的扭转变形行为，采用 Iwan 模型复现了实验结果[68]。李一堃等采用截断的幂函数和双脉冲函数描述滑块的临界滑移力分布规律，建立了一种六参数的 Iwan 模型，能够较好地描述连接界面微观黏着的非线性软化刚度和宏观滑移的残余刚度，并且研究了多种级数离散化方法对非线性连接刚度的影响[61,69-70]。Wang 等提出一种四参数的改进 Iwan 模型，融合了 Segalman 模型和 Song 模型，并通过螺栓连接结构的有限元仿真结果和实验结果验证了模型的有效性[25,71]。进而，建立了一种考虑粗糙面微凸体完全弹性接触变形的四参数 Iwan 模型，关联界面微细观接触特征、粗糙面形貌参数和界面预紧状态，并利用螺栓连接结构的实验结果进行验证[72]。李东武等根据连接界面的接触压力分布，考虑了法向载荷变化和间歇性分离对切向摩擦迟滞行为的影响，建立了广义的 Iwan 模型，并利用航空发动机叶片阻尼器的实验结果进行验证[73-75]。Segalman 和 Starr 指出，任意满足 Masing 映射准则的广义本构模型都可表示为串、并联的 Iwan 模型[76]。

相比于第一类基于微细观物理机理的降阶建模方法，唯象模型的形式相对简单，且部分模型参数具有明确的物理意义，因而被广泛地用来描述连接界面的黏滑摩擦接触行为。但是，唯象模型着重利用假定的数学模型形式复现连接界面的非线性动力学特征，难以真实地反映界面微细观接触特征、预紧状态和粗糙度特征的影响。

然而，连接界面的非线性动力学降阶建模方法只考虑了界面在特定接触状态下的弹塑性接触变形对黏滑摩擦接触行为的影响，忽略了界面预紧状态随时间演化的影响。目前，仍缺少形式简单、参数物理意义明确的降阶模型描述连接界面黏滑摩擦接触行为引起的非线性软化刚度、幅变阻尼和迟滞非线性等特征。

1.2.2 连接结构的非线性动力学响应求解方法

在建立连接界面的非线性动力学降阶模型之后，还需要通过界面单元法将接触面与动力学模型耦合起来。基于有限元离散方法，采用接触面附近的参考点表征连接界面的非线性特征。首先，分别在主-从接触面附近布置参考点（也称虚拟节点），将接触区域的节点通过多点约束（multi-points constrain，MPC）连接到对应的参考点，使接触面的运动状态与参考点保持一致。其次，将参考点作为动力学降阶模型的端点，考虑连接界面的黏滑摩擦接触行为，利用两个参考点之间的相对运动关系表征连接界面的非线性行为，从而建立含连接界面局部非线性特征的结构动力学微分方程[77]。针对这一问题，现有的求解方法主要分为时域和频域两类[78]。

1.2.2.1 时程积分方法

时域方法，即时程积分方法，在整个时程上对动力学系统进行离散，采用逐步积分获得非线性动力学响应，主要包括中心差分法、Runge-Kutta 法、Newmark 法和 Wilson-θ 法等[79]。Oldfield 等分别采用 Iwan 模型和 Bouc-Wen 模型描述螺栓连接结构的迟滞非线性行为，利用四阶 Runge-Kutta 法对非线性动力学方程进行求解，并与有限元的结果进行对比[53]。Song[65] 和 Gaul[9] 采用 Newmark 法对含有 Iwan 模型的螺栓连接梁的瞬态动力学响应进行求解。Miller-Quinn 采用时程积分方法对点-点接触模型和双层接触面 Iwan 模型进行求解，获得瞬态激励和谐波激励作用的非线性动力学响应[80]。

时程积分方法可以准确地给出某一时刻的动力学响应，但是不能给出解的表达式，并且在求解工程装备结构的动力学响应时需要耗费大量的计算资源[10]。为了降低计算耗费，研究者普遍对模型进行降阶，仅对连接界面直接相关的动力学响应进行求解。但是，在获取与连接界面自由度相关的脉冲响应函数时存在一定的困难。时程积分方法在求解小阻尼结构的稳态动力学响应时，计算瞬态响应所耗费的计算资源、逐步积分过程的稳定性和误差传递仍是不容忽视的问题[81]。因此，研究者倾向于在频域求解复杂连接结构的稳态非线性动力学响应。

1.2.2.2 频域求解方法

针对非线性动力学方程稳态响应的求解问题，研究者提出了多种半解析的频域近似方法，如摄动法[82]、平均法、渐近法、多尺度法[83-84]、谐波平衡法（harmonic balance method，HBM）[85-87]、增量谐波平衡法（increamental harmonic balance，IHB）和描述函数法[88-89] 等。其中，谐波平衡法求解过程简单，广泛地用来求解复杂非线性系统的稳态动力学响应[90-93]。

谐波平衡法将稳态非线性动力学响应、非线性接触载荷和外激励载荷都展开成傅里叶级数，通过匹配非线性动力学微分方程的各阶谐波系数，将其转化为非线性代数方程组进行求解[22,90]。漆文凯等采用能量法和谐波平衡法研究干摩擦阻尼器的切向刚度和阻尼特征，对平板叶片的动力学响应进行了分析[94]。王本利等采用谐波平衡法求解含有 Iwan 模型的干摩擦振子在自由振动和受迫振动下的非线性动力学响应，并与 Runge-Kutta 法的结果进行对比[95]。阳刚等基于离散傅里叶变换快速计算雅可比矩阵，采用谐波平衡法研究了航空发动机叶片-缘板阻尼结构的减振特性[96]。秦朝烨等采用谐波平衡法分析了航空发动机多级转子系统的非线性振动响应[97]。Jaumouillé 采用谐波平衡法研究了橡胶隔振器的非线性动力学特征[98]。Ferhatoglu 等采用谐波平衡法研究了变法向接触载荷的楔形摩擦振子的幅频响应[99]。Ahmadian-Jalali 等采用谐波平衡法求解含有立方刚度模型的螺栓连接结构的非线性频响函数[100]。Kim 等利用谐波平衡法分析了含有间隙非线性的连接结构的超谐波响应和次谐波响应[101]。基于谐波平衡法，Bonello 等采用 Floquent 理论对转子系统的频响特征和稳定性进行分析，并用来分析航空发动机结构的非线性动力学响应[102]。

但是，利用谐波平衡法求解非线性动力学问题时，考虑到非线性代数方程组的维数，一般将研究对象简化为单自由度或少量自由度的等效动力学模型。另外，截断的谐波阶数对计算精度有重要的影响，随着谐波阶次的增加，计算精度逐渐提高但计算量迅速增大。

1.2.2.3 混合时频转换方法

连接界面黏滑摩擦接触行为引起的迟滞非线性载荷是非光滑的并具有记忆特性，直接将其展开为谐波级数的叠加形式存在很大困难。为了解决这一问题，Cameron-Griffin 提出了混合时频交替的谐波平衡法（alternatively frequency/time HBM，AFT-HBM），并应用于求解含迟滞非线性的单自由度系统的稳态动力学响应[103-105]。这种方法融合了频域求解振动方程的高效性和时域判断非线性的便捷性[106-108]。通过快速傅里叶变换（fast Fourier transform，FFT）和逆傅里叶变换（inversed FFT，IFFT），反复迭代最终获得稳态非线性动力学响应[109]，如图 1.10 所示。Süß 等采用该方法求解螺栓连接振子系统的非线性频响函数，并通过实验进行验证[19]。

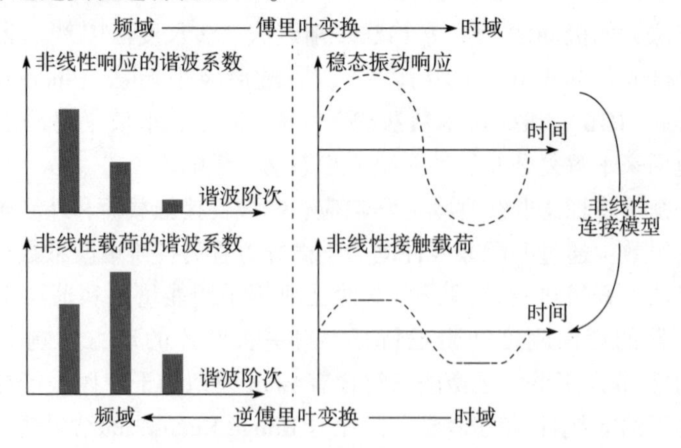

图 1.10　混合时频交替的谐波平衡法

范雨等基于混合时频交替的谐波平衡法研究了干摩擦阻尼器结构在多阶次外激励振动作用下的减振效果[110]。徐超等采用该方法求解含有Iwan模型的螺栓连接结构的非线性频响函数，并设计实验进行验证[111-112]。帝国理工大学（Imperial College）的Petrov开发的谐波平衡法求解器FORSE(force response suite）已广泛地应用于摩擦振子系统的非线性动力学响应求解，如发动机叶盘，并推导了非线性接触载荷的解析雅可比矩阵，提高了非线性迭代过程的计算效率[113-116]。斯图加特大学（University of Stuttgart）的Krack的开源程序NLVIB(nonlinear vibration）也可以用来求解摩擦振子系统的稳态非线性动力学响应[117-118]。Petrov和Krack的求解器均采用牛顿-拉弗森（Newton-Raphson）迭代求解非线性代数方程组获得匹配的谐波系数解[119-120]，其计算规模由整体结构自由度数目和截断的谐波阶数共同决定。在每次迭代过程中，雅可比矩阵的构造与求逆（或特征值求解）将耗费大量的计算资源，尤其是大规模工程装备结构[121-122]。

因此，发展有效的非线性动力学降阶技术（dynamic reduction），减小雅可比矩阵的维数，提高非线性迭代过程的稳定性和计算效率是十分必要的。

1.2.2.4 非线性动力学降阶技术

工程装备结构中连接界面往往是局部的，造成与非线性连接直接相关的自由度数目远远小于整体结构的自由度数目[123-124]。基于局部非线性转换（local nonlinearity transformation）的动力学降阶方法将整体结构的稳态非线性动力学响应缩聚到仅与连接直接相关的自由度上进行迭代求解，即自由度缩聚技术，从而减小非线性迭代过程的计算耗费[11,104,125]。基于Guyan静力学自由度缩聚方法，Shiau等研究了机械转子系统的稳态非线性动力学响应[126]。Friswell等采用非线性传递特征评估了多种降阶方法的有效性，如Guyan静力学降阶、动力学降阶、增强的动力学降阶和扩展等效降阶等方法[127-128]。Qu建立了一种改进的非线性动力学降阶方法，分别对整体系统和子系统进行降阶[129-130]。Wang等利用连接界面的局部非线性接触载荷构造迭代向量减小非线性代数方程组的维数，结合有限元分析提出了一种适用于复杂连接结构的非线性动力学求解方法[131]。王东等利用非线性连接的节点位置信息构造转换矩阵，提出了适用于连接结构时频域动力学响应分析的降阶方法[132]。

另外，基于广义模态叠加法（modal superposition method）的动力学降阶技术采用线性基础结构的模态特征来降低非线性动力学方程的维数，将整体结构的非线性动力学响应转化到模态坐标中进行迭代求解[103,133-134]。在某种程度上，假设非线性连接仅影响某一阶或几阶模态，截取这些低阶模态参与非线性迭代计算，从而能够显著地降低非线性代数方程组的维数。Ferhatoglu等采用多种模态叠加法进行降阶，研究了螺栓连接梁结构的稳态非线性动力学响应[134-136]。Yuan 等采用 Rubin 方法对线性基础结构进行降阶处理，提出了一种自适应的模态综合法研究连接界面摩擦行为对稳态非线性动力学响应的影响[137]。Wei 等结合局部非线性转换和广义模态叠加法提出了一种混合的动力学降阶技术[138-140]。首先，利用线性基础结构的截断模态特征进行动力学降阶；然后，仅对非线性连接直接相关的动力学响应进行迭代求解，实现了卫星结构非线性频响函数的快速求解。Wang 等基于广义模态叠加法进行动力学降阶，采用连续函数的偏导数构造梯度向量代替雅可比矩阵进行迭代，求解了含 Iwan 模型的螺栓连接梁结构的非线性频响函数[90]。

以上两种动力学降阶技术的本质都是选取维数相对较低的坐标系来求解非线性代数方程组。无论是选择与非线性连接直接相关的坐标系还是模态坐标系，其核心在于构造各阶谐波频率对应的动力学传递函数，关联连接界面的局部非线性动力学响应与非线性接触载荷和外激励载荷，进而将整体结构的非线性动力学响应缩聚到局部坐标系中进行迭代求解。

然而，第一种降阶技术通过求解动刚度的逆来构造传递函数，这对于大规模工程装备结构是极其困难的；第二种降阶技术采用线性基础结构的模态特征构造传递函数，截断的模态阶数对非线性动力学响应的计算精度影响较大，需要反复试算才能获得满意的结果[131,141]。

1.2.2.5 非线性迭代过程的收敛增强方法

考虑到连接结构某些强非线性的影响效应，如图 1.3（b）所示，动力学响应与激励频率不再是单调变化的，在激励频率转向点附近，雅可比矩阵是奇异的，这种情况直接采用牛顿-拉弗森迭代法进行求解将失效[106-108]。

针对这一问题，伪弧长延拓法将激励频率视为与非线性动力学响应同样待定的未知变量，在给定弧长参数的约束条件下，通过预估和修正两个过程求解非线性代数方程组。Groll 和 Ewins 建立了基于伪弧长延拓的改进牛顿-拉弗森迭代法，用来求解 Jeffcott 转子系统的非线性接触问题[142]。之后，基于伪弧长延拓法和谐波平衡法广泛用来求解摩擦系统的非线性频响函数。但是，这种方法将激励频率看作未知变量之后，频率区间分布受到动力学响应和弧长约束参数的共同影响。

除了伪弧长延拓法之外，Ciğeroğlu 等采用松弛迭代法提高非线性迭代过程的稳定性，分析了含干摩擦阻尼器的叶盘结构的非线性频响函数[135]。松弛迭代法在一定程度上克服了牛顿-拉弗森迭代法对初值敏感的缺点，是一种非常实用的方法。另外，布罗伊登（Broyden）法和阻尼方法也可以用来提高牛顿-拉弗森迭代法的稳定性[22]。

然而，现有的动力学分析方法还难以对复杂连接结构的非线性振动响应进行快速求解，且难以考虑长时振动过程中预紧性能退化的影响，亟须发展高效的非线性动力学求解方法，以提高工程装备结构长时振动过程的响应预测能力。

1.3　系统辨识方面

连接结构动力学反问题，即系统辨识，是从观测的动力学响应中提取表征连接界面接触效应的过程。连接界面内部的复杂接触行为是结构非线性刚度和无源阻尼的主要来源，准确辨识连接界面的载荷传递规律对结构的优化设计、可靠性分析及状态评估具有重要的作用。

1.3.1　非线性特征的系统辨识方法

20世纪70年代，Ibáñez[143]和Masri[144]等提出了非线性系统辨识（nonlinear system identification）方法，利用宏观动力学响应获取表征非线性效应的模型或参数。随着工程装备结构复杂程度的提高，非线性因素的影响效应受到越来越多的关注。近20年里，非线性系统的识别也从简单结构发展到复杂的多自由度系统，更有不少研究者直接针对工程结构开展非线性模型参数识别研究，如比利时列日理工大学的Kerschen教授[145-146]和英国谢菲尔德大学的Wonden教授[147]。2006年，Kerschen对非线性系统辨识方法进行了系统性总结，并通过几个经典实例研究了各种方法的性能[145]。2017年，Kerschen又对近10年来非线性系统辨识方法的研究进展进行了详细梳理，对当前面临的困难和挑战进行了总结，也对未来的研究方向进行了展望[146]。

给定连接界面的非线性动力学降阶模型之后，非线性系统辨识问题就转化为参数辨识。传统的辨识方法主要利用实验获得的固有频率、阻尼因子、模态振型和频响函数等特征辨识模型的参数。由于频响函数能够反映更多的非线性效应，被广泛选为目标特征[148-150]。通过与实验结果的偏差构造目标函数，采用曲线拟合[151-153]、优化[154-155]和迭代[156]等方法辨识非线性模型的参数。基于智能控制理论的神经网络、模糊逻辑和遗传算法等也为非线性系统辨识开辟了一条新的途径[65,157]。王兴利用连接结构的非线性频响函数辨识了局部连接单元的等效动力学特征[150,158]。Wang 利用螺栓连接结构的模态频率辨识连接界面虚拟材料的力学性能参数，并考虑了螺栓预紧载荷的影响[159]。Lacayo 利用螺栓连接结构的固有频率和模态振型确定了 Iwan 模型的参数[160]。Ren[154,161] 和 Song[65,157] 等分别利用瞬态动力学特征辨识连接梁单元中的 Iwan 模型参数。但是，这些辨识方法获得的模型参数并不唯一，即多种参数组合都能够给出与实验观测值相近的结果。

另外，可利用结构观测的动力学响应辨识连接界面的非线性接触载荷，即非线性载荷重构。考虑到响应和载荷之间的非线性和随机性，载荷重构方法主要分为时域和频域两类。载荷重构的频域方法发展较早，利用传递函数将可测量的动力学响应与目标位置的载荷通过线性乘积关联起来，从而反向识别未知载荷，然后利用逆傅里叶变换将其转换到时域，可针对稳态或准稳态的振动响应进行载荷重构[162-163]。载荷重构的时域方法起步较晚，利用传递函数与未知载荷之间的卷积关系，直接在时域求解卷积模型，适用于平稳和非平稳信号的载荷重构[164-165]。相比而言，后者需要考虑整个时程的累积效应，求解过程相对复杂，理论体系还不够完善。在某种程度上，非线性载荷重构的时域和频域方法是相通的，其核心在于构建载荷输入和响应输出的传递关系。

对于工程结构而言，动力学传递函数是一个条件数较大的病态矩阵。直接进行载荷重构的过程不满足 Hadmard 稳定条件，是一个不适定问题，在病态传递矩阵的作用下，重构的结果将严重偏离真实值。为了消除传递矩阵的奇异性，Khoo[166] 和 Kalhori[167] 建立了一种基于伪逆算法的时域载荷重构法；Wei[168] 和 Noël[169] 融合了非线性状态子空间的预测误差分析和最小二乘拟合方法，建立了一种频域载荷重构方法。刘杰基于输出反馈的非线性识别方法，将非线性系统的基础线性部分和非线性部分进行分离，建立了一种改进的频域非线性载荷重构法[170]。Sanchez[171] 和 Worden[145,147,172] 等对非线性载荷重构方法的发展进行了回顾，对比了不同方法的优缺点。因此，非线性载荷重构的困难在于解决动力学传递函数的病态特性，建立可观测的动力学响应与连接界面非线性接触载荷之间的传递关系。

在非线性系统辨识领域，研究者已取得了令人瞩目的研究成果，针对具体结构提出了诸多性能优异的非线性系统辨识方法。但是，正如 Kerschen 所言[145-146]，目前仍缺少适用于所有非线性系统的参数辨识方法，大多数研究都是针对某一类问题或特定的非线性结构开展研究，普适性较差。

1.3.2 数据挖掘的系统辨识方法

在工程装备结构服役过程中，受到外部激励载荷的作用，连接结构将出现预紧性能退化的现象，引起整体结构的可靠性降低。基于数据挖掘的系统辨识过程主要包括信号特征提取、界面预紧状态识别和连接性能定量评估等。其中，提取响应信号的敏感特征是进行系统辨识的关键步骤，也是进行界面预紧状态识别和连接性能评估的前提。

连接结构预紧状态的识别方法包括机电阻抗法、超声导波法、振动响应法和图像识别法等[173]。其中，机电阻抗法利用压电传感器检测结构机械阻抗的变化实现了连接界面预紧状态的识别，但是检测范围有限，难以应用于复杂的曲面结构，且需要昂贵的阻抗分析仪[174-175]。超声导波法通过检测连接部位超声导波的透射波能量来确定连接状态，使工程装备结构密闭空间的应用也受到一定的限制[176-178]。振动响应法利用结构动力学响应特性的变化来识别连接状态，工程装备结构中的连接往往是局部的，连接界面预紧状态的变化对整体结构动态特性的影响较小，其灵敏度一般低于机电阻抗法和超声导波法。但是，结合先进信号处理方法提取敏感特征，可有效地提高识别精度。并且，这类方法的应用不受结构形状和测量条件的限制，操作简单，方便实现在线的无损检测，在航空航天和军工武器等领域中应用广泛。提取连接结构振动响应的敏感特征，建立预紧状态与动力学响应特性之间的映射模型，是连接结构状态识别和性能评估的关键。基于振动响应和机器学习对连接结构进行状态识别与评估的整体思路如图 1.11 所示。

图 1.11 中，在服役环境或实验环境中，获取连接结构的振动响应之后，提取与连接状态密切相关的、敏感的微弱耦合特征分量，获得各特征分量的统计特征或其他信息特征，构造灵敏度特征矩阵。之后，通过机器学习算法，以监督学习为基础建立状态识别模型，通过特征向量识别出当前的连接状态。以半监督/无监督学习（降维）算法为基础，建立连接状态的定量评估模型，将特征向量映射为评估指标，对连接性能进行量化判断。随着深度学习的发展，可将敏感特征提取和状态评估直接融合，通过构造深度神经网络和合适的训练算法，直接建立振动响应信号与连接状态或评估指标的映射关系。但是，深度学习模型是利用大量数据训练而成的（工程实践中往往受到数据量的制约），并与振动信号本身的非线性和非平稳性特性密切相关。

1.3.2.1　振动响应敏感特征提取方法

连接结构状态评估的关键在于从振动响应数据中挖掘敏感的特征信息。特征参数对连接界面预紧状态变化的敏感性将直接影响状态识别与定量评估的准确性，如时域统计特征、频域统计特征及非平稳信号统计特征。特征提取方法主要分为三类：基于内积变换的时频分析方法[179-181]，基于数据驱动的自适应

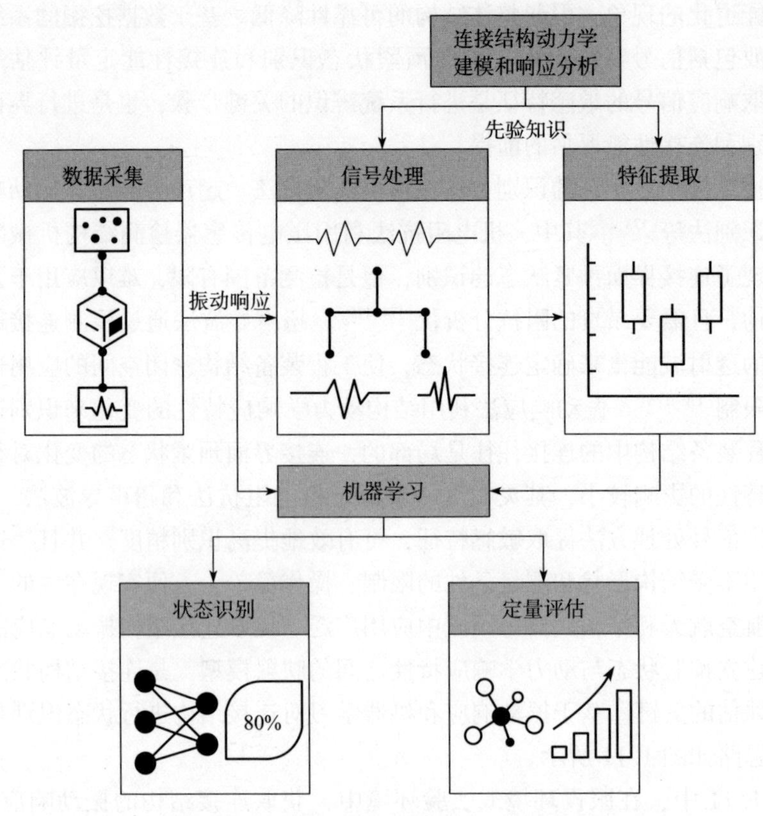

图 1.11　连接结构预紧状态的识别与评估

模式分解方法[182-183]，以及基于原子分解手段的稀疏表示方法[184]。

(1) 时频分析方法，分为线性时频表示、非线性时频分布和时频分布调整等方法。传统的信号分析方法利用快速傅里叶变换将振动响应信号在时域和频域进行统计平均或滑动平均。时频分析方法大多以积分变换为基础，根据信号特征设计合适的基函数，匹配信号特征分量。但是，变换过程基于信号的平稳性假设，要求各种时域统计量在本质上满足平稳随机条件，无法有效分析非平稳信号的时变性质。为了有效地分析非平稳信号的真实频率成分和时变特征，理想的时频分析方法应具有良好的时频分辨率，并尽可能降低多余的干扰。20 世纪 40 年代提出的短时傅里叶变换（short-time fast Fourier transform, STFT）比较容易理解，但固定的窗函数限制了时间定位能力和频率分辨率，缺乏对信号特征变化的自适应性。20 世纪 80 年代提出的小波变换（wavelet transform, WT）在基函数中增加了时间平移和尺度伸缩参数，对频率变化的非平稳信号具有自适应显微能力（图 1.12），能够有效地分析具有自相似性或分形特征的信号。经过近半个世纪的发展，WT的理论和应用已取得长足的进步，多种小波基函数和算法模型不断涌现，如第二代小波变换[185]、双树复小波变换[186]、调Q小波变换[187]和双密度小波变换[188]等。但是，传统WT不能兼顾时间聚集性和频率分辨率，高频分量的时间聚集性好但频率分辨率低，低频分量的频率分辨率高但时间聚集性差。为此，研究者发展了小波包变换对低频逼近信号和高频细节信号进行同步迭代分解，能够提高高频分量的频率分辨率，也能兼顾时间聚集性。

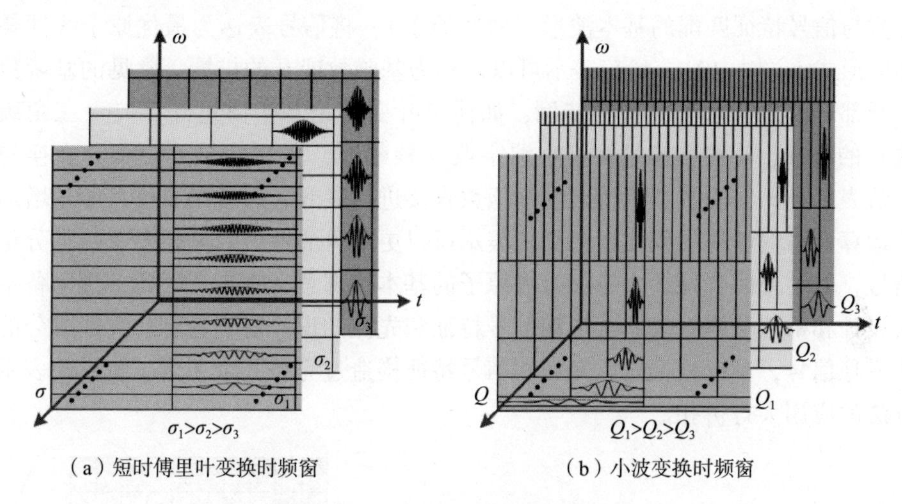

（a）短时傅里叶变换时频窗　　（b）小波变换时频窗

图1.12　小波变换的时频变焦特性

（2）自适应模式分解方法，无须构造任何基函数，适用于非线性、非平稳的多分量信号。通过分析振动响应的瞬时幅值和频率等特征，揭示信号的成分构成和细节信息。与传统时频方法相比，自适应模式分解法不依赖人工先验知识，能够较好地处理复杂多分量振动信号，并进行敏感特征提取。其中，经验模式分解（empirical mode decomposition，EMD）是最经典的方法之一[189]。EMD通过递归分解，将复杂多分量信号分解为反映振动响应局部特征变化的单分量模式，并计算各分量模式的瞬时幅值、相位和频率等特征参数。针对非平稳信号，与小波变换相比，自适应模式分解方法更加侧重于多分量信号的自适应分析和特征的灵活构造。EMD的分析思路独特，突破了传统积分变换思想的拘囿，在信号处理领域得到了广泛的应用。然而，EMD算法缺乏完备的数学理论支持，又存在模式混叠和端点飞翼效应等问题。但是，在数据驱动思想的启发下，一些新的自适应模式分解方法被发展出来，如局部均值分解[190]、经验小波变换[191]、变分模式分解（variational mode decomposition，VMD）[192]、自适应局部迭代滤波[193]、非线性模式分解（nonlinear mode decomposition，

NMD)[194] 和群分解[195] 等方法。这些方法保留了数据驱动的特性，且不同程度地提供了数学理论支持，提高了自适应模式分解算法的稳定性。

(3) 稀疏表示方法，突破传统基函数展开的限制，基于过完备冗余字典设计，对振动信号进行稀疏表示。通过分析最优原子的时间、频率、相位和幅值等特征参数，揭示复杂多变信号的形态成分特征。稀疏表示方法的研究主要集中在两个方面，包括原子分解算法和字典设计方法。稀疏表示方法应用过完备冗余字典（基本波形库）取代传统的基函数，通过非凸优化方法在字典中寻找与信号特征匹配的基本波形（时频原子），将信号表达为最优原子线性叠加的形式（图 1.13）。稀疏表示可以理解为基函数展开的扩展，常见的基函数展开都可以视为原子分解的特例，如傅里叶变换是基于傅里叶字典（三角级数）的展开，小波变换是基于小波字典（核函数）的稀疏展开。积分变换与稀疏表示相比，前者利用特定的基函数直接进行展开，后者则通过无形地增加了运算量来保证解的稀疏性。稀疏表示可以更加灵活地处理复杂多变的多分量信号，但结果的合理性由每个时频原子的基本物理意义决定。因此，过完备字典设计和稀疏分解效果非常依赖信号特征和先验知识。对于含有非线性成分的非平稳信号，难以根据先验知识和信号特征构造过完备冗余字典，使稀疏表示方法的应用大打折扣。

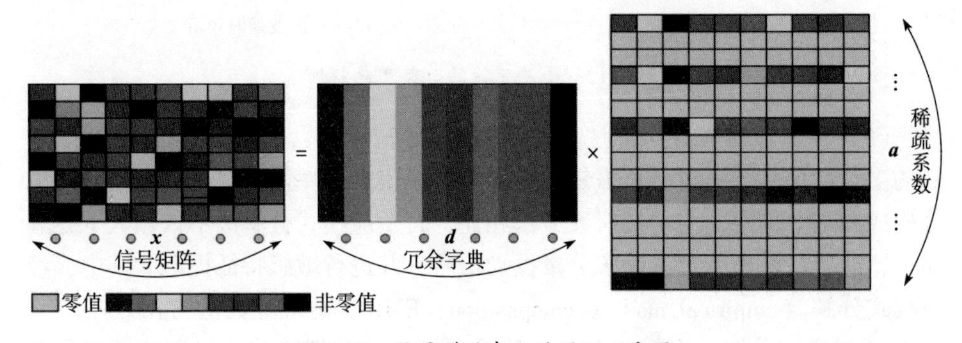

图 1.13　信号稀疏表示的原理示意图

时频分析方法具有信号多分辨分析（multi-resolution analysis，MRA）的显微能力，可以获得非线性和非平稳信号在不同时间尺度下的表达，为特征提取提供通用方法。自适应模式分解方法有利于提取微弱的响应分量，适合分析复杂的非线性多分量信号，可为动力学敏感特征提取提供有效方法。稀疏表示方法可以更加细致地表示信号的复杂变化特征，但实际应用效果往往受到过完备字典设计和时频原子分解的限制，对非线性问题的处理能力相当有限。然而，连接结构松动引起的动力学特征变化比较微弱，选取有效的信号分析方法从振动响应数据中挖掘敏感的特征信息，有利于建立识别精度高、泛化性能好的状态评估模型。

1.3.2.2　连接结构预紧状态识别方法

提取连接结构振动响应的敏感特征之后，可构建识别模型对连接状态进行判别与定量评估。以特征参数作为输入，以连接状态作为输出，构建两者的映射关系，这类辨识问题属于监督学习的范畴。其中，最具代表性的是人工神经网络（artificial neural network，ANN）和支持向量机（support vector machine，SVM）算法。

（1）人工神经网络，诞生于 20 世纪 80 年代。随着研究的深入和计算机性能的提高，神经网络也逐步发展为如今的深度学习方法[196]。如图 1.14 所示，神经网络是由多个计算神经元相互连接组成的系统，输入层为特征向量，经过隐藏层的映射，输出层为对应的连接状态标签。随着深度学习的研究发展，多层网络的神经元结构逐渐被自编码器、卷积核、循环单元和残差结构等各类算法模型所取代，扩展了神经网络的应用范围，提高了其映射能力。在理论上，神经网络具有任意复杂度的非线性映射能力、较强的容错性和稳定性。Zhang 等提出了一种基于深度卷积神经网络的螺栓松动识别方法，成功实现了钢框架中螺栓松动的准确识别[197]。但是，神经网络模型的本质属于“黑箱”问题，目前依然缺乏完备的数学理论来指导网络模型的构建和参数的优化。并且，神经网络还会陷入局部极值、出现过学习的现象，在实践中难以保证神经网络的训练质量。神经网络以经验风险最小化为原则，训练过程中需要大量的数据样本来保证结果的合理性，这在基于振动响应分析的连接状态辨识实践中往往难

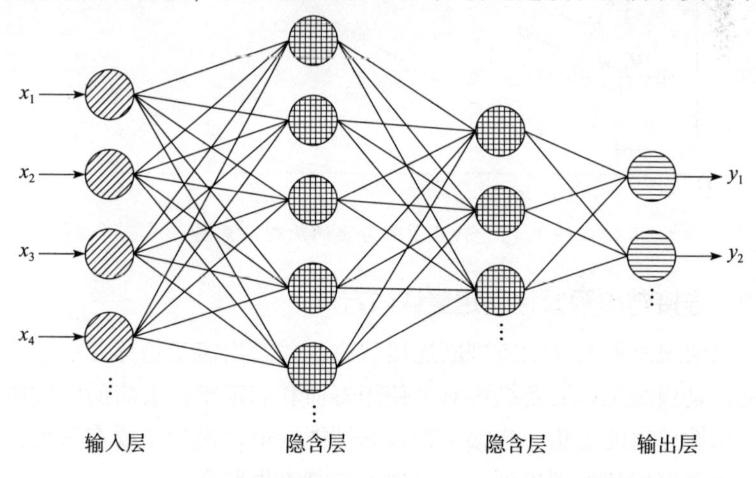

图 1.14　多层感知人工神经网络的结构示意图

以实现。

（2）支持向量机，起源于20世纪90年代，基于最优分类超平面的思想，是一种结构风险最小化的统计学习方法，能够有效地解决高维非线性特征的分类问题。与非凸优化的人工神经网络相比，SVM的目标函数求解是一个标准的凸优化问题，有唯一解对应最优分类的超平面位置（图1.15）。并且，SVM适用于求解小样本问题，可以通过核函数完成非线性问题的求解，使得SVM在工程实践中具有可解释性。Li等提出了一种结合局部二值模式算子和支持向量机的状态识别方法，实现了货运列车中螺栓松动的准确识别[198]。Zhang等提出了一种基于音频分类的螺栓松动检测方法，将连接部位瞬态冲击的声音信号作为支持向量机的输入，实现了多螺栓连接结构不同松动状态的准确识别[199]。2020年，Qu等提出了一种基于双树复小波包变换排列熵和广义切比雪夫支持向量机的状态识别方法，实现了含黏弹夹层连接结构不同老化状态的准确识别[200]。Wang等提出一种基于多尺度模糊熵和最小二乘支持向量机的状态识别方法，实现了多螺栓连接结构不同松动状态的准确识别[201]。

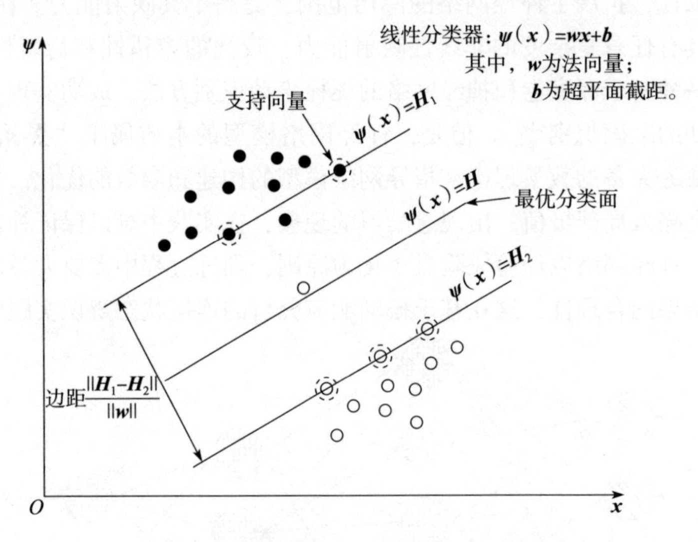

图1.15 SVM最优分类的原理示意图

1.3.2.3 连接结构预紧性能定量评估方法

根据当前观测的振动响应判断连接状态，并给出定量指标评估连接界面的预紧性能，是预测工程装备结构剩余使用寿命和制定维护策略的关键所在。基于系统可靠性评估的思想，连接结构预紧性能的退化模型主要有三类，包括统计模型、概率模型和物理模型，三种模型的基本思路如下：

（1）统计模型：需要收集大量连接结构的失效时间，利用概率统计方法分析失效时间的分布特性，得到连接结构的共性失效规律，评估连接失效的可能性。

（2）概率模型：需要在某一时刻测得多个连接结构的性能指标，利用概率统计方法估计出该时刻性能退化的分布特性，如图1.16所示，获得性能演化数据的概率密度分布函数。并且，定义预紧性能退化的失效阈值，根据失效阈值定量评估连接结构的可靠性。

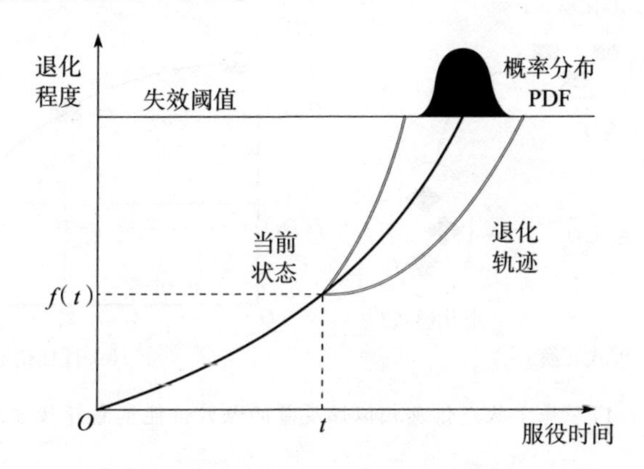

图1.16 基于概率模型的预紧性能退化评估方法

（3）物理模型：需要从物理机理层面刻画连接结构的整个退化过程，考虑连接界面的接触机理和演化机制，预测连接结构预紧性能退化的基本规律，根据失效指标建立定量评估模型。

然而，在实际工程中定量评估连接结构的预紧性能时，还需要考虑现有理论方法的不足与连接性能变化规律的特殊性。连接结构预紧性能退化规律的影响因素众多，与初始连接状态、界面粗糙度、材料特性和外部激励载荷等均有关，各因素相互关联和耦合。并且，连接结构具有高可靠性和长寿命的特点，良好的固有可靠性为失效样本的积累增加了难度，无法获取大量数据建立可靠的统计模型或概率模型。因此，直接根据当前的振动响应信息给出连接结构预紧性能退化的评估指标往往比较困难。

基于结构状态信息相似性的评估方法可以解决小样本问题，并根据连接结构当前的服役状态给出定量评估指标，其核心在于建立连接结构状态信息与敏感特征空间之间的映射关系。之后，再利用相似度量方法表征不同状态空间与基准状态空间之间的欧氏距离，构造随连接状态演化的定量评估指标，具体思路如图1.17所示。Sun等提出了基于格拉斯曼流形相似性的可靠性评估方法，实现了黏弹夹层螺栓连接结构的松动评估[202]。Chen等基于流形学习的正交邻域保持嵌入方法进行非线性降维，实现了隧道风机基础螺栓连接结构的松动识别和评估[203]。这类状态评估方法需要在提取振动响应信号的敏感特征之后，将高维敏感特征降阶到低维子空间，再通过单分类算法衡量各状态空间的距离或相似性，并选择合适的映射函数完成评估模型的构建。但是，这类评估方法需要获取全寿命周期的数据来调整模型参数，以得到具有明确意义的映射指标。

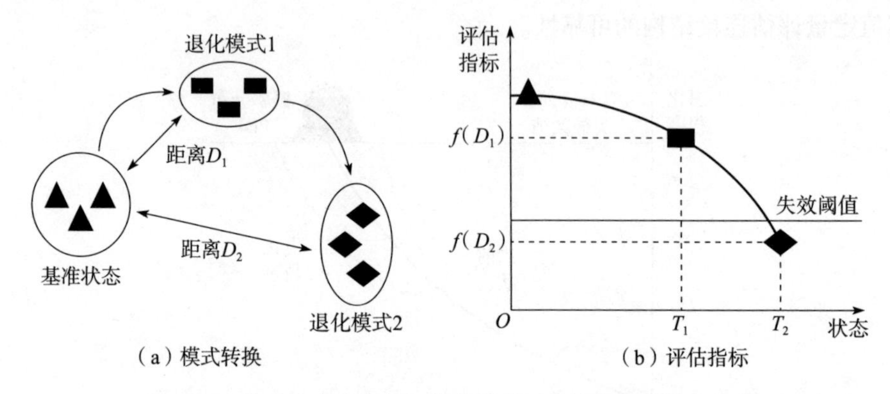

图 1.17 基于状态信息相似性度量的预紧性能定量评估方法

然而，现有的系统辨识方法主要针对连接结构在特定服役状态和特定载荷作用下的预紧性能进行识别与评估，在挖掘振动响应敏感特征和构建分类评估模型方面，都需要丰富的经验积累，普适性往往较差。并且，这些辨识方法还难以真实地反映连接结构预紧性能退化的物理机理。

1.4 本书主要内容和结构框架

面向复杂连接结构动力学分析与性能评估的工程需求，国内外研究者已开展了诸多数值仿真、理论建模和实验测试的研究工作。但是，在粗糙面微细观接触机理与连接结构宏观动力学特征的多尺度关联、连接界面预紧性能退化机理、大规模复杂连接结构的非线性动力学响应求解、连接结构服役过程的预紧状态辨识等方面还存在诸多不足，需要进一步开展研究和探索。

本书仅对当前连接结构动力学研究的部分成果进行介绍，重点介绍了连接界面的非线性动力学建模方法、连接结构的非线性动力学求解方法、动力学敏感特征提取方法与预紧状态辨识方法。在连接界面非线性动力学建模方面，研究了基于物理机理和基于数据驱动的两类动力学建模方法；在连接结构非线性动力学求解方面，研究了基于连接界面局部非线性转换的动力学降阶方法，实现了复杂连接结构非线性动力学响应的快速求解，并结合螺栓连接结构进行算例演示；在连接结构非线性系统辨识方面，研究了基于灵敏度特征分析和非线性载荷重构的系统辨识方法；在连接结构预紧状态辨识方面，研究了振动响应的时频域特征分析、基于数据深度挖掘的动力学敏感特征提取方法与预紧状态辨识方法，实现了连接结构预紧性能退化程度的有效识别，并结合螺栓连接结构的动态特性实验进行说明。

本书第 1 章为绪论，主要介绍连接结构动力学研究的背景意义、现状和挑战问题。

本书第 2 章和第 3 章介绍连接界面的非线性动力学降阶建模方法。

本书第 4 章和第 5 章介绍连接结构的非线性动力学求解方法。

本书第 6 章介绍基于灵敏度特征分析的非线性系统辨识方法。

本书第 7 章介绍基于连接界面非线性载荷重构的预紧状态辨识方法。

本书第 8 章介绍连接结构振动响应的时频域分析方法。

本书第 9 章介绍基于自适应模式分解构造敏感特征的连接界面预紧状态辨识方法。

本书第 10 章介绍基于状态子空间信息相似性的连接界面预紧性能定量评估方法。

第2章

连接界面的两类非线性动力学降阶建模方法

连接界面在微观尺度下都是粗糙凹凸不平的，其力学特征与粗糙面的黏着、滑移和弹塑性变形等接触行为息息相关，对装备结构的动力学响应特性有重要影响。考虑到连接结构动力学分析在时间和物理空间的多尺度效应，直接采用精细有限元分析方法对装备结构进行数值仿真将耗费巨大的计算资源，尤其是长时服役过程。连接界面的非线性动力学降阶建模方法为工程装备结构的动力学响应特性分析提供了一条可行的途径。

连接界面的非线性动力学降阶建模方法主要分为“自下而上”和“自上而下”两类。前者着重考虑粗糙面微细观尺度的物理接触机理，基于单个微凸体的黏滑摩擦接触行为，采用数理统计或分形的跨尺度手段描述连接界面的非线性动力学特征。后者着重复现连接界面的典型非线性动力学特征，基于假定的数学模型表达形式（往往是唯象的），利用连接结构宏观尺度的动力学响应特性辨识唯象模型的参数。本章对连接界面的两类降阶建模方法和典型非线性动力学特征进行介绍。

2.1 基于粗糙面微细观接触机理的建模

在法向预紧载荷的作用下，粗糙面上峰顶较高的微凸体首先发生接触，随着预紧载荷的增加，发生接触的微凸体数目逐渐增加，导致实际接触面积仅占名义面积的很小一部分。两个粗糙表面的接触问题可以等效为一个粗糙面与刚性光滑平面之间的接触问题，如图 2.1 所示。与 GW 模型基本假设类似，认为粗糙表面覆盖着高度随机分布的球截状微凸体，微凸体的曲率半径相同，微凸体之间的变形互不耦合，且未发生屈曲和大变形。

图 2.1 中，R 为微凸体的曲率半径，z 为微凸体的高度，d 为刚性平面与微凸体平均高度的距离。刚性光滑平面受到法向预紧载荷作用与粗糙表面发生

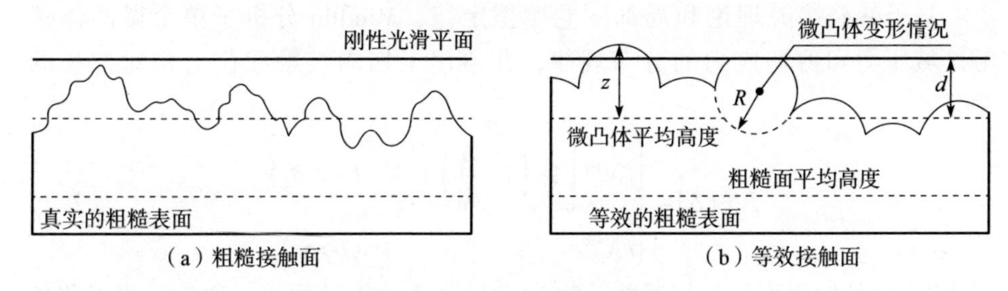

（a）粗糙接触面　　（b）等效接触面

图 2.1　粗糙面接触示意图

接触，微凸体将发生变形，有

$$\omega = z - d \tag{2.1}$$

基于粗糙面微细观接触机理的建模需要研究单个微凸体的黏滑摩擦接触行为，再通过概率统计分析或分形的跨尺度思想获得整个连接界面的非线性动力学特征。

2.1.1　微凸体接触模型

在法向和切向载荷的联合作用下，单个微凸体的黏滑摩擦接触行为如图 2.2 所示。在法向预紧载荷 N 的作用下，两个球被压紧，形成半径为 a 的圆形接触区域。受到切向载荷 F 的作用后，产生的切向相对位移为 δ。由于接触压力分布的不均匀性，在接触区域边缘将发生滑移，并且随着切向载荷的增大，滑移区域不断向接触中心收缩，在接触区域形成滑移区和黏着区两部分。图 2.2 中，中心黏着区域的半径为 c，滑移区域为宽度为 $a-c$，p 表示法向接触压力分布，q 表示黏滑摩擦效应产生的剪切应力分布。

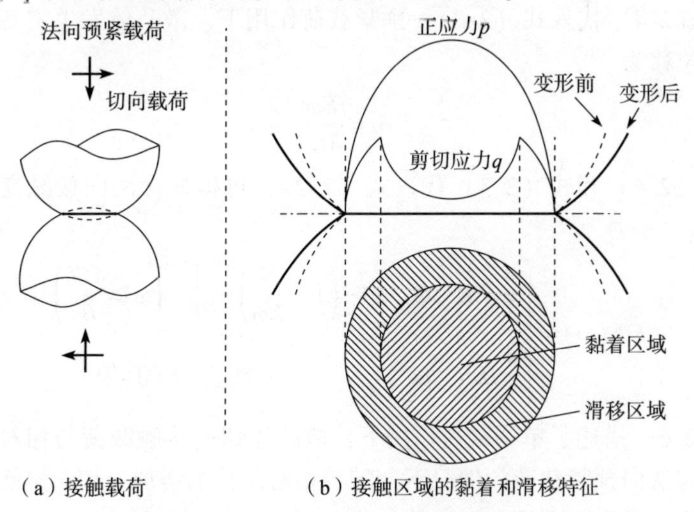

（a）接触载荷　　（b）接触区域的黏着和滑移特征

图 2.2　单个微凸体的黏滑摩擦接触行为

基于赫兹接触理论和局部库仑摩擦定律，Mindlin 分析了单个微凸体接触区域压力和剪切应力的分布规律，并给出了切向接触载荷与相对位移的关系：

$$F^{asp}(\delta)=\begin{cases} fN^{asp}\left[1-\left(1-\dfrac{\delta}{\delta_0}\right)^{3/2}\right] & (\delta\leqslant\delta_0) \\ fN^{asp} & (\delta>\delta_0) \end{cases} \tag{2.2}$$

式中：f 为接触界面的摩擦系数；δ_0 为宏观滑移的相对位移，称为临界滑移位移；上标 asp 表示微凸体。

$$\delta_0=\frac{3fN^{asp}}{16Ga} \tag{2.3}$$

式中：G 为等效剪切模量，$\dfrac{1}{G}=\dfrac{2-v_1}{G_1}+\dfrac{2-v_2}{G_2}$，其中，$G_1$ 和 G_2 分别为微凸体的剪切模量，v_1 和 v_2 为微凸体的泊松比。

根据赫兹弹性接触理论，法向接触变形与接触载荷、接触半径之间的关系为

$$N^{asp}=\frac{4}{3}ER^{1/2}\omega^{3/2} \tag{2.4}$$

$$a=(R\omega)^{1/2}$$

式中：E 为等效弹性模量，$\dfrac{1}{E}=\dfrac{1-v_1^2}{E_1}+\dfrac{1-v_2^2}{E_2}$，其中，$E_1$ 和 E_2 为微凸体的弹性模量。

将式（2.4）代入式（2.3），预紧载荷作用下，微凸体发生宏观滑移时的切向相对位移为

$$\delta_0=\frac{fE\omega}{4G} \tag{2.5}$$

将式（2.4）和式（2.5）代入式（2.2），可得显含法向接触变形的切向接触载荷。

$$F^{asp}(\omega)=\begin{cases} \dfrac{4}{3}fER^{1/2}\omega^{3/2}\left[1-\left(1-\dfrac{4G\delta}{fE\omega}\right)^{3/2}\right] & \left(\omega\geqslant\dfrac{4G\delta}{fE}\right) \\ \dfrac{4}{3}fER^{1/2}\omega^{3/2} & (\text{其他}) \end{cases} \tag{2.6}$$

式（2.6）描述了单调载荷作用下，微凸体切向接触载荷与相对位移的关系。在给定法向预紧载荷的情况下，随着相对位移的增加，切向接触载荷也逐渐增加，直至发生宏观滑移。因此，式（2.6）能够描述微凸体从黏着接触状

态到滑移状态的演化过程。

在周期性载荷作用下，微凸体的切向接触载荷与相对位移将表现出迟滞特性，其关系可分为黏着–黏着、黏着–滑移和滑移–滑移三种状态，如图 2.3 所示。

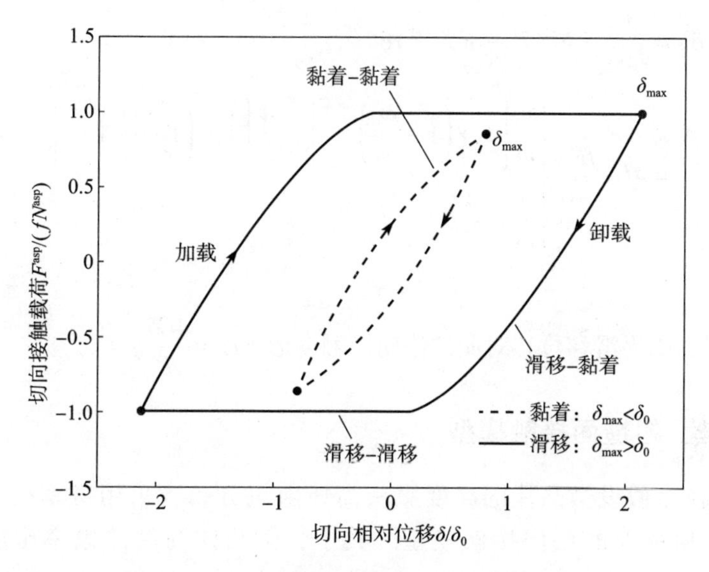

图 2.3　微凸体黏滑摩擦接触行为的迟滞曲线

在周期性载荷作用下，微凸体卸载过程的切向接触载荷可表示为

$$F^{asp,unl}(\delta,\delta_{max})=fN^{asp}\cdot\begin{cases}-1 & (\omega<\omega_1)\\ 2\left[1-\dfrac{2G(\delta_{max}-\delta)}{fE\omega}\right]^{3/2}-1 & (\omega_1<\omega<\omega_2)\\ 2\left[1-\dfrac{2G(\delta_{max}-\delta)}{fE\omega}\right]^{3/2}-\left(1-\dfrac{4G\delta_{max}}{fE\omega}\right)^{3/2}-1 & (\omega_2<\omega)\end{cases}\tag{2.7}$$

式中：δ_{max} 为循环加载过程的相对位移幅值；ω_1 和 ω_2 分别为黏着、滑移分界的法向接触变形；上标 unl 表示卸载过程（unloading）。

$$\omega_1=\frac{2G(\delta_{max}-\delta)}{fE},\quad \omega_2=\frac{4G\delta_{max}}{fE}\tag{2.8}$$

周期性循环载荷作用下，利用 Masing 映射准则描述微凸体的切向接触载荷。

$$F^{asp,unl}(\delta,\delta_{max})=F^{asp}(\delta_{max})-2F^{asp}\left(\frac{\delta_{max}-\delta}{2}\right)\tag{2.9}$$

$$F^{asp,rel}(\delta,\delta_{max}) = -F^{asp}(\delta_{max}) + 2F^{asp}\left(\frac{\delta_{max}+\delta}{2}\right) \tag{2.10}$$

式中：上标 rel 表示加载过程（reloading）。

周期性循环载荷作用下，微凸体单位周期的能量耗散可表示为

$$\begin{aligned} D^{asp}(\delta) &= \int_{-\delta_{max}}^{\delta_{max}} (F^{asp,rel} - F^{asp,unl})\,\mathrm{d}\delta \,\Big|_{\delta=\delta_{max}} \\ &= 4fN\frac{fE\omega}{4G}\begin{cases} \dfrac{\omega_s}{\omega}\left[1+\left(1-\dfrac{\omega_s}{\omega}\right)^{3/2}\right]-\dfrac{4}{5}\left[1-\left(1-\dfrac{\omega_s}{\omega}\right)^{5/2}\right] & (\omega_s \leqslant \omega) \\ \dfrac{\omega_s}{\omega}-\dfrac{4}{5} & (\omega_s > \omega) \end{cases} \end{aligned} \tag{2.11}$$

式中：ω_s 为临界滑移位移对应的法向接触变形，$\omega_s = \dfrac{4G\delta}{fE}$。

2.1.2 粗糙面接触模型

GW 模型假设微凸体的高度服从高斯随机分布，采用概率统计分析方法建立了粗糙面的法向接触模型，其中，微凸体高度的概率密度函数可表示为

$$\varphi(z) = \frac{1}{(2\pi)^{1/2}\sigma}\mathrm{e}^{-\frac{z^2}{2\sigma^2}} \tag{2.12}$$

式中：σ 为微凸体高度随机分布的均方根值。

考虑粗糙面上所有微凸体的贡献，整个连接界面的切向接触载荷可表示为

$$\begin{aligned} F(\delta) &= \eta A_n \cdot \left\{ \underbrace{\int_0^{\omega_s} fN^{asp}\varphi(\omega+d)\,\mathrm{d}\omega}_{\text{滑移微凸体贡献}} + \underbrace{\int_{\omega_s}^{\infty} fN^{asp}\left[1-\left(1-\frac{\omega_s}{\omega}\right)^{3/2}\right]\varphi(\omega+d)\,\mathrm{d}\omega}_{\text{黏着微凸体贡献}} \right\} \\ &= \eta A_n \cdot \left[\int_0^{\infty} fN^{asp}\varphi(\omega+d)\,\mathrm{d}\omega - \int_{\omega_s}^{\infty} fN^{asp}\left(1-\frac{\omega_s}{\omega}\right)^{3/2}\varphi(\omega+d)\,\mathrm{d}\omega\right] \end{aligned} \tag{2.13}$$

式中：A_n 为粗糙面名义接触面积；η 为单位面积的微凸体数目。

连接界面的法向预紧载荷可表示为

$$N = \eta A_n \cdot \int_0^{\infty} N^{asp}\varphi(\omega+d)\,\mathrm{d}\omega \tag{2.14}$$

将式（2.4）和式（2.12）代入式（2.13），可得

$$F(\delta)=\frac{4}{3(2\pi)^{1/2}\sigma}\eta A_{\mathrm{n}}fER^{1/2}\left[\int_0^{\infty}\omega^{3/2}\mathrm{e}^{-\frac{(\omega+d)^2}{2\sigma^2}}\mathrm{d}\omega-\int_0^{\infty}\omega^{3/2}\mathrm{e}^{-\frac{(\omega+d+\omega_{\mathrm{s}})^2}{2\sigma^2}}\mathrm{d}\omega\right] \tag{2.15}$$

利用连接界面的法向预紧载荷对切向接触载荷进行正则化处理，可得

$$\overline{F}=\frac{F}{fN}=1-\frac{\int_0^{\infty}\omega^{3/2}\exp\left[-\frac{(\omega+d+\omega_{\mathrm{s}})^2}{2\sigma^2}\right]\mathrm{d}\omega}{\int_0^{\infty}\omega^{3/2}\exp\left[-\frac{(\omega+d)^2}{2\sigma^2}\right]\mathrm{d}\omega} \tag{2.16}$$

连接界面受到切向和法向载荷的联合作用，粗糙面微凸体的黏滑状态与切向相对位移和法向接触变形都相关，如图2.4所示，两条直线将粗糙面微凸体的接触行为分为3个区域，分别对应图2.3和式（2.7）的3种状态。

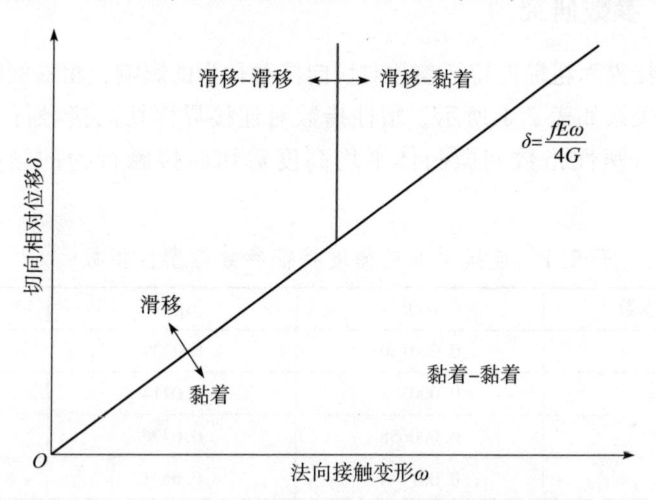

图2.4 粗糙面黏着滑移接触的微凸体分布示意图

基于概率统计分析方法，由式（2.7）计算连接界面卸载过程的切向接触载荷。

$$\begin{aligned}F^{\mathrm{unl}}(\delta,\delta_{\max})=&\ \eta A_{\mathrm{n}}\cdot\int_0^{\omega_1}-fN^{\mathrm{asp}}\varphi(\omega+d)\mathrm{d}\omega+\\&\eta A_{\mathrm{n}}\cdot\int_{\omega_1}^{\omega_2}fN^{\mathrm{asp}}\left\{2\left[1-\frac{2G(\delta_{\max}-\delta)}{fE\omega}\right]^{3/2}-1\right\}\varphi(\omega+d)\mathrm{d}\omega+\\&\eta A_{\mathrm{n}}\cdot\int_{\omega_2}^{\infty}fN^{\mathrm{asp}}\left\{2\left[1-\frac{2G(\delta_{\max}-\delta)}{fE\omega}\right]^{3/2}-\left(1-\frac{4G\delta_{\max}}{fE\omega}\right)^{3/2}-1\right\}\varphi(\omega+d)\mathrm{d}\omega\end{aligned} \tag{2.17}$$

将式（2.4）和式（2.12）代入式（2.17），满足：

$$F^{\mathrm{unl}}(\delta,\delta_{\max})=F(\delta_{\max})-2F\left(\frac{\delta_{\max}-\delta}{2}\right) \tag{2.18}$$

由图2.3可知，结合式（2.17）和式（2.18），加载过程的切向接触载荷满足Masing映射准则。

$$F^{\mathrm{rel}}(\delta,\delta_{\max})=-F^{\mathrm{unl}}(-\delta,\delta_{\max}) \tag{2.19}$$

在周期性循环载荷作用下，连接界面单位周期的能量耗散可表示为

$$\begin{aligned}D(\delta_{\max}) &= \int_{-\delta_{\max}}^{\delta_{\max}}(F^{\mathrm{rel}}-F^{\mathrm{unl}})\,\mathrm{d}\delta \\ &= 8\int_{0}^{\delta_{\max}}F(\delta)\,\mathrm{d}\delta-4F(\delta_{\max})\cdot\delta_{\max}\end{aligned} \tag{2.20}$$

2.1.3 参数研究

研究连接界面粗糙度特征参数对切向接触行为的影响，粗糙面的特征参数与塑性指数关系如表2.1所示，塑性指数对连接界面切向接触行为的影响如图2.5所示，塑性指数和微凸体平均高度对切向接触行为的影响如图2.6所示。

表2.1 连接界面粗糙度特征参数与塑性指数[25]

粗糙度参数	σ/R	$\eta\sigma R$	ψ
1	0.000160	0.0339	0.7
2	0.000302	0.0414	1.0
3	0.000658	0.0476	1.5
4	0.001144	0.0541	2.0

注：材料参数 $E_1=E_2=207\text{GPa}$，$\upsilon_1=\upsilon_2=0.29$，$H=1.96\text{GPa}$。

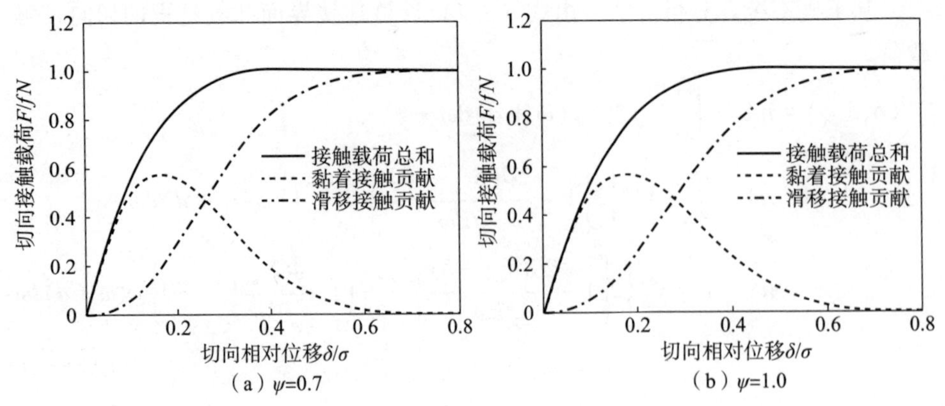

（a）ψ=0.7　（b）ψ=1.0

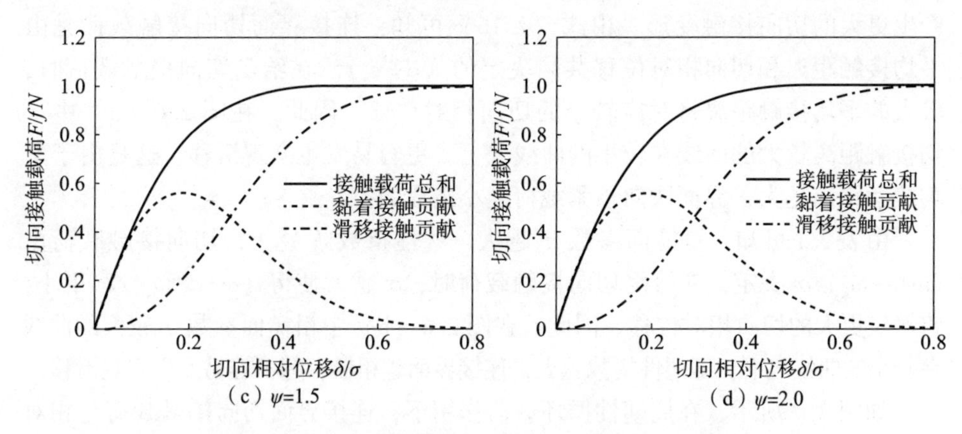

（c）ψ=1.5　　（d）ψ=2.0

图 2.5　塑性指数对连接界面切向接触行为的影响

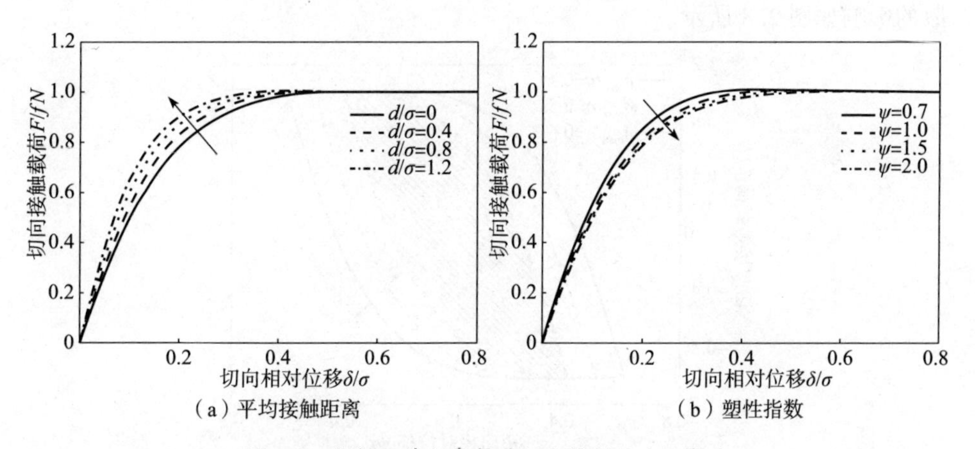

（a）平均接触距离　　（b）塑性指数

图 2.6　粗糙面特征参数对切向接触行为的影响

由图 2.5 可知，在微观黏着阶段，随着切向相对位移的增加，切向接触载荷的曲线斜率逐渐下降，直至发生宏观滑移，表现为连接界面的非线性软化刚度特性。由黏着接触贡献的切向接触载荷先增加后减少，而由滑移接触贡献的切向接触载荷逐渐增加，直到最后完全由滑移作用贡献，即宏观滑移状态，较好地反映了连接界面的黏着状态到滑移状态的演化过程。宏观滑移时，利用最大静摩擦力辨识连接界面的摩擦系数。

$$\lim_{\delta\to\infty}\frac{F}{N}=f \tag{2.21}$$

由式（2.21）可知，微凸体接触定义的摩擦系数等于连接界面宏观滑移时的平均摩擦系数。

由图 2.6（a）可知，随着平均接触距离的增加，相同的切向接触载荷将产生更大的切向接触变形。由式（2.16）可知，连接界面切向接触载荷是由平均接触距离和切向相对位移共同决定的（$d+\omega_s$）。在给定切向接触载荷时，较大的平均接触距离将对应较小的切向相对位移。因此，在图 2.6（a）中平均接触距离较大的曲线在较小的曲线之上，更容易发生宏观滑移，这是由于平均接触距离越大，界面法向预紧载荷越小造成的。

由表 2.1 可知，粗糙面参数 σ 越大，塑性指数 ψ 越大，切向接触载荷由 $(\omega+d+\omega_s)/\sigma$ 决定，在给定切向接触载荷时，σ 越大使得 $(\omega+d+\omega_s)/\sigma$ 更小，将对应更大的切向相对位移。因此，在图 2.6（b）中粗糙面参数 σ 较大的曲线在较小的曲线之下，即塑性指数越大，连接界面越粗糙，越不容易发生宏观滑移。

如图 2.7 所示，在周期性循环载荷作用下，连接界面切向接触载荷与相对位移曲线围成的区域面积为单位周期的能量耗散，塑性指数对单位周期能量耗散的影响如图 2.8 所示。

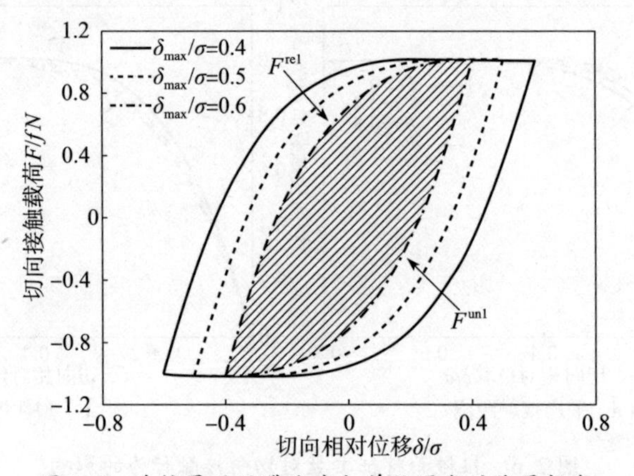

图 2.7　连接界面迟滞曲线与单位周期的能量耗散

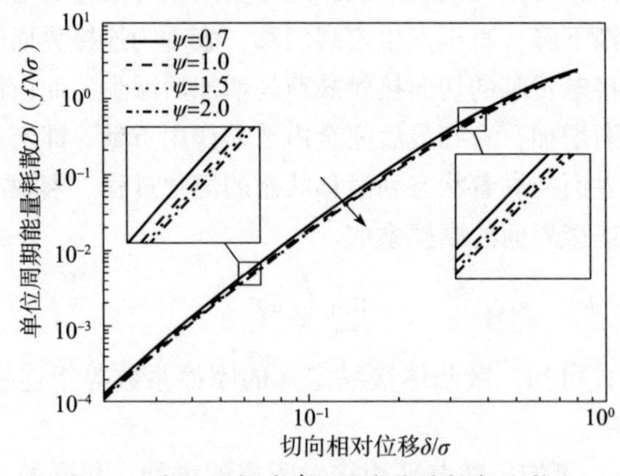

图 2.8　塑性指数对单位周期能量耗散的影响

由图 2.8 可知，随着塑性指数的增加，单位周期能量耗散的影响逐渐减小。随着界面粗糙度的增加，塑性指数增加，发生黏着的微凸体贡献将增加［式（2.13)］，造成能量耗散偏低。因此，在图 2.8 中塑性指数 ψ 较大的曲线在较小曲线的之下。并且，单位周期能量耗散与相对位移幅值的幂级数有所减小（双对数坐标中曲线的斜率），这是由于黏着接触微凸体的能量耗散与相对位移的幂级数约为 3［式（2.11）第一式］，而滑移接触的幂级数仅为 1［式（2.11）第二式］造成的。

2.2　基于数据驱动的唯象建模

连接界面非线性动力学降阶建模的另一类方法是基于数据驱动的思想，基于假定的唯象本构模型形式，通过实验或有限元分析获得动力学响应特性辨识模型的参数。本构模型的形式和参数着重复现连接界面的某些非线性动力学特征，抽象出来的数学表达式难以真实地反映粗糙面微细观接触机理和粗糙度参数的影响。常用的本构模型有 Iwan 模型、Bouc-Wen 模型、Valanis 模型和 Lugre 模型。其中，Iwan 模型及其改进形式因部分参数的物理意义明确、数学表达式简单等优点，被广泛地应来描述连接界面黏滑摩擦接触行为引起的非线性软化刚度、迟滞非线性等特征。

2.2.1　Iwan 模型

利用 Iwan 模型描述连接界面的黏滑摩擦接触行为，如图 2.9 所示。

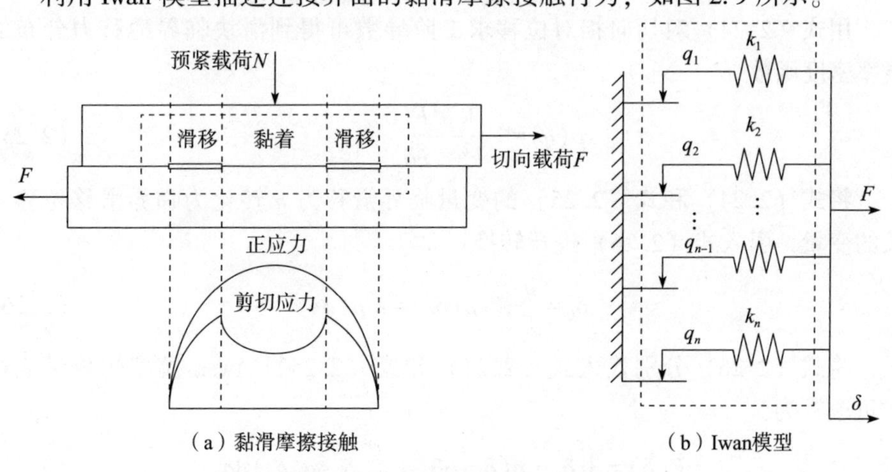

图 2.9　连接界面的唯象建模方法

如图2.9（a）所示，可以根据假定的接触应力分布，将连接界面的接触区域分为黏着和滑移两种状态。如图2.9（b）所示，Iwan模型由一系列的Jenkins单元并联而成，每个Jenkins单元由一个弹簧和滑块串联而成，单个Jenkins单元切向接触载荷和相对位移的关系为

$$F_j^{\mathrm{Jen}}(\delta)=\begin{cases}k_j\cdot\delta & (\delta\leqslant q_j/k_j)\\ q_j & (\text{其他})\end{cases} \tag{2.22}$$

式中：k_j 为单个Jenkins单元的弹簧刚度；q_j 为对应滑块的临界滑移力，上标Jen表示Jenkins单元。

对图2.9（b）中的Iwan模型施加单调载荷作用时，临界滑移力小的滑块首先发生滑移，其余的滑块处于黏着状态。随着切向载荷的增加，越来越多的滑块发生滑移，直至所有的滑块发生滑移，称为宏观滑移。考虑每个Jenkins单元的贡献，Iwan模型描述的切向接触载荷可表示为

$$\begin{aligned}F(\delta)&=\sum_{j=1}^{n}F_j^{\mathrm{Jen}}\\&=\sum_{j=1}^{n}\min(q_j,k_j\delta)\end{aligned} \tag{2.23}$$

式中：n 为Jenkins单元总个数。

式（2.23）为离散Iwan模型的表达形式，针对连续的Iwan模型，即 $n\to\infty$。假设每个Jenkins单元的弹簧刚度均为 k，且滑块临界滑移力的分布满足概率密度函数 $\rho(q)$，式（2.23）可改写为积分形式：

$$F(\delta)=\underbrace{\int_0^{k\delta}q\cdot\rho(q)\,\mathrm{d}q}_{\text{黏着贡献}}+\underbrace{\int_{k\delta}^{\infty}k\delta\cdot\rho(q)\,\mathrm{d}q}_{\text{滑移贡献}} \tag{2.24}$$

用式（2.24）对切向相对位移求二阶导数可得到滑块临界滑移力分布的概率密度函数，

$$\rho(q)=-\frac{1}{k^2}\frac{\partial^2F(\delta)}{\partial\delta^2}\bigg|_{q=k\delta} \tag{2.25}$$

将式（2.24）和式（2.25）的变量临界滑移力 q 转化为临界滑移位移相关的变量，引入式（2.26）进行转换：

$$\delta_0=\frac{q}{k},\quad \rho(\delta_0)=k^2\rho(q) \tag{2.26}$$

将式（2.26）分别代入式（2.24）和式（2.25），Iwan模型的数学表达式可改写为

$$F(\delta)=\int_0^{\delta}\delta_0\cdot\rho(\delta_0)\,\mathrm{d}\delta_0+\int_{\delta}^{\infty}\delta\cdot\rho(\delta_0)\,\mathrm{d}\delta_0 \tag{2.27}$$

相应地，临界滑移位移分布的概率密度函数可表示为

$$\rho(\delta_0) = -\frac{\partial^2 F(\delta)}{\partial \delta^2}\bigg|_{\delta_0=\delta} \tag{2.28}$$

桑迪亚国家实验室的 Segalman 提出了一种四参数 Iwan 模型描述连接界面的非线性软化刚度和单位周期能量耗散-相对位移幅值之间的幂级数特性，采用截断的幂函数描述临界滑移位移的分布：

$$\rho(\delta_0) = R\delta_0^{\chi} \cdot [H(\delta_0) - H(\delta_0 - \delta_s)] + S \cdot D(\delta_0 - \delta_s)] \tag{2.29}$$

式中：$H(\cdot)$ 和 $D(\cdot)$ 分别为 Heaviside 和 Dirac 函数表达式；δ_s 为宏观滑移的起始点；R 为密度函数的系数；χ 为幂级数；S 为宏观滑移时连接刚度的变化量，非均匀密度函数如图 2.10 所示。

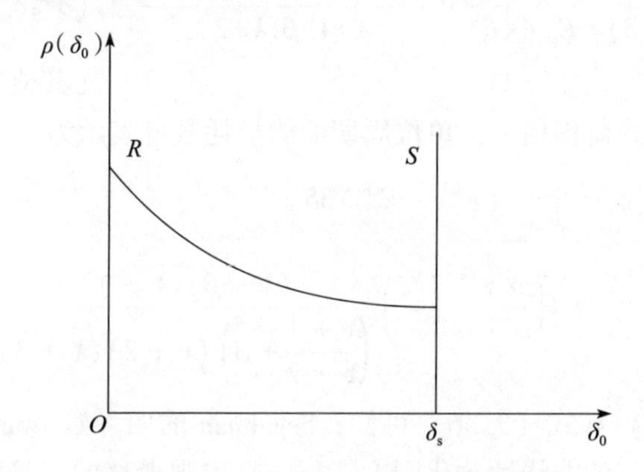

图 2.10　Segalman 提出的非均匀密度函数

当所有滑块发生滑移时，连接界面的临界滑移力可表示为

$$F_s = \int_0^{\delta_s} \delta_0 \cdot \rho(\delta_0)\,d\delta_0 = \frac{R\delta_s^{\chi+2}}{\chi+1}\left(\frac{\chi+1}{\chi+2} + \beta\right) \tag{2.30}$$

式中：β 为过渡参数。

$$\beta = S \Big/ \left(\frac{R\delta_s^{\chi+1}}{\chi+1}\right) \tag{2.31}$$

利用临界滑移力和临界滑移位移表示式（2.29）中的 R 和 S：

$$\begin{cases} R = \dfrac{F_s}{\delta_s^{\chi+2}} \dfrac{(\chi+1)(\chi+2)}{\chi+1+\beta(\chi+2)} \\ S = \dfrac{F_s}{\delta_s} \dfrac{\beta(\chi+2)}{\chi+1+\beta(\chi+2)} \end{cases} \tag{2.32}$$

整个接触界面的连接刚度可表示为

$$k_s = \int_0^{\delta_s} \rho(\delta_0)\,\mathrm{d}\delta_0 = \frac{F_s(1+\beta)}{\delta_s\left(\frac{\chi+1}{\chi+2}+\beta\right)} \tag{2.33}$$

宏观滑移状态的临界相对位移可表示为

$$\delta_s = \frac{F_s}{k_s} \cdot \frac{1+\beta}{\frac{\chi+1}{\chi+2}+\beta} \tag{2.34}$$

将式（2.29）代入式（2.27），在单调载荷作用下，Segalman 的 Iwan 模型表达式为

$$F(\delta) = F_s \cdot \begin{cases} \frac{\delta}{\delta_s} \cdot \frac{\chi+2+\beta(\chi+2)-(\delta/\delta_s)^{\chi+1}}{\chi+1+\beta(\chi+2)} & (\delta \leqslant \delta_s) \\ 1 & (\text{其他}) \end{cases} \tag{2.35}$$

周期性循环载荷作用下，单位周期的能量耗散可表示为

$$\begin{aligned} D(\delta) &= \int_{-\delta_{\max}}^{\delta_{\max}} (F^{\mathrm{tel}} - F^{\mathrm{unl}})\,\mathrm{d}\delta \Big|_{\delta=\delta_{\max}} \\ &= 4\left(\frac{\delta}{\delta_s}\right)^{\chi+3}\left(\frac{F_s^2}{k_s}\right)\frac{(1+\beta)(\chi+1)}{\left(\frac{\chi+1}{\chi+2}+\beta\right)(\chi+2)(\chi+3)} \end{aligned} \tag{2.36}$$

由式（2.35）和式（2.36）可知，Segalman 的四参数 Iwan 模型能够描述连接界面黏着状态的非线性软化刚度特征，且宏观滑移的连接刚度为 0，以及单位周期能量耗散-相对位移幅值之间的幂级数特征［双对数坐标系下，式（2.36）对应的曲线斜率为$\chi+3$］。但是，在式（2.35）中，微观黏着和宏观滑移分界点的连接刚度是不连续的，模型形式是非光滑的，并且忽略了连接界面发生宏观滑移之后的残余刚度特征。

为了克服以上两个缺点，Song 等采用截断的均匀密度函数描述临界滑移位移的分布，并引入了连接界面宏观滑移状态的残余刚度特征参数 k_α，如图 2.11 所示，有

$$\rho(\delta_0) = R \cdot [H(\delta_0) - H(\delta_0 - \delta_s)] + k_\alpha \cdot D(\delta_0 - \delta_\infty) \tag{2.37}$$

在单调载荷作用下，连接界面的切向接触载荷可表示为

$$F(\delta) = \begin{cases} 2k_s\delta_s \cdot \left[\frac{\delta}{\delta_s} - \frac{1}{2}\left(\frac{\delta}{\delta_s}\right)^2\right] + k_\alpha\delta & (\delta \leqslant \delta_s) \\ k_s\delta_s + k_\alpha\delta & (\text{其他}) \end{cases} \tag{2.38}$$

发生宏观滑移时，连接界面的临界滑移力可表示为

$$F_s = (k_s + k_\alpha)\delta_s \tag{2.39}$$

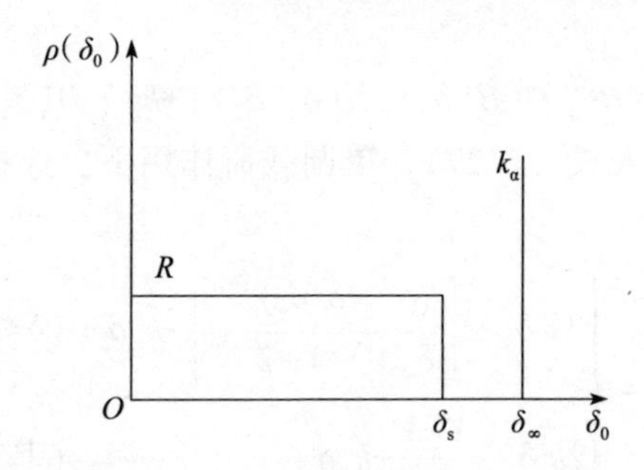

图 2.11 Song 算提出的均匀密度函数

在式（2.38）中，连接界面切向接触载荷是相对位移的二阶函数，经过积分之后，单位周期能量耗散与相对位移幅值之间的幂级数为 3，而桑迪亚国家实验室实验结果表明连接界面单位能量耗散-相对位移之间的幂级数介于 2~3，并不是一个固定值。

2.2.2 改进的 Iwan 模型

为了更好地描述连接界面的非线性软化刚度和单位周期能量耗散-相对位移幅值的幂级数等特征，改进的 Iwan 模型形式如图 2.12 所示。

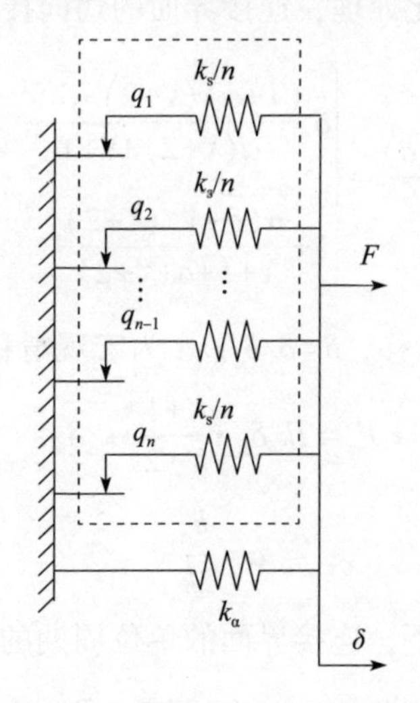

图 2.12 改进的 Iwan 模型形式

图 2.12 中，改进的 Iwan 模型仍由 $n\to\infty$ 个 Jenkins 单元并联组成，同时并联一个刚度为 k_α 的线性弹簧描述宏观滑移的残余刚度特征。假设每个 Jenkins

单元的弹簧刚度均为 k_s/n。结合式（2.29）和式（2.37），临界滑移位移分布的概率密度函数为

$$\rho(\delta_0)=R\delta_0^{\chi}\cdot[H(\delta_0)-H(\delta_0-\delta_s)]+k_\alpha\cdot D(\delta_0-\delta_\infty) \tag{2.40}$$

将式（2.40）代入式（2.27），单调载荷作用下，连接界面的切向接触载荷为

$$F(\delta)=\begin{cases}2k_s\delta_s\cdot\left[\dfrac{\delta}{\delta_s}-\dfrac{(\delta/\delta_s)^{\chi+2}}{\chi+2}\right]+k_\alpha\delta & (\delta\leqslant\delta_s)\\ 2k_s\delta_s\cdot\dfrac{\chi+1}{\chi+2}+k_\alpha\delta & (\text{其他})\end{cases} \tag{2.41}$$

在式（2.41）中，第一部分为所有 Jenkins 单元贡献的切向接触载荷，而第二部分为并联弹簧的贡献量。对于式（2.41），如果参数 $\chi=0$，改进的 Iwan 模型将退化为 Song 等的 Iwan 模型形式，当参数 $k_\alpha=0$，模型都将退化 Segalman 的 Iwan 模型形式。因此，改进的 Iwan 模型能够将 Segalman 和 Song 的两种 Iwan 模型进行统一，仅需定义协调参数幂级数 χ 和宏观滑移刚度参数 k_α。并且，式（2.41）的 Iwan 模型能够较好地解决黏着和滑移分割点连接刚度的阶跃变化和宏观滑移之后的残余刚度描述等问题。

为了使模型形式更具普适性，利用微观黏着和宏观滑移分界点的切向接触载荷和相对位移进行正则化处理，连接界面的切向接触载荷可表示为

$$\bar{F}(\bar{\delta})=\frac{F(\delta)}{F_s}=\begin{cases}\bar{\delta}\,\dfrac{(1+\alpha)(\chi+2)-\bar{\delta}^{\chi+1}}{\alpha(\chi+2)+\chi+1} & (\bar{\delta}\leqslant 1)\\ 1+\dfrac{\alpha(\bar{\delta}-1)(\chi+2)}{\chi+1+\alpha(\chi+2)} & (\text{其他})\end{cases} \tag{2.42}$$

式中：$\bar{\delta}$ 为正则化的相对位移，$\bar{\delta}=\delta/\delta_s$；$\alpha$ 为宏观滑移的残余刚度系数。

$$F_s=2k_s\delta_s\cdot\frac{\chi+1}{\chi+2}+k_\alpha\delta_s \tag{2.43}$$

$$\alpha=\frac{k_\alpha}{2k_s} \tag{2.44}$$

周期性循环载荷作用下，连接界面的单位周期的能量耗散可表示为

$$\bar{D}(\bar{\delta})=\frac{D(\delta)}{F_s\delta_s}=4\,\frac{\chi+1}{\alpha+\dfrac{\chi+1}{\chi+2}}\cdot\begin{cases}\dfrac{\bar{\delta}^{\chi+3}}{(\chi+3)(\chi+2)} & (\bar{\delta}<1)\\ \dfrac{1}{(\chi+3)(\chi+2)}+\dfrac{\bar{\delta}-1}{\chi+2} & (\text{其他})\end{cases} \tag{2.45}$$

由式（2.45）可知，连接界面单位周期能量耗散与相对位移幅值之间的幂级数为（$\chi+3$），通过调整参数 χ 可使幂级数介于 2~3。

由式（2.42）~式（2.45）可知，连接界面黏滑摩擦接触行为引起的非线性特征可以由 4 个参数进行表征，即 $\{F_s, \delta_s, \chi, \alpha\}$。

2.2.3　参数研究

由式（2.42）和式（2.45）可知，正则化的切向接触载荷和单位周期的能量耗散仅与参数 α 和 χ 相关。图 2.13 给出了参数集合（$\chi=-0.5$，$\alpha=0.1, 0.2, 0.3, 0.4$）预测连接界面的非线性软化刚度特征和单位能量耗散-相对位移的幂级数特征。

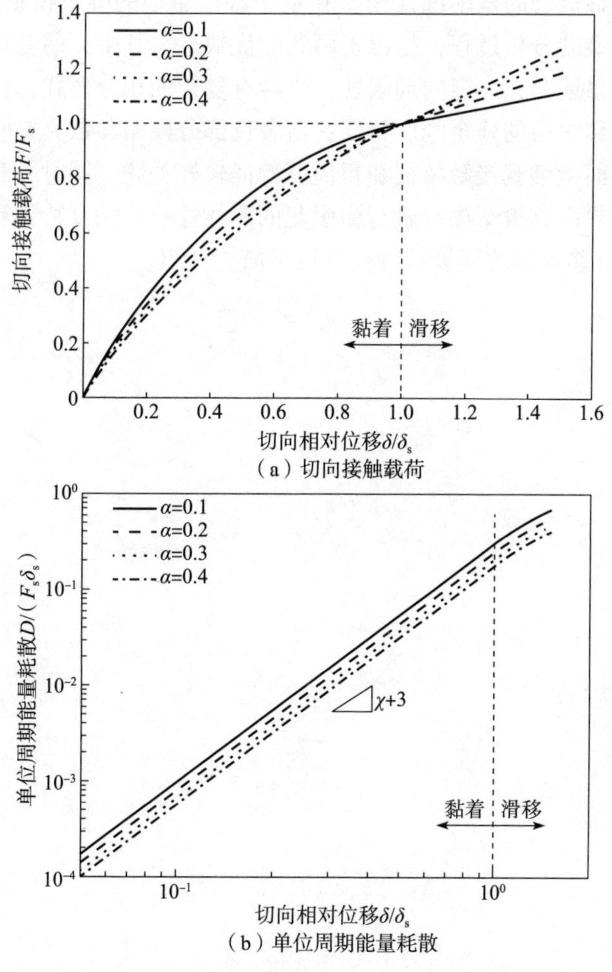

图 2.13　连接界面黏滑摩擦接触行为引起的非线性特征

由图 2.13（a）可知，残余刚度系数越大预测宏观滑移阶段的连接刚度越大，即曲线斜率越大。但是，微观黏着阶段的连接刚度却呈现出相反的趋势。由图 2.13（b）可知，黏着阶段单位周期的能量耗散与相对位移幅值之间的幂级数值为（$\chi+3$）。但是，在双对数坐标系下，宏观滑移阶段的曲线斜率值有所下降，曲线形状呈下弯趋势，这与图 2.8 的结论相似。

2.3 小结

针对连接界面黏滑摩擦接触行为引起的非线性动力学特征，本章对基于粗糙面微细观接触机理的概率统计模型和基于数据驱动的唯象模型进行了阐述，给出了两类模型的分析过程，指出了两者的优缺点。其中，前者对粗糙面微细观接触机理的描述存在一定的局限性，且含有复杂的积分形式，往往忽略了连接界面宏观滑移之后的残余刚度特征；后者仅部分模型参数具有明确的物理意义，且未与界面微细观接触特征和粗糙度特征较好关联。同时，利用动力学降阶模型对连接界面黏滑摩擦接触行为引起的非线性软化刚度特征和单位周期能量耗散-相对位移幅值的幂级数特征进行了简要介绍。

第3章

融合微细观接触机理和唯象模型的降阶建模方法

连接界面的非线性动力学特征与粗糙面的黏着和滑移等接触行为息息相关。第2章简要介绍了连接界面“自下而上”和“自上而下”的两类非线性性动力学降阶建模方法。前者基于微凸体接触的物理机理和概率统计分析方法，建立的模型中含有复杂的积分形式，难以在工程装备结构的动力学分析中应用。后者着重利用唯象的数学表达形式复现连接界面黏滑摩擦接触行为引起的典型非线性动力学特征，因而仅部分模型参数的物理意义较明确，且未体现界面微细观接触特征和粗糙度特征的影响效应。为了克服两种建模方法的缺点，本章介绍一种融合连接界面微细观接触机理和唯象建模思想的非线性动力学降阶模型，描述连接界面黏滑摩擦接触行为引起的非线性动力学特征。

3.1 连接界面的精细有限元分析

连接界面内部的接触行为是引起结构复杂非线性动力学特征的主要原因之一。以螺栓连接结构为研究对象，采用精细有限元方法分析连接界面在法向和切向载荷联合作用下的力学行为，提取切向接触载荷和相对位移，辨识连接界面黏滑摩擦接触行为引起的非线性软化刚度和迟滞非线性等特征。

3.1.1 有限元模型

如图3.1所示，螺栓连接结构由两块搭接板在中部预紧而成，考虑约束和外激励载荷的对称性（忽略螺纹），仅对螺栓连接结构的半模进行分析，考虑螺母-搭接板、搭接板-搭接板和搭接板-螺头之间的摩擦接触，建立螺栓连接结构的精细有限元模型。在左端面施加固支约束条件，在中部施加法向螺栓预紧载荷（bolt preload）N，在右端面施加切向载荷 F。

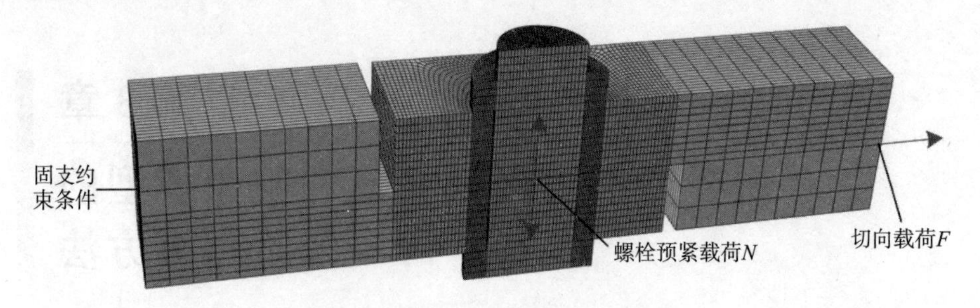

图 3.1 螺栓连接结构的有限元模型

为了研究螺杆约束效应对连接界面非线性动力学特征的影响，采用相同的预紧载荷分别作用于螺头和螺母的接触区域（contact pressure），如图 3.2 所示。

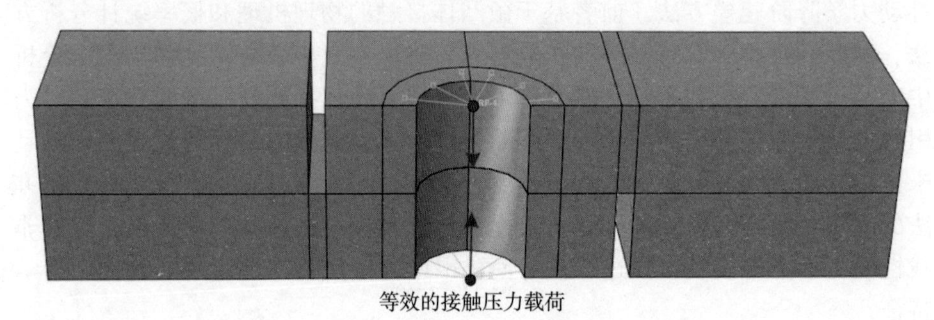

图 3.2 等效接触压力施加预紧载荷的示意图

3.1.2 非线性特征分析

两个连接件的材料均为钢（$E=2.1\times10^{11}$Pa，$\rho=7.85\times10^{3}$kg/m^3，$\upsilon=0.3$），螺栓规格为 M8，预紧载荷 $N=5000$N，摩擦系数 $f=0.2$，切向载荷 $F=(20\sim1500)$N，加载步 20N。分析不同切向载荷作用下接触区域的压力分布，如图 3.3 所示。

由图 3.3 可知，切向载荷对接触压力分布和区域形状有重要影响。单独法向载荷（$F=0$）作用下，接触区域为圆形，且接触压力分布较均匀。随着切向载荷的增加，接触压力沿径向的均匀性逐渐被打破，接触区域也逐渐从圆形演化为椭圆形。并且，在切线方向接触区域呈收缩的趋势，即接触边缘发生了分离。提取连接界面切向接触载荷和相对位移辨识非线性特征，如图 3.4 所示。其中，图 3.4（a）为单调载荷作用的结果，图 3.4（b）为周期性循环载荷作用的结果。

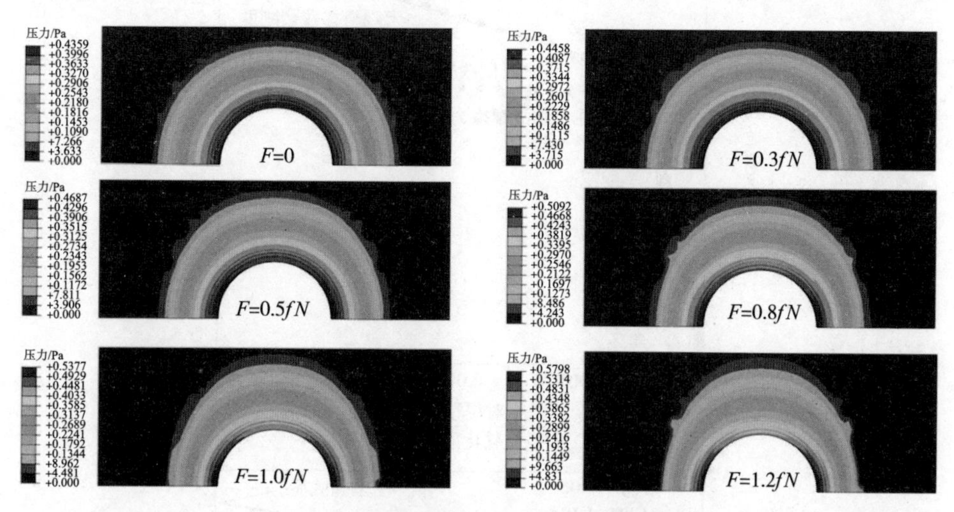

图 3.3　不同切向载荷下接触区域的压力分布

由图 3.4（a）可知，在微观黏着阶段（切向载荷小于临界滑移力），随着界面相对位移的增加，连接刚度逐渐减小（曲线斜率的下降），表现为非线性软化刚度特征；在宏观滑移发生之后，界面的连接刚度几乎保持为一常值，表现出界面的残余刚度特征。另外，采用等效的接触压力进行加载之后，连接界面发生宏观滑移之后的残余刚度消失。由图 3.4（b）可知，在周期性循环载荷作用下，切向接触载荷和相对位移表现出迟滞行为，随着切向载荷幅值的增加，迟滞曲线的面积逐渐增加，表现出幅变的阻尼特征。因此，连接界面微观黏着阶段的非线性软化刚度特征由界面黏滑摩擦接触行为决定，而宏观滑移阶段的残余刚度特征由螺杆的约束作用决定。

根据螺栓连接结构的数值仿真结果可知，连接界面黏滑摩擦接触行为引起的非线性动力学特征主要包括以下几点：

（1）微观黏着阶段，连接界面切向接触载荷和相对位移曲线的斜率逐渐减小，表现为非线性软化刚度特征。

（2）宏观滑移阶段，连接界面切向接触载荷和相对位移的曲线仍然存在一定的斜率，表现为滑移之后的残余刚度特征。

（3）周期性循环载荷作用下，连接界面切向接触载荷和相对位移表现出迟滞效应，将引起单位周期能量耗散与相对位移幅值的幂级数特征。

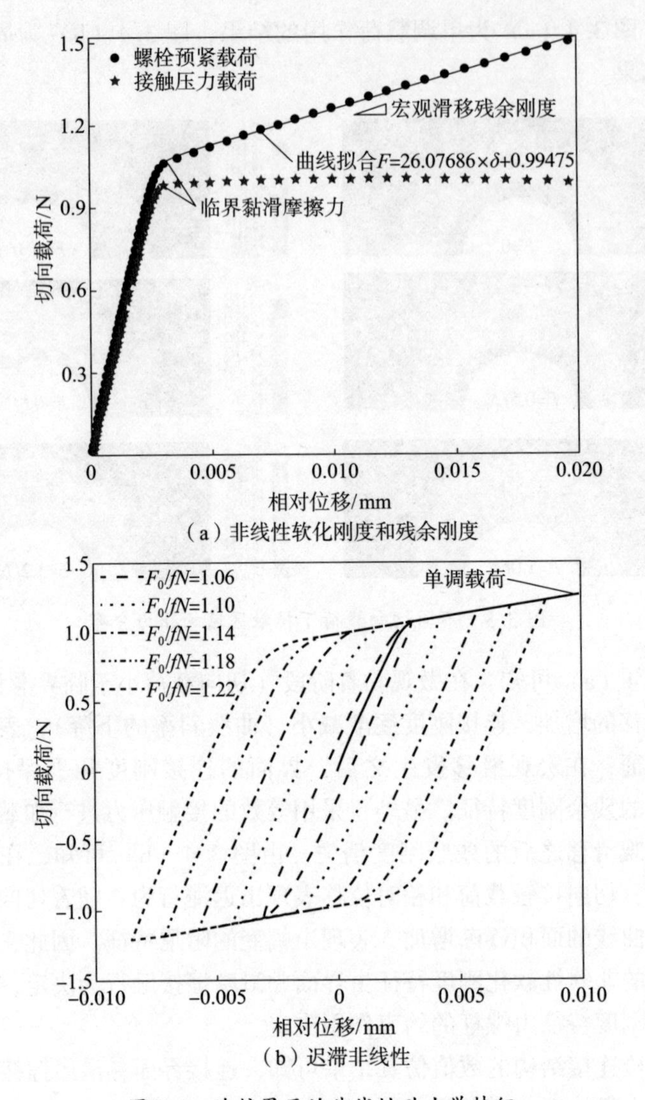

（a）非线性软化刚度和残余刚度

（b）迟滞非线性

图 3.4　连接界面的非线性动力学特征

3.2　连接界面的切向接触建模

3.2.1　单调载荷作用

在第 2 章中，利用微凸体高度的随机分布对粗糙面的几何特征进行描述，尽管引入了概率统计分析的思想，但式（2.13）中微凸体的高度不可能为无穷大，结合式（2.29）中唯象模型的截断思想，粗糙面的几何描述如图3.5所示。图中，ε 为微凸体的最大高度。

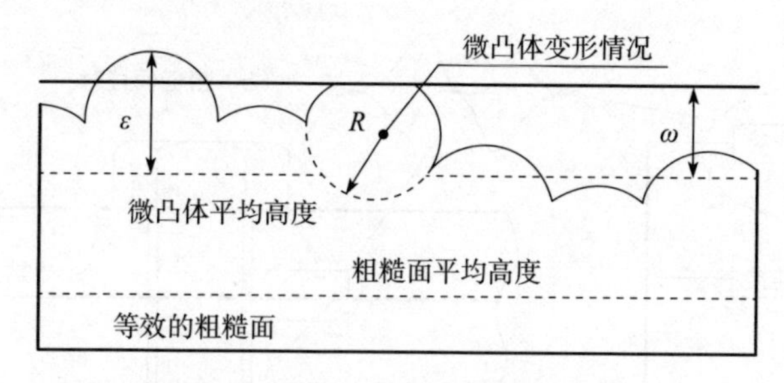

图3.5　等效的粗糙面接触示意图

根据赫兹弹性接触理论，法向接触变形与接触载荷、接触半径之间的关系重新定义为

$$N^{\mathrm{asp}}=\frac{4}{3}ER^{1/2}(\varepsilon-\omega)^{3/2} \tag{3.1}$$

$$a=R^{1/2}(\varepsilon-\omega)^{1/2} \tag{3.2}$$

将式（3.1）和式（3.2）代入式（2.2），也可得显含法向接触变形的切向接触载荷：

$$F^{\mathrm{asp}}(\omega)=\frac{4}{3}fER^{1/2}(\varepsilon-\omega)^{3/2}\cdot\begin{cases}1-\left(1-\dfrac{\varepsilon-\omega_{\mathrm{s}}}{\varepsilon-\omega}\right)^{3/2}=f^{\mathrm{sti}} & (\omega<\omega_{\mathrm{s}})\\ 1=f^{\mathrm{sli}} & (\text{其他})\end{cases} \tag{3.3}$$

式中：上标sti和sli分别表示黏着（stick）和滑移（slip）状态。

其中，临界滑移位移对应的法向接触变形改写为

$$\omega_{\mathrm{s}}=\varepsilon-\frac{4G\delta}{fE} \tag{3.4}$$

当式（3.4）的 ω_{s} 为0时，式（3.3）的第一部分将消失，连接界面上所有的微凸体将发生滑移，称为宏观滑移状态，切向临界滑移位移为

$$\delta_{\mathrm{s}}=\frac{fE\varepsilon}{4G} \tag{3.5}$$

由式（3.5）可知，连接界面微观黏着和宏观滑移的分界点由最高微凸体的接触特征决定。

基于3.1节螺栓连接结构的精细有限元仿真结果，分离了粗糙面黏滑摩擦接触行为和螺杆约束作用对连接界面切向接触载荷的贡献。将“自下而上”和“自上而下”的两类建模方法进行融合，对连接界面的微观黏着行为和宏

观滑移行为进行描述，如图 3.6 所示。在微观黏着阶段，非线性软化刚度由 Jenkins 单元和粗糙面黏滑摩擦接触贡献；在宏观滑移阶段，残余刚度由弹簧和螺杆约束效应进行反映。

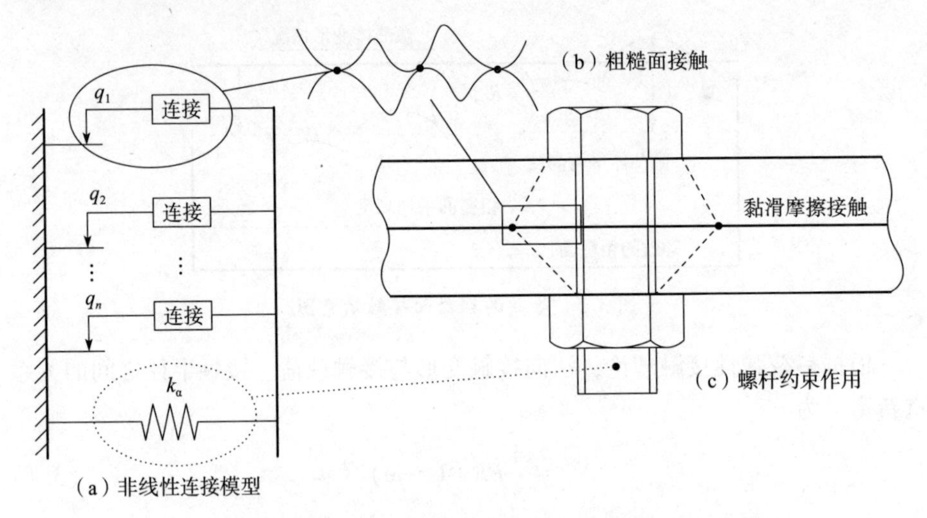

图 3.6 连接界面黏滑摩擦接触行为的非线性动力学降阶建模

在单调载荷作用下，连接界面的切向接触载荷可表示为

$$F(\delta)=\eta A_{\mathrm{n}}\cdot\int_{0}^{\omega_{\mathrm{s}}}f^{\mathrm{sti}}\varphi(\omega)\mathrm{d}\omega+\eta A_{\mathrm{n}}\cdot\int_{\omega_{\mathrm{s}}}^{\varepsilon}f^{\mathrm{sli}}\varphi(\omega)\mathrm{d}\omega+k_{\alpha}\delta \tag{3.6}$$

式（3.6）第一部分为黏着微凸体的接触载荷贡献，第二部分为滑移微凸体的接触载荷贡献。由式（3.4）可知，当 $\omega_{\mathrm{s}}=0$ 时，粗糙面上所有的微凸体将发生滑移，黏着微凸体的接触贡献将消失。第三部分为发生宏观滑移之后的残余刚度贡献，这是由螺杆的弯曲变形引起的[204-205]，定义为

$$k_{\alpha}=\frac{3E_{\mathrm{b}}I}{l^{3}} \tag{3.7}$$

式中：E_{b} 为螺杆的弹性模量；I 为截面弯矩；l 为螺杆的有效长度。

利用式（3.6）描述连接界面的切向接触载荷，需要引入概率密度函数描述粗糙面微凸体法向接触变形的分布特征。2.1 节因采用高斯函数进行积分，难以获得显式的模型参数形式，而 2.2 节采用截断的幂函数能够得到形式简单的参数模型。分别采用高斯函数和幂函数描述粗糙面微凸体高度的概率密度分布特征，如图 3.7 所示。

由图 3.7 的对比结果可知，幂函数通过参数协调能够与高斯函数的结果较好吻合，说明采用幂函数和高斯函数描述粗糙面微凸体高度的分布规律在一定程度上是等效的。并且，考虑到微凸体的高度和法向接触变形的上限不能为无

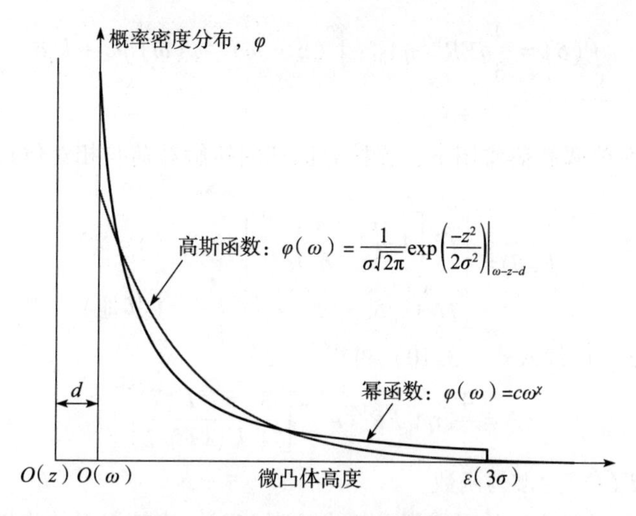

图 3.7 微凸体高度的概率密度分布

穷大，微凸体高度的上限取作 $\varepsilon=3\sigma$（概率的和为 99.97%）。因此，采用截断的幂函数描述粗糙面微凸体法向接触变形的分布特征：

$$\varphi(\omega)=\begin{cases}c\omega^{\chi} & (0\leqslant\omega\leqslant\varepsilon)\\0 & (\text{其他})\end{cases} \tag{3.8}$$

式中：c 为概率密度函数正则化系数，$\int_0^{\varepsilon}\varphi(\omega)\mathrm{d}\omega=1$。

将式（3.3）代入式（3.6），单调载荷作用下，连接界面处于黏着阶段的切向接触载荷为

$$F(\delta)=\frac{4}{3}fER^{1/2}\eta A_{\mathrm{n}}\cdot\left[\int_0^{\varepsilon}(\varepsilon-\omega)^{3/2}\varphi(\omega)\mathrm{d}\omega-\int_0^{\omega_{\mathrm{s}}}(\omega_{\mathrm{s}}-\omega)^{3/2}\varphi(\omega)\mathrm{d}\omega\right]+k_{\alpha}\delta \tag{3.9}$$

整个粗糙面的法向预紧载荷可表示为

$$N=\eta A_{\mathrm{n}}\int_0^{\varepsilon}\frac{4}{3}ER^{1/2}(\varepsilon-\omega)^{3/2}\varphi(\omega)\mathrm{d}\omega \tag{3.10}$$

将式（3.4）、式（3.8）和式（3.10）代入式（3.9）可得

$$F(\delta)=fN\left[1-\left(1-\frac{\delta}{\delta_{\mathrm{s}}}\right)^{\frac{5}{2}+\chi}\right]+k_{\alpha}\delta \tag{3.11}$$

式（3.11）第一部分切向接触载荷为粗糙面黏滑摩擦接触或 Iwan 模型弹簧滑块的贡献，第二部分线性接触载荷为弹簧和螺杆约束的贡献。

当切向相对位移大于 δ_{s} 时，连接界面将发生宏观滑移，式（3.9）的第二部分将消失，那么宏观滑移阶段的切向接触载荷可表示为

$$F(\delta)=\frac{4}{3}fER^{1/2}\eta A_{\mathrm{n}}\cdot\int_0^{\varepsilon}(\varepsilon-\omega)^{3/2}\varphi(\omega)\mathrm{d}\omega+k_{\alpha}\delta$$
$$=fN+k_{\alpha}\delta \tag{3.12}$$

因此，在单调载荷作用下，连接界面切向接触载荷与相对位移的关系为

$$F(\delta)=\begin{cases}fN\left[1-\left(1-\dfrac{\delta}{\delta_{\mathrm{s}}}\right)^{\frac{5}{2}+\chi}\right]+k_{\alpha}\delta & (\delta\leqslant\delta_{s})\\ fN+k_{\alpha}\delta & (其他)\end{cases} \tag{3.13}$$

将式（3.8）代入式（3.10）可得

$$N=\frac{4}{3}c\eta A_{\mathrm{n}}ER^{1/2}\varepsilon^{\frac{5}{2}+\chi}\left[\frac{3}{4}\frac{\pi^{1/2}\Gamma(\chi)}{\Gamma(\chi+5/2)}\right] \tag{3.14}$$

式中：$\Gamma(\cdot)$ 为伽马函数。

图 3.6 中所有连接单元或微凸体发生滑移时，连接界面的临界滑移力为

$$F_{\mathrm{s}}=fN+k_{\alpha}\delta_{\mathrm{s}} \tag{3.15}$$

由式（3.13）可知，连接界面切向接触载荷和相对位移的关系主要由 4 个参数决定：$\{fN,\delta_{\mathrm{s}},\chi,k_{\alpha}\}$。这 4 个参数均与界面微细观接触特征、粗糙面形貌参数、界面预紧状态等相关。其中，摩擦系数 f 可由界面摩擦学实验获得；N 为给定的法向预紧力；临界滑移位移 δ_s 由界面材料、摩擦系数和接触区域的宽度决定；残余刚度 k_{α} 由螺杆的材料和几何特性决定。

3.2.2 循环载荷作用

在周期性循环载荷作用下，连接界面的切向接触建模可分为加载和卸载部分。采用 Masing 映射准则描述加载和卸载过程的切向接触载荷：

$$F^{\mathrm{rel}}(\delta)=-F(\delta_{\max})+2F\left(\frac{\delta_{\max}+\delta}{2}\right)\quad(\dot{\delta}\geqslant0) \tag{3.16}$$

$$F^{\mathrm{unl}}(\delta)=F(\delta_{\max})-2F\left(\frac{\delta_{\max}-\delta}{2}\right)\quad(\dot{\delta}\leqslant0) \tag{3.17}$$

将式（3.13）代入式（3.16）和式（3.17），可获得连接界面加载和卸载过程的切向接触载荷，计算流程如图 3.8 所示，主要步骤如下：

（1）给定粗糙面的材料特性参数，计算微凸体等效接触特征参数 E 和 G。

（2）给定法向预紧载荷 N 和粗糙面的形貌参数，计算微凸体最大高度 ε。

（3）给定界面摩擦系数 f，计算黏滑摩擦的临界滑移位移 δ_{s}。

（4）给定螺杆的几何和材料特性，计算连接界面的残余刚度系数 k_{α}。

（5）给定循环载荷下切向相对位移的幅值 $\delta_{\max}$，计算载荷幅值。

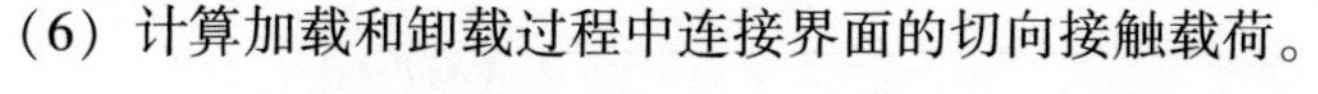

（6）计算加载和卸载过程中连接界面的切向接触载荷。

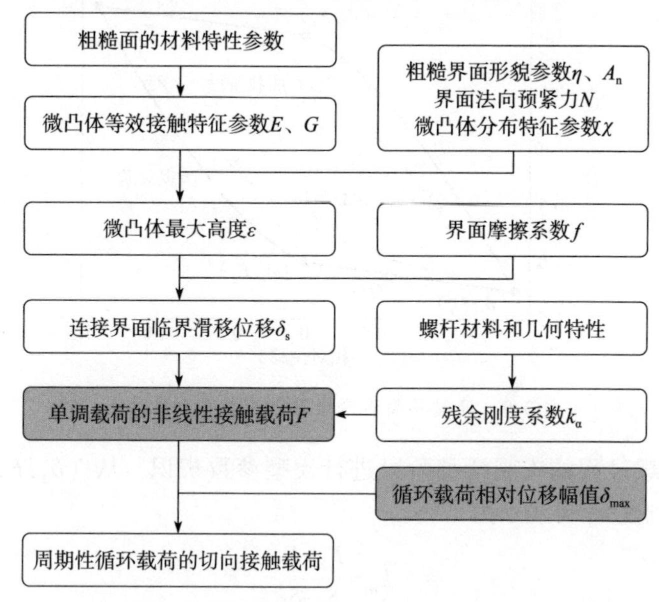

图 3.8　连接界面切向接触载荷的计算流程

因此，式（3.13）降阶模型的参数不仅与界面微细观接触特征、粗糙度参数、预紧状态相关，结合式（3.16）和式（3.17）也能够较好地描述连接界面微观黏着阶段的非线性软化刚度、宏观滑移阶段的残余刚度和周期性循环载荷作用的迟滞非线性等特征。

3.3　非线性连接模型的参数辨识方法

3.2 节建立的降阶模型能够正向地描述连接界面黏滑摩擦接触行为引起的非线性动力学特征。反之，可根据实验手段或有限元仿真获得的动力学响应辨识非线性连接模型的参数，进而建立连接结构宏观尺度的非线性动力学特征与界面微细观接触特征、粗糙度参数和预紧状态的关联。

由式（3.13）、式（3.16）和式（3.17）可知，在周期性循环载荷作用下，连接界面的切向接触载荷与相对位移的关系主要由 4 个关键点决定（图 3.9），即最大值和最小值点的（δ_1, F_1）、（δ_3, F_3），宏观滑移和微观黏着的分界点（δ_2, F_2）、（δ_4, F_4）。

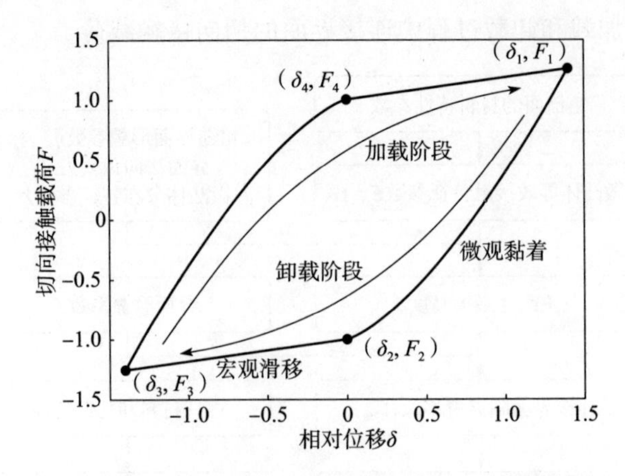

图 3.9　连接界面迟滞接触行为的 4 个关键点

利用卸载过程的宏观滑移阶段进行模型参数辨识，从（δ_2, F_2）到（δ_3，F_3），残余刚度 k_α 可表示为

$$k_\alpha = \frac{F_2 - F_3}{\delta_2 - \delta_3} \tag{3.18}$$

利用卸载过程的微观黏着阶段进行模型参数辨识，从（δ_1, F_1）到（δ_2，F_2），临界滑移力 fN 和临界滑移位移 δ_s 定义为

$$2fN = F_1 - F_2 - k_\alpha(\delta_1 - \delta_2) \tag{3.19}$$

$$2\delta_s = \delta_1 - \delta_2 \tag{3.20}$$

在周期性循环载荷作用下，连接界面切向接触行为在加载和卸载过程中往往是对称性的，非线性连接模型的参数也可以利用加载阶段进行辨识，分别从（δ_4, F_4）到（δ_1, F_1），从（δ_3, F_3）到（δ_4，F_4）。

$$k_\alpha = \frac{F_1 - F_4}{\delta_1 - \delta_4} \tag{3.21}$$

$$2fN = F_4 - F_3 - k_\alpha(\delta_4 - \delta_3) \tag{3.22}$$

$$2\delta_s = \delta_4 - \delta_3 \tag{3.23}$$

由式（3.18）~式（3.23）可知，利用切向接触载荷-相对位移的迟滞曲线加载过程和卸载过程的 4 个关键特征点可以辨识连接界面的临界滑移载荷 fN、临界滑移位移 δ_s 和残余刚度 k_α。

根据连接界面切向接触载荷和相对位移之间的幂级数关系，式（3.13）可改写为

$$1 - \frac{F - k_\alpha \delta}{fN} = \left(1 - \frac{\delta}{\delta_s}\right)^{\frac{5}{2}+\chi} \tag{3.24}$$

式（3.24）在双对数坐标系下的斜率可以用来辨识剩余的模型参数χ。因此，非线性连接模型的 4 个参数可以直接利用连接界面的迟滞曲线进行辨识。

利用连接结构观测的迟滞曲线，采用式（3.18）~式（3.23）可辨识出的非线性连接模型的 4 个参数，再利用式（3.5）、式（3.7）和式（3.14）可辨识出界面的微细观接触特征、粗糙度特征等参数，从而建立了连接界面微细观接触特征、粗糙面形貌参数与连接结构宏观动力学特征之间的关联关系。

3.4　螺栓连接结构的实验验证

3.4.1　实验设置

采用伊利诺伊大学厄巴纳-香槟分校 Eriten 的螺栓连接实验结果验证本章的非线性动力学降阶建模方法和模型参数辨识方法[206]。螺栓连接结构的实验设置和试件如图 3.10 所示，其几何尺寸如图 3.11 所示。连接结构由两个 M3

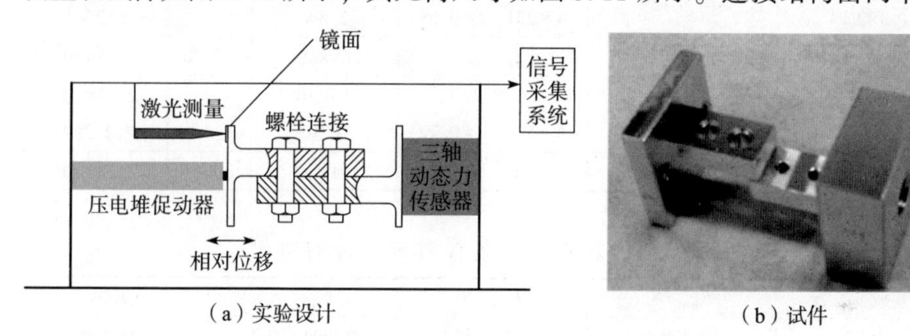

（a）实验设计　　（b）试件

图 3.10　螺栓连接结构的实验设置[206]

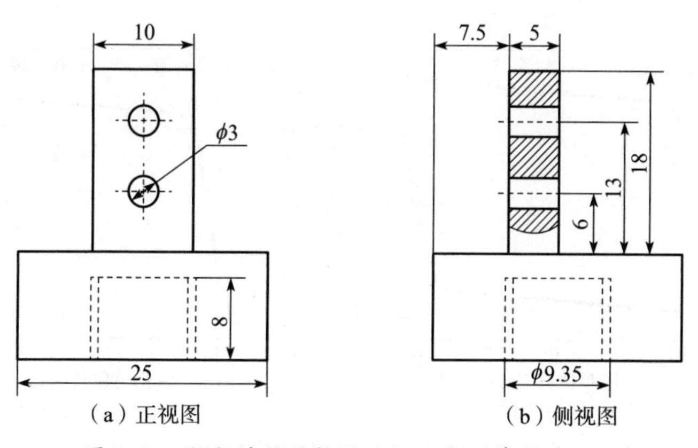

（a）正视图　　（b）侧视图

图 3.11　螺栓连接结构的几何尺寸（单位：mm）

的螺栓预紧而成，名义接触区域为10mm×17mm的矩形区域。采用压电堆促动器施加激励载荷，采用激光纳米传感器测量连接界面的相对位移，采用三轴动态力传感器测量连接界面摩擦行为产生的接触载荷，两种螺栓预紧载荷状态对应的拧紧力矩 T 分别为0.192N·m和0.305N·m。

3.4.2 结果分析

基于螺栓连接结构的材料特性、几何尺寸、界面粗糙度特征等参数，利用3.2节的动力学建模方法可获得非线性连接模型的参数。同时，基于实验测试获得的迟滞曲线，采用3.3节的辨识方法也可获得非线性连接模型的参数，对比结果如表3.1所示，加载和卸载过程对称条件的对比结果如表3.2所示。螺栓连接界面非线性动力学特征与实验结果的对比如图3.12和图3.13所示。

表3.1 非线性连接模型的参数对比

预紧载荷工况	参数获取方法	fN/N	δ_s/mm	χ	k_α/(N/mm)
T=0.192N·m	预测结果	225.08 (N=331，f=0.68)	1.72×10^{-3} (2.6%)	—	2.63×10^{3} (12%)
	辨识结果	219.95	1.68×10^{-3}	−0.70	2.35×10^{3}
T=0.305N·m	预测结果	378.72 (N=526，f=0.72)	3.53×10^{-3} (21.5%)	—	2.63×10^{3} (12.2%)
	辨识结果	377.79	2.91×10^{-3}	−0.45	2.34×10^{3}

表3.2 加载和卸载过程对称条件的对比

预紧载荷工况	F_{max}/N	F_{min}/N	δ_{max}/m	δ_{min}/m
T=0.192N·m	243.84	−249.32	1.204×10^{-5}	-1.239×10^{-5}
T=0.305N·m	402.74	−408.22	8.45×10^{-6}	-8.52×10^{-6}

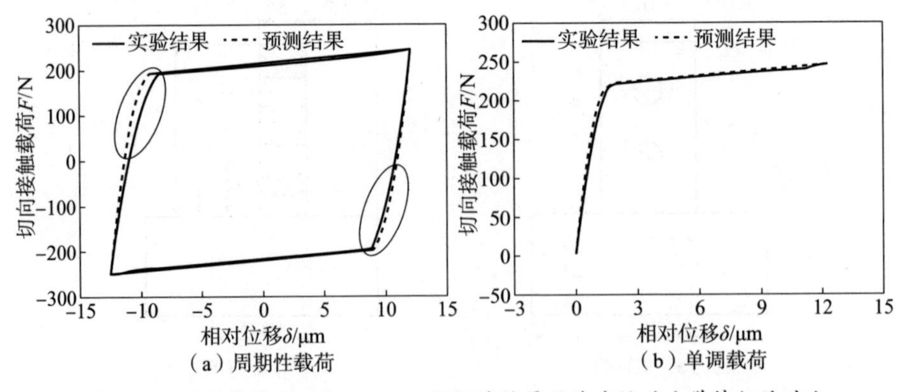

图3.12 预紧载荷 T=0.192N·m螺栓连接界面非线性动力学特征的对比

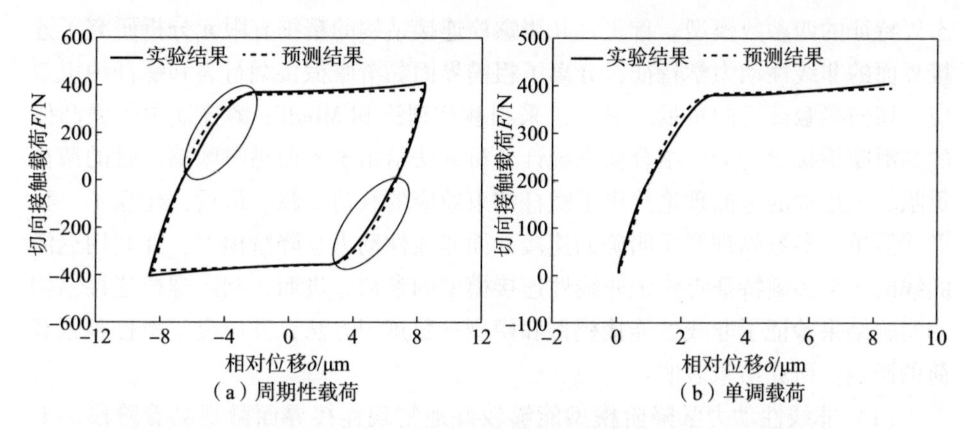

图 3.13　预紧载荷 $T=0.305\mathrm{N}\cdot\mathrm{m}$ 螺栓连接界面非线性动力学特征的对比

由表 3.1 可知，两种螺栓预紧载荷工况下，辨识的残余刚度系数 k_α 几乎相同（偏差 0.5%）。根据螺杆材料特性和几何尺寸计算的结果为 $2.628\times10^3\mathrm{N/mm}$，与辨识结果的偏差为 12.2%。预测螺栓连接界面的临界滑移力、临界滑移位移也与实验的辨识结果吻合较好，验证了本章的非线性动力学降阶建模方法和模型参数辨识方法。并且螺栓预紧载荷越大，临界滑移力和滑移位移越大，辨识的幂级数也越大，表现为较强的非线性和更加不均匀的微凸体分布（粗糙）。$T=0.305\mathrm{N}\cdot\mathrm{m}$ 连接界面临界滑移位移比实验的辨识结果大 21.5%，而 $T=0.192\mathrm{N}\cdot\mathrm{m}$ 仅为 2.6%，这是由粗糙面上微凸体发生塑性变形造成的。

由图 3.12 和图 3.13 可知，螺栓连接界面的切向接触载荷与实验结果吻合较好，尤其是宏观滑移阶段，这是由于宏观滑移阶段主要受到残余刚度系数的影响（误差仅为 12.2%）。因此，本章的非线性动力学降阶模型可以用来描述螺栓连接界面的非线性软化刚度、残余刚度和周期性循环载荷作用下的迟滞非线性等特征。

但是，由图 3.12（a）和图 3.13（a）可知，在微观黏着和宏观滑移过渡阶段的偏差较大（图中已圈示），这是由加-卸载过程不完全对称造成的。由表 3.2 可知，$T=0.192\mathrm{N}\cdot\mathrm{m}$ 切向相对位移最大值的偏差为 2.9%，而 $T=0.305\mathrm{N}\cdot\mathrm{m}$ 仅为 0.8%；切向接触载荷最大值的偏差分别为 2.5%和 1.5%。因此，螺栓连接界面的预紧载荷越大，切向非线性动力学特征的对称性越好。

3.5　小结

本章介绍了一种关联界面微细观接触特征、粗糙面形貌参数和界面预紧状态等特征的四参数模型。首先，利用螺栓连接结构的精细有限元分析研究了连接界面的非线性动力学特征，分离了粗糙界面黏滑摩擦接触行为和螺杆约束效应对切向接触载荷的贡献。然后，采用赫兹理论和 Mindlin 解描述单个微凸体的黏滑摩擦接触行为，结合概率统计分析方法给出了界面黏滑摩擦接触的载荷贡献；采用梁的弯曲理论给出了螺杆约束效应的载荷贡献。最后，建立了一种形式简单、参数物理意义明确的连接界面非线性动力学降阶模型，并利用迟滞曲线的 4 个关键特征点辨识非线性连接模型的参数。进而，利用螺栓连接结构的实验结果验证了非线性连接模型和模型参数辨识方法，并研究了螺栓预紧载荷的影响。研究结果表明：

（1）非线性动力学降阶模型能够较好地复现连接界面微观黏着阶段的非线性软化刚度、宏观滑移阶段的残余刚度和周期性循环载荷作用的迟滞非线性等特征。

（2）基于连接界面的几何、材料和粗糙度等特征，非线性动力学降阶模型预测的临界滑移力、滑移位移、残余刚度与实验迟滞曲线的辨识结果吻合较好。

（3）螺栓预紧载荷越大，连接界面的临界滑移力、滑移位移越大，非线性也越强，迟滞非线性的对称性也越好，但是对宏观滑移阶段的残余刚度特征几乎无影响。

然而，本章介绍的非线性动力学降阶模型仅考虑了粗糙面微凸体完全弹性接触变形对连接界面黏滑摩擦接触行为的影响。连接界面在法向预紧载荷作用下，粗糙面的微凸体将发生完全弹性、完全塑性或混合弹塑性变形。开展塑性接触变形影响的动力学建模方法研究，有助于加深对连接界面黏滑摩擦行为的机理认识，建立物理机理更加完备的模型。同时，应开展相应的结构动态特性实验研究，辨识连接界面的非线性刚度、非线性阻尼和迟滞非线性等特征，对建立的非线性动力学降阶模型进行验证。

第4章 连接结构的非线性动力学分析方法

第2章和第3章介绍的非线性连接模型实现了从粗糙面微凸体黏滑摩擦接触（微米级尺度）到光滑界面接触（毫米级尺度）的降阶。之后，还需要通过界面单元法将接触面与降阶模型耦合起来。结合有限元离散分析，将接触区域的节点通过多点约束（multi-points constrain，MPC）与非线性连接模型耦合起来，进而建立含连接界面局部非线性特征的结构动力学微分方程。此时，工程装备结构的动力学分析问题就转化为求解含有这些非线性连接模型的微分方程。

考虑连接界面非线性接触行为的动力学分析方法主要分为时域和频域两类。时域方法采用直接数值积分获得整个时程范围的动力学响应，需要消耗大量的计算步数来求解瞬态动力学响应，尤其是小阻尼系统。频域方法将非线性动力学微分方程转化为非线性代数方程组，仅对稳态非线性动力学响应进行求解，计算效率相对较高。但是，在求解大规模非线性代数方程组时，构造雅可比矩阵及求逆过程的计算耗费也不小，并且如何确保非线性迭代过程的稳定收敛也是一个不容忽视的问题。本章介绍基于混合时频转换（alternatively frequency/time，AFT）的非线性动力学分析方法，以及非线性迭代收敛的增强方法。

4.1 非线性动力学微分方程

如图4.1所示，考虑连接界面黏滑摩擦接触行为引起的非线性软化刚度、迟滞非线性等特征，一个 n 自由度工程装备结构的非线性动力学微分方程可表示为

$$\boldsymbol{M}\cdot\ddot{\boldsymbol{x}}+\boldsymbol{C}\cdot\dot{\boldsymbol{x}}+\boldsymbol{K}\cdot\boldsymbol{x}=\boldsymbol{F}^{\mathrm{non}}+\boldsymbol{F}^{\mathrm{ext}} \tag{4.1}$$

式中：$\boldsymbol{x}$、$\dot{\boldsymbol{x}}$、$\ddot{\boldsymbol{x}}$ 分别为位移、速度、加速度响应向量，$\boldsymbol{x}$，$\dot{\boldsymbol{x}}$，$\ddot{\boldsymbol{x}}\in\mathbb{R}^{n\times1}$；$\boldsymbol{F}^{\mathrm{ext}}$

为外激励载荷向量，$\boldsymbol{F}^{\text{ext}} \in \mathbb{R}^{n\times 1}$；$\boldsymbol{F}^{\text{non}}$ 为连接界面的非线性接触载荷向量，$\boldsymbol{F}^{\text{non}} \in \mathbb{R}^{n\times 1}$；$\boldsymbol{M}$、$\boldsymbol{C}$、$\boldsymbol{K}$ 分别为线性基础结构的质量矩阵、阻尼矩阵、刚度矩阵，$\boldsymbol{M}$，$\boldsymbol{C}$，$\boldsymbol{K} \in \mathbb{R}^{n\times n}$。

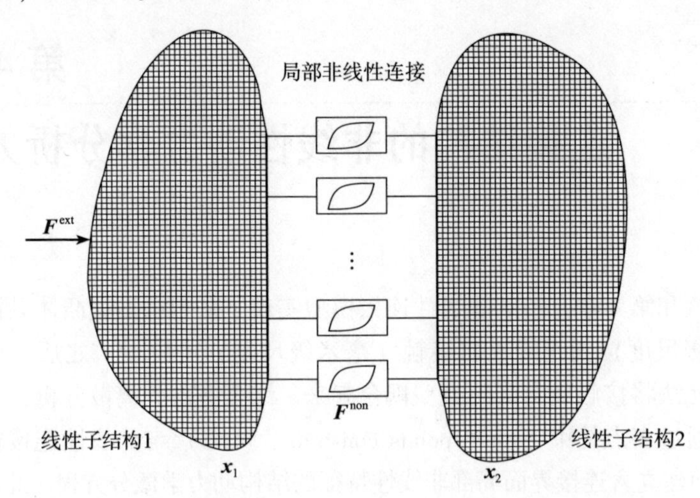

图 4.1　含连接界面局部非线性特征的装备结构动力学建模

采用有限元分析方法对工程装备结构进行离散，获得线性基础结构（图 4.1 的子结构 1 和 2）的质量矩阵 $\boldsymbol{M}$、刚度矩阵 $\boldsymbol{K}$，阻尼矩阵 $\boldsymbol{C}$ 可通过不同的定义方式获得，如黏性理论、瑞利（Rayleigh）比例阻尼理论等。非线性接触载荷向量 $\boldsymbol{F}^{\text{non}}$ 通过第 2 章和第 3 章的非线性连接模型进行构造，与连接界面的局部相对位移和相对速度有关，是一个稀疏向量。外激励载荷向量 $\boldsymbol{F}^{\text{ext}}$，由加载方式决定，也是一个稀疏向量。

4.2　谐波平衡法

在长时振动过程中，往往比较关心连接界面黏滑摩擦接触行为对稳态非线性动力学响应的影响，相比于时域的数值积分方法，直接利用频域法求解稳态响应的计算效率更好。因此，利用谐波平衡法[85-86,90-93] 将非线性动力学微分方程转化为非线性代数方程组，采用截断的谐波成分描述整体结构的稳态非线性动力学响应。

$$\boldsymbol{x} = \bar{\boldsymbol{x}}^{(0)} + \sum_{h=1}^{H} \left[\bar{\boldsymbol{x}}^{(h),\text{c}} \cdot \cos(h\omega t) + \bar{\boldsymbol{x}}^{(h),\text{s}} \cdot \sin(h\omega t) \right] \tag{4.2}$$

式中：H 为截断的谐波阶数；$\bar{\boldsymbol{x}}^{(h)}$ 为 h^{th} 阶位移响应的谐波系数；ω 为外激励

载荷的角频率；上标 c、s 分别表示余弦（cosine）和正弦（sine）分量。频域动力学特征的符号表征（上画线）与第 2 章的正则化表征方式相似，读者需要注意区别，外激励载荷角频率 ω 与第 2 章法向接触变形也需要区分。

同理，将非线性接触载荷和外激励载荷向量也展开为截断的谐波级数表达式。

$$\boldsymbol{F}^{\mathrm{non}}=\overline{\boldsymbol{F}}^{\mathrm{non},(0)}+\sum_{h=1}^{H}\left[\overline{\boldsymbol{F}}^{\mathrm{non},(h),\mathrm{c}}\cdot\cos(h\omega t)+\overline{\boldsymbol{F}}^{\mathrm{non},(h),\mathrm{s}}\cdot\sin(h\omega t)\right]\tag{4.3}$$

$$\boldsymbol{F}^{\mathrm{ext}}=\overline{\boldsymbol{F}}^{\mathrm{ext},(0)}+\sum_{h=1}^{H}\left[\overline{\boldsymbol{F}}^{\mathrm{ext},(h),\mathrm{c}}\cdot\cos(h\omega t)+\overline{\boldsymbol{F}}^{\mathrm{ext},(h),\mathrm{s}}\cdot\sin(h\omega t)\right]\tag{4.4}$$

式中：$\overline{\boldsymbol{F}}^{\mathrm{non},(h)}$、$\overline{\boldsymbol{F}}^{\mathrm{ext},(h)}$ 分别为 h^{th} 阶非线性接触载荷和外激励载荷的谐波系数。

将式（4.2）、式（4.3）和式（4.4）代入式（4.1），可得

$$\overline{\boldsymbol{x}}^{(h)}=\mathbf{G}\boldsymbol{\omega}^{(h)}\cdot\left[\overline{\boldsymbol{F}}^{\mathrm{non},(h)}+\overline{\boldsymbol{F}}^{\mathrm{ext},(h)}\right]\tag{4.5}$$

式中：$\mathbf{G}\boldsymbol{\omega}$ 为线性基础结构的动力学传递函数。

$$\mathbf{G}\boldsymbol{\omega}^{(h)}=\left[\boldsymbol{K}-(h\omega)^2\cdot\boldsymbol{M}+h\omega\cdot\boldsymbol{C}\cdot\mathrm{i}\right]^{-1}\tag{4.6}$$

式中：i 为虚数单位符号，$\mathrm{i}=\sqrt{-1}$。

通过直接求解动刚度矩阵的逆来构造每阶谐波频率对应的传递函数是比较困难的，尤其是对于大规模工程装备结构。后续将采用模态叠加法（modal superposition method）和模态加速法（modal acceleration method）构造传递函数，详见第 5 章的研究内容。

整体结构稳态非线性动力学响应相关的残差函数向量可表示为

$$\boldsymbol{R}^{(h)}=\overline{\boldsymbol{x}}^{(h)}-\mathbf{G}\boldsymbol{\omega}^{(h)}\cdot\left[\overline{\boldsymbol{F}}^{\mathrm{non},(h)}+\overline{\boldsymbol{F}}^{\mathrm{ext},(h)}\right]\tag{4.7}$$

由式（4.7）可知，非线性代数方程组的维数由整体结构的自由度数目和截断的谐波阶数共同决定，与之对应的迭代向量为

$$\overline{\boldsymbol{x}}=\begin{bmatrix}\overline{x}_1^{(0)},\overline{x}_1^{(1),\mathrm{c}},\overline{x}_1^{(1),\mathrm{s}},\cdots,\overline{x}_1^{(H),\mathrm{c}},\overline{x}_1^{(H),\mathrm{s}},\\ \overline{x}_2^{(0)},\overline{x}_2^{(1),\mathrm{c}},\overline{x}_2^{(1),\mathrm{s}},\cdots,\overline{x}_2^{(H),\mathrm{c}},\overline{x}_2^{(H),\mathrm{s}},\\ \vdots\\ \overline{x}_n^{(0)},\overline{x}_n^{(1),\mathrm{c}},\overline{x}_n^{(1),\mathrm{s}},\cdots,\overline{x}_n^{(H),\mathrm{c}},\overline{x}_n^{(H),\mathrm{s}}\end{bmatrix}_{(2H+1)\cdot n}^{\mathrm{T}}\tag{4.8}$$

式中：上标 T 为转置符号。

稳态非线性动力学响应的牛顿–拉弗森迭代式为

$$\overline{\boldsymbol{x}}_{k+1}=\overline{\boldsymbol{x}}_k-\left(\frac{\partial\boldsymbol{R}_k}{\partial\overline{\boldsymbol{x}}_k}\right)^{-1}\cdot\boldsymbol{R}_k\tag{4.9}$$

式中：k 为非线性迭代的循环次数；$\frac{\partial \boldsymbol{R}}{\partial \overline{\boldsymbol{x}}}$为雅可比矩阵。

$$\frac{\partial \boldsymbol{R}}{\partial \overline{\boldsymbol{x}}}=\begin{bmatrix} \frac{\partial \boldsymbol{R}^{(0)}}{\partial \overline{\boldsymbol{x}}^{(0)}} & \frac{\partial \boldsymbol{R}^{(0)}}{\partial \overline{\boldsymbol{x}}^{(1),\mathrm{c}}} & \frac{\partial \boldsymbol{R}^{(0)}}{\partial \overline{\boldsymbol{x}}^{(1),\mathrm{s}}} & \cdots & \cdots & \frac{\partial \boldsymbol{R}^{(0)}}{\partial \overline{\boldsymbol{x}}^{(H),\mathrm{c}}} & \frac{\partial \boldsymbol{R}^{(0)}}{\partial \overline{\boldsymbol{x}}^{(H),\mathrm{s}}} \\ \frac{\partial \boldsymbol{R}^{(1),\mathrm{c}}}{\partial \overline{\boldsymbol{x}}^{(0)}} & \frac{\partial \boldsymbol{R}^{(1),\mathrm{c}}}{\partial \overline{\boldsymbol{x}}^{(1),\mathrm{c}}} & \frac{\partial \boldsymbol{R}^{(1),\mathrm{c}}}{\partial \overline{\boldsymbol{x}}^{(1),\mathrm{s}}} & \cdots & \cdots & \frac{\partial \boldsymbol{R}^{(1),\mathrm{c}}}{\partial \overline{\boldsymbol{x}}^{(H),\mathrm{c}}} & \frac{\partial \boldsymbol{R}^{(1),\mathrm{c}}}{\partial \overline{\boldsymbol{x}}^{(H),\mathrm{s}}} \\ \frac{\partial \boldsymbol{R}^{(1),\mathrm{s}}}{\partial \overline{\boldsymbol{x}}^{(0)}} & \frac{\partial \boldsymbol{R}^{(1),\mathrm{s}}}{\partial \overline{\boldsymbol{x}}^{(1),\mathrm{c}}} & \frac{\partial \boldsymbol{R}^{(1),\mathrm{s}}}{\partial \overline{\boldsymbol{x}}^{(1),\mathrm{s}}} & \cdots & \cdots & \frac{\partial \boldsymbol{R}^{(1),\mathrm{s}}}{\partial \overline{\boldsymbol{x}}^{(H),\mathrm{c}}} & \frac{\partial \boldsymbol{R}^{(1),\mathrm{s}}}{\partial \overline{\boldsymbol{x}}^{(H),\mathrm{s}}} \\ \vdots & \vdots & \vdots & \frac{\partial \boldsymbol{R}^{(i),\mathrm{c}}}{\partial \overline{\boldsymbol{x}}^{(j),\mathrm{c}}} & \frac{\partial \boldsymbol{R}^{(i),\mathrm{c}}}{\partial \overline{\boldsymbol{x}}^{(j),\mathrm{s}}} & \vdots & \vdots \\ \vdots & \vdots & \vdots & \frac{\partial \boldsymbol{R}^{(i),\mathrm{s}}}{\partial \overline{\boldsymbol{x}}^{(j),\mathrm{c}}} & \frac{\partial \boldsymbol{R}^{(i),\mathrm{s}}}{\partial \overline{\boldsymbol{x}}^{(j),\mathrm{s}}} & \vdots & \vdots \\ \frac{\partial \boldsymbol{R}^{(H),\mathrm{c}}}{\partial \overline{\boldsymbol{x}}^{(0)}} & \frac{\partial \boldsymbol{R}^{(H),\mathrm{c}}}{\partial \overline{\boldsymbol{x}}^{(1),\mathrm{c}}} & \frac{\partial \boldsymbol{R}^{(H),\mathrm{c}}}{\partial \overline{\boldsymbol{x}}^{(1),\mathrm{s}}} & \cdots & \cdots & \frac{\partial \boldsymbol{R}^{(H),\mathrm{c}}}{\partial \overline{\boldsymbol{x}}^{(H),\mathrm{c}}} & \frac{\partial \boldsymbol{R}^{(H),\mathrm{c}}}{\partial \overline{\boldsymbol{x}}^{(H),\mathrm{s}}} \\ \frac{\partial \boldsymbol{R}^{(H),\mathrm{s}}}{\partial \overline{\boldsymbol{x}}^{(0)}} & \frac{\partial \boldsymbol{R}^{(H),\mathrm{s}}}{\partial \overline{\boldsymbol{x}}^{(1),\mathrm{c}}} & \frac{\partial \boldsymbol{R}^{(H),\mathrm{s}}}{\partial \overline{\boldsymbol{x}}^{(1),\mathrm{s}}} & \cdots & \cdots & \frac{\partial \boldsymbol{R}^{(H),\mathrm{s}}}{\partial \overline{\boldsymbol{x}}^{(H),\mathrm{c}}} & \frac{\partial \boldsymbol{R}^{(H),\mathrm{s}}}{\partial \overline{\boldsymbol{x}}^{(H),\mathrm{s}}} \end{bmatrix} \tag{4.10}$$

式（4.10）仅展示了一个自由度的雅可比矩阵，体现了式（4.8）中迭代向量每个元素的微元变化引起式（4.7）残差函数向量的微元变化，包括 0 阶谐波系数（1 项），每阶谐波系数的余弦部分（H 项）、正弦部分（H 项）。多自由度系统的雅可比矩阵可按照行和列依次扩展而成。

连接界面加载和卸载过程的迟滞非线性接触载荷是非光滑性的（图 3.9 的最大值点和最小值点）。直接理论计算雅可比矩阵难度较大，尤其是保留 3 阶以上的谐波成分（$H\geqslant 3$）。因此，采用普适的中心有限差分法构造迭代矩阵的每一列。

$$\frac{\partial \boldsymbol{R}}{\partial \overline{\boldsymbol{x}}}=\frac{\boldsymbol{R}(\overline{\boldsymbol{x}}+\Delta\overline{\boldsymbol{x}})-\boldsymbol{R}(\overline{\boldsymbol{x}}-\Delta\overline{\boldsymbol{x}})}{2\Delta\overline{\boldsymbol{x}}} \tag{4.11}$$

式中：Δ 为微元变化符号。

雅可比矩阵也可以采用前向和后向有限差分法进行构造。

$$\frac{\partial \boldsymbol{R}}{\partial \overline{\boldsymbol{x}}}=\frac{\boldsymbol{R}(\overline{\boldsymbol{x}}+\Delta\overline{\boldsymbol{x}})-\boldsymbol{R}(\overline{\boldsymbol{x}})}{\Delta\overline{\boldsymbol{x}}}=\frac{\boldsymbol{R}(\overline{\boldsymbol{x}})-\boldsymbol{R}(\overline{\boldsymbol{x}}-\Delta\overline{\boldsymbol{x}})}{\Delta\overline{\boldsymbol{x}}} \tag{4.12}$$

根据 AFT 方法，采用傅里叶变换和逆傅里叶变换实现非线性动力学响应在时域和频域之间的相互转换。但是，式（4.5）和式（4.7）为复数计算式，而式（4.8）~式（4.10）为代数计算式，各谐波成分的系数和三角函数的系数之间的转换关系为

$$\overline{\boldsymbol{F}}^{\text{non},(h)}=\overline{\boldsymbol{F}}^{\text{non},(h),\text{c}}-\overline{\boldsymbol{F}}^{\text{non},(h),\text{s}}\cdot\text{i} \tag{4.13}$$

$$\overline{\boldsymbol{F}}^{\text{ext},(h)}=\overline{\boldsymbol{F}}^{\text{ext},(h),\text{c}}-\overline{\boldsymbol{F}}^{\text{ext},(h),\text{s}}\cdot\text{i} \tag{4.14}$$

$$\overline{\boldsymbol{x}}^{(h)}=\overline{\boldsymbol{x}}^{(h),\text{c}}-\overline{\boldsymbol{x}}^{(h),\text{s}}\cdot\text{i} \tag{4.15}$$

为了求解各三角函数的系数，计算残差函数向量时需要将复数转化为对应的正弦和余弦分量①。

$$\boldsymbol{R}^{(h),\text{c}}=\Re\{\overline{\boldsymbol{x}}^{(h)}-\mathbf{G}\boldsymbol{\omega}^{(h)}\cdot[\overline{\boldsymbol{F}}^{\text{non},(h)}+\overline{\boldsymbol{F}}^{\text{ext},(h)}]\} \tag{4.16}$$

$$\boldsymbol{R}^{(\text{h}),s}=-\Im\{\overline{\boldsymbol{x}}^{(h)}-\mathbf{G}\boldsymbol{\omega}^{(h)}\cdot[\overline{\boldsymbol{F}}^{\text{non},(h)}+\overline{\boldsymbol{F}}^{\text{ext},(h)}]\} \tag{4.17}$$

式中：$\Re(\cdot)$ 和 $\Im(\cdot)$ 分别为实部和虚部取值符号，其中 $h=0$ 时，残差函数只补充了实部。

直接利用式（4.8）和式（4.9）对复杂连接结构的稳态非线性动力学响应进行迭代求解时，主要有两个问题需要注意：①病态的雅可比矩阵导致牛顿-拉弗森迭代过程往往是条件收敛的，初始迭代向量的选择对迭代过程的稳定收敛有重要影响；②针对大规模工程装备结构的非线性动力学响应分析，式（4.8）迭代向量的长度往往较大，对计算平台的要求较高，并且高维非线性代数方程组的迭代收敛更加困难。

4.3　非线性迭代收敛的改善方法

本章主要针对第一个问题，采用牛顿-拉弗森迭代法求解非线性代数方程组时，由于雅可比矩阵的病态奇异性，迭代过程并不是稳定收敛的，且对迭代初值较敏感。牛顿-拉弗森迭代法的两个失败例子如下：

（1）当非线性函数有多个拐点时，它可能导致迭代过程进入死循环。这在高维非线性代数方程组的迭代求解过程中经常出现。一维非线性代数方程如

$$f(x)=x^3-x-3=0 \tag{4.18}$$

初始迭代值分别为 -3.0005、-1.9619、-1.1475 或 -0.00745 的迭代过程

---

① 利用谐波平衡法求解非线性动力学微分方程时，可直接将式（4.2）、式（4.3）和式（4.4）代入式（4.1），根据各阶三角函数系数的平衡关系构造非线性代数方程组，即 $\text{diag}\{\boldsymbol{K},\boldsymbol{G}^{(1)},\cdots,\boldsymbol{G}^{(h)},\cdots,\boldsymbol{G}^{(H)}\}\cdot\overline{\boldsymbol{x}}=\overline{\boldsymbol{F}}^{\text{non}}+\overline{\boldsymbol{F}}^{\text{ext}}$，其中，$\boldsymbol{G}^{(h)}=\begin{bmatrix}\boldsymbol{K}-h^2\omega^2\boldsymbol{M} & h\omega\boldsymbol{C}\\ -h\omega\boldsymbol{C} & \boldsymbol{K}-h^2\omega^2\boldsymbol{M}\end{bmatrix}$，但为了与第 5 章的非线性动力学降阶方法研究衔接（涉及多种复数传递函数的构造方法），利用式（4.16）和式（4.17）从复数中直接提取实部和虚部，获得与之对应的三角函数系数，进而构造非线性代数方程组，两种方法的原理是相通的。

如图 4.2（a）所示。

（2）可能存在零除法危险。在收敛解的附近，函数导数的绝对值很小，趋于 0。

$$f(x)=x\mathrm{e}^{-x}=0 \tag{4.19}$$

初始迭代值为 2 的迭代过程如图 4.2（b）所示。

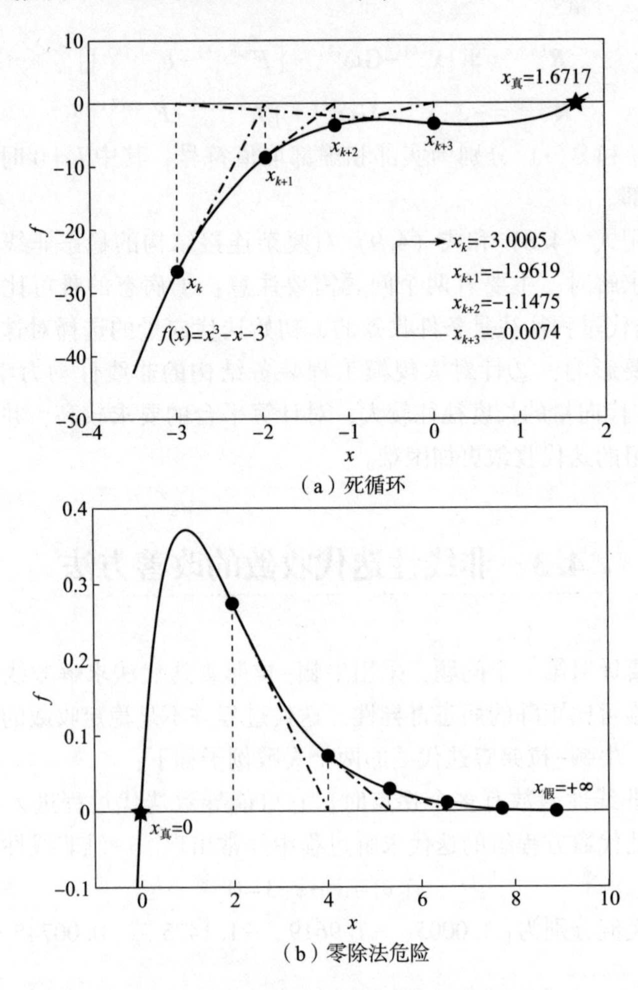

（a）死循环

（b）零除法危险

图 4.2　牛顿-拉弗森迭代法的两种失败例子

针对病态雅可比矩阵引起的条件收敛问题，可采用松弛（successive over relaxation，SOR）迭代法或伪弧长延拓法（arch-length continuation），以提高非线性迭代过程的稳定性。

4.3.1　松弛迭代法

牛顿-拉弗森迭代法对初值依赖性较强，当初始值远离收敛解时，迭代过程易发散，尤其是高维的非线性方程组。为了克服这一缺点，提高非线性迭代过程的收敛性，对式（4.9）的非线性动力学响应采用不完全更新的策略[135]，即

$$\overline{\boldsymbol{x}}_{k+1}=\lambda\overline{\boldsymbol{x}}_{k+1}+(1-\lambda)\overline{\boldsymbol{x}}_{k} \tag{4.20}$$

式中：λ 为松弛因子，$\lambda\in(0,2)$。

将式（4.20）代入式（4.9）可得

$$\overline{\boldsymbol{x}}_{k+1}=\overline{\boldsymbol{x}}_{k}-\lambda\cdot\left(\frac{\partial\boldsymbol{R}_{k}}{\partial\overline{\boldsymbol{x}}_{k}}\right)^{-1}\cdot\boldsymbol{R}_{k} \tag{4.21}$$

当 $\lambda<1$ 时，松弛迭代法可以提高非线性迭代过程的稳定性；当 $\lambda>1$ 时，可以提高迭代过程的更新速率；当 $\lambda=1$ 时，式（4.21）将退化为经典的牛顿-拉弗森迭代。松弛因子 λ 对非线性迭代过程的影响如图 4.3 所示。

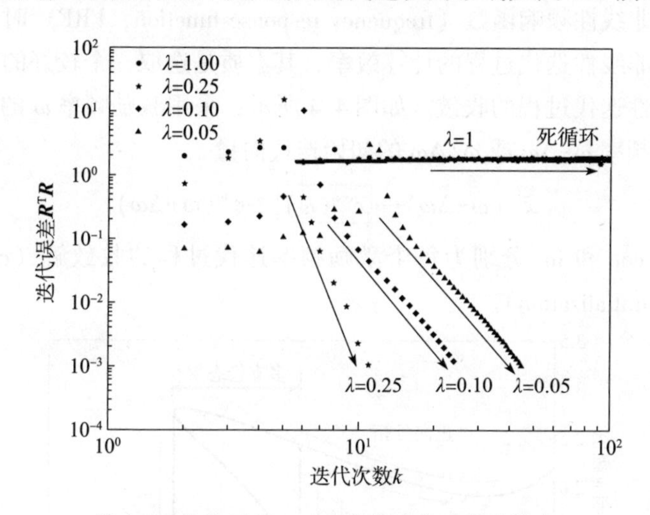

图 4.3　松弛因子 λ 对非线性迭代过程的影响

由图 4.3 可知，λ 越小，非线性动力学响应的更新速率越慢，但能够提高非线性迭代过程的收敛性；相反，λ 越大，动力学响应的更新速率越快，但不能保证非线性迭代过程的收敛性。因此，在确保非线性迭代过程稳定收敛的前提下，自适应地选择松弛因子使迭代过程沿着残差函数向量梯度下降的方向搜索非线性解，约束方程满足：

$$[\boldsymbol{R}(\overline{\boldsymbol{x}}_{k+1})]^{\mathrm{T}}\cdot\boldsymbol{R}(\overline{\boldsymbol{x}}_{k+1})<[\boldsymbol{R}(\overline{\boldsymbol{x}}_{k})]^{\mathrm{T}}\cdot\boldsymbol{R}(\overline{\boldsymbol{x}}_{k}) \tag{4.22}$$

每次执行非线性迭代时，λ 初值取 2，通过取半值 $\lambda=\lambda/2$ 反复测算

式（4.21）和式（4.22），获得最优的松弛因子，如表4.1所示。

表4.1　非线性迭代过程中松弛迭代因子的选取算法

迭代输入	$\bar{\boldsymbol{x}}_k$，$\lambda=2$
算法实现	计算上一个迭代过程的误差：$[\boldsymbol{R}(\bar{\boldsymbol{x}}_k)]^{\mathrm{T}}\cdot\boldsymbol{R}(\bar{\boldsymbol{x}}_k)$。 for $r=1$：10（内层循环：最多执行10次寻找最优的松弛因子） （1）利用式（4.21）更新非线性动力学响应，$\bar{\boldsymbol{x}}_{k+1}$。 （2）计算当前迭代过程的收敛误差：$[\boldsymbol{R}(\bar{\boldsymbol{x}}_{k+1})]^{\mathrm{T}}\cdot\boldsymbol{R}(\bar{\boldsymbol{x}}_{k+1})$。 （3）评估迭代误差。 if $[\boldsymbol{R}(\bar{\boldsymbol{x}}_{k+1})]^{\mathrm{T}}\cdot\boldsymbol{R}(\bar{\boldsymbol{x}}_{k+1})<[\boldsymbol{R}(\bar{\boldsymbol{x}}_k)]^{\mathrm{T}}\cdot\boldsymbol{R}(\bar{\boldsymbol{x}}_k)$ 停止搜寻，输出结果。 else $\lambda=\lambda/2$。 end for
输出结果	迭代松弛因子 λ，非线性动力学响应$\bar{\boldsymbol{x}}_{k+1}$。

在计算非线性频响函数（frequency response function，FRF）时，采用路径延拓法提高非线性迭代过程的计算效率，其本质是选取一个较好的初始迭代向量加速非线性迭代过程的收敛。如图4.4所示，采用激励频率 ω 的收敛解作为下一个激励频率 $\omega-\Delta\omega$ 或 $\omega+\Delta\omega$ 的初始迭代向量。

$$\bar{\boldsymbol{x}}^{\mathrm{ini}}(\omega-\Delta\omega)\leftarrow\boxed{\bar{\boldsymbol{x}}^{\mathrm{con}}(\omega)}\rightarrow\bar{\boldsymbol{x}}^{\mathrm{ini}}(\omega+\Delta\omega) \tag{4.23}$$

式中：上标con和ini分别为每个激励频率迭代过程的收敛解（convergence）和初始值（initialization）。

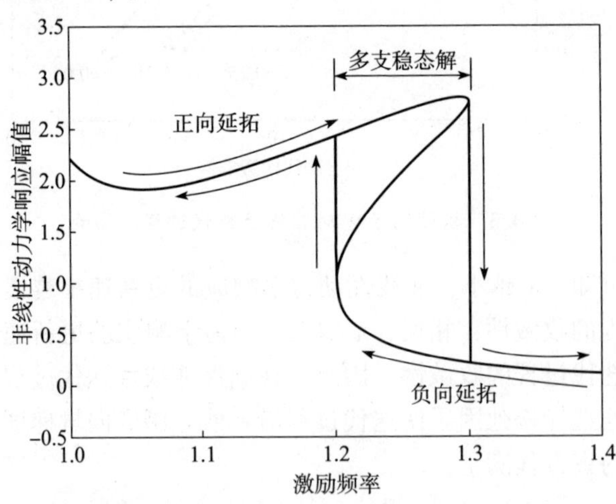

图4.4　计算非线性频响函数的路径延拓法

4.3.2 伪弧长延拓法

松弛迭代法在很大程度上克服了牛顿-拉弗森迭代过程强烈依赖初值的缺点，是一种很实用的方法。但是，对于某些强非线性系统，动力学响应与外激励载荷参数不再是单调变化的，即非线性系统存在多支稳态解，如图 1.3（b）和图 4.4 所示。在外激励载荷参数（幅值和频率）转向点附近的雅可比矩阵是奇异的，此时外激励载荷参数的微小变化将引起动力学响应的突变，出现跳跃现象[142]，而伪弧长延拓法可以很好地解决这一问题。

伪弧长延拓法不再将外激励载荷参数视为已知的单调增加量，而是将它与非线性动力学响应一起视作待求的未知数（图 4.5）[87]，将式（4.8）的迭代向量扩展为

$$\bar{\boldsymbol{x}}^{\text{ext}}=\begin{bmatrix}\bar{\boldsymbol{x}}\\ \boldsymbol{\omega}\end{bmatrix} \tag{4.24}$$

式中：上标 ext 为扩展（extend）之后的迭代向量。

式（4.24）迭代向量的维数比式（4.7）残差函数向量高一维，需要引入一个辅助参数变量解决迭代过程中的欠约束问题。

$$(\Delta s)^2=\Delta\bar{\boldsymbol{x}}^{\mathrm{T}}\cdot\Delta\bar{\boldsymbol{x}}+(\Delta\omega)^2 \tag{4.25}$$

式中：s 为伪弧长延拓法的约束参数。

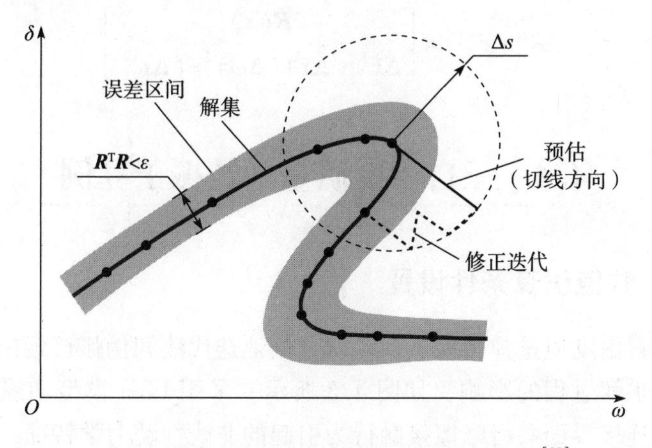

图 4.5　计算非线性频响函数的伪弧长延拓法[87]

在给定弧长参数的约束条件下，采用预估方法通过激励频率 ω 的收敛解对 $\omega-\Delta\omega$ 或 $\omega+\Delta\omega$ 的初始迭代向量进行延拓，如图 4.5 所示，约束方程定义为

$$\frac{\partial\boldsymbol{R}}{\partial\bar{\boldsymbol{x}}}\cdot\frac{\Delta\bar{\boldsymbol{x}}}{\Delta s}+\frac{\partial\boldsymbol{R}}{\partial\omega}\frac{\Delta\omega}{\Delta s}=0 \tag{4.26}$$

式中：$\dfrac{\partial \boldsymbol{R}}{\partial \omega}$为残差函数向量切线方向的增加量。

式（4.26）为线性代数方程组（维数往往较大），求解时，假设 $\Delta\omega=1$，计算初始非线性动力学响应迭代向量的微元变化。

$$\Delta \overline{\boldsymbol{x}}^{\text{ini}}=-\left(\frac{\partial \boldsymbol{R}}{\partial \overline{\boldsymbol{x}}}\right)^{-1}\cdot\frac{\partial \boldsymbol{R}}{\partial \omega} \tag{4.27}$$

将式（4.27）代入式（4.25），根据给定的弧长约束参数进行修正，初始的激励频率和非线性动力学响应的微元变化可表示为

$$\begin{cases}\Delta\omega=\pm\dfrac{\Delta s}{\left[(\Delta \overline{\boldsymbol{x}}^{\text{ini}})^{\text{T}}\cdot\Delta \overline{\boldsymbol{x}}^{\text{ini}}+1\right]^{1/2}}\\ \Delta \overline{\boldsymbol{x}}=\mp\dfrac{\Delta s}{\left[(\Delta \overline{\boldsymbol{x}}^{\text{ini}})^{\text{T}}\cdot\Delta \overline{\boldsymbol{x}}^{\text{ini}}+1\right]^{1/2}}\cdot\Delta \overline{\boldsymbol{x}}^{\text{ini}}\end{cases} \tag{4.28}$$

式（4.28）存在正向延拓和负向延拓两种情况，且都满足约束条件式（4.25）和式（4.26），需要对非线性动力学响应和激励频率的预估值进行判定。根据微元变化值与延拓路径切线方向的相关性（向量的夹角）来确定延拓的方向。最终，以预估的非线性动力学响应和激励频率作为初始迭代向量，联合求解式（4.25）和式（4.7）修正非线性动力学响应和激励频率，扩展的残差函数向量为

$$\boldsymbol{R}^{\text{ext}}(\overline{\boldsymbol{x}}^{\text{ext}})=\begin{bmatrix}\boldsymbol{R}(\overline{\boldsymbol{x}})\\ \Delta \overline{\boldsymbol{x}}^{\text{T}}\cdot\Delta \overline{\boldsymbol{x}}+(\Delta\omega)^2-(\Delta s)^2\end{bmatrix} \tag{4.29}$$

4.4 三自由度质量弹簧振子算例

4.4.1 数值仿真条件设置

利用三自由度质量弹簧振子系统研究松弛迭代法和伪弧长延拓法对非线性动力学响应求解过程的影响，如图 4.6 所示。采用 Iwan 模型和线性弹簧并联的方式描述连接界面黏滑摩擦接触行为引起的非线性动力学特征，并联弹簧的刚度为 αk，其中，k 为黏着刚度，α 为残余刚度系数。结合式（3.13），采用 Iwan 模型描述连接界面的非线性接触载荷可简化为

$$F(\delta)=\begin{cases}f_{\text{s}}\cdot\left[1-\left(1-\dfrac{k\delta}{f_{\text{s}}}\right)^{3/2}\right] & \left(0\leqslant\delta\leqslant\dfrac{f_{\text{s}}}{k}\right)\\ f_{\text{s}} & (\text{其他})\end{cases} \tag{4.30}$$

式中：f_s 为临界滑移力。周期性循环载荷作用下，基于 Masing 映射准则，利用式（3.16）和式（3.17）计算加载过程和卸载过程的迟滞非线性接触载荷。

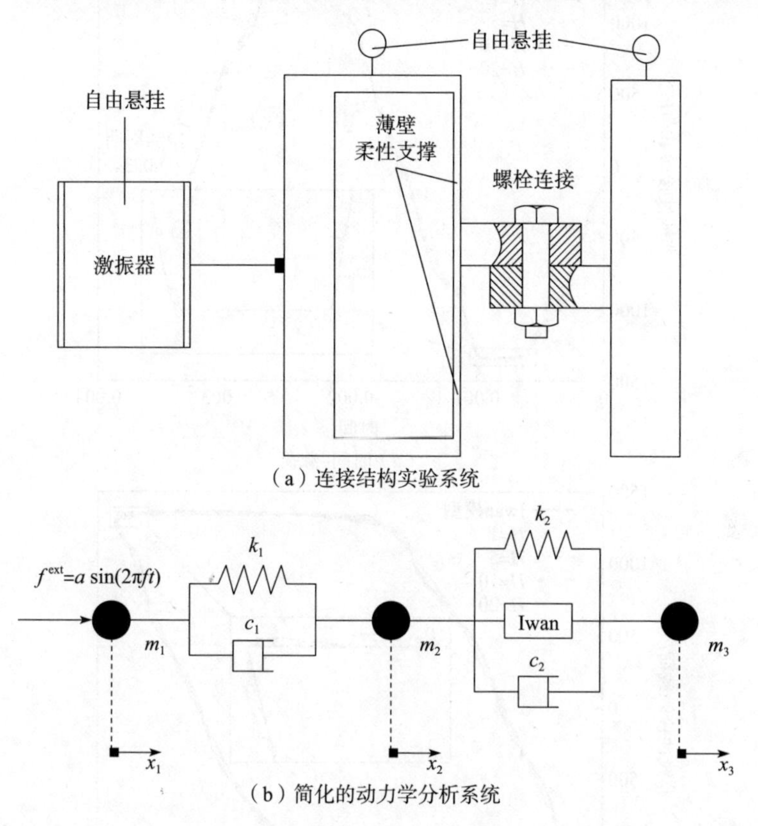

图 4.6　Süß 的螺栓连接结构与简化的动力学分析系统[19]

根据埃尔朗根-纽伦堡大学 Süß 的螺栓连接结构动态特性实验结果[19]，三自由度质量弹簧振子系统的动力学仿真参数为：$k_1=1.09\times10^7$N/m，$k_2=1.9\times10^7$N/m，$m_1=5.28$kg，$m_2=0.55$kg，$m_3=5.21$kg，$c_1=0$，$c_2=200$N·s/m。外激励载荷幅值为 $a=100$N，频率区间为 $f=[300\text{Hz},\ 340\text{Hz}]$。Iwan 模型的临界滑移力为 $f_s=1335$N，黏着刚度为 $k=3.8\times10^8$N/m($\alpha=0.05$)。相关的 Matlab 程序可参考附录 A.1。

4.4.2　谐波截断阶数的影响

由式（4.3）可知，谐波截断阶数对非线性动力学响应的计算精度有重要影响。首先，采用不同阶数的谐波成分逼近 Iwan 模型的非线性接触载荷，如图 4.7 所示。

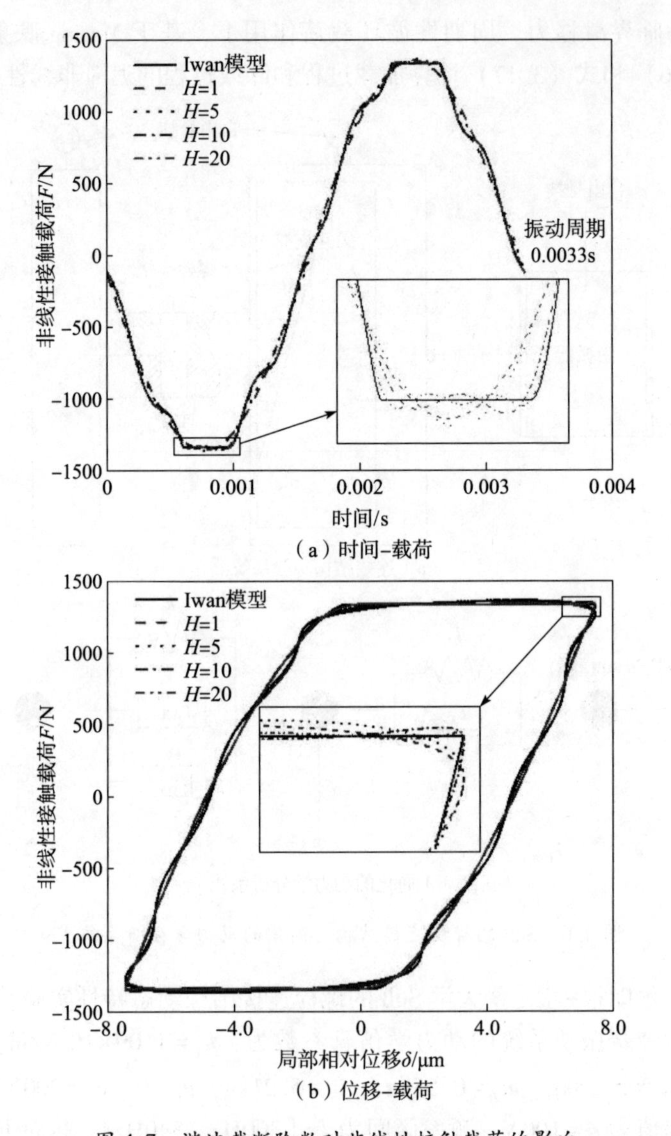

（a）时间-载荷

（b）位移-载荷

图 4.7　谐波截断阶数对非线性接触载荷的影响

由图 4.7 可见，谐波截断阶数对非线性接触载荷黏着-滑移分界点、迟滞曲线加载-卸载转换点（对应图 3.9 的 4 个关键点）的影响较大，随着谐波阶数的增加，偏差逐渐减小。另外，由式（4.8）可知，随着谐波阶数的增加，求解非线性代数方程组的计算耗费也急剧增加。因此，为了兼顾计算精度和计算效率，取 10 阶谐波成分计算质量弹簧振子系统的稳态非线性动力学响应。

4.4.3　非线性迭代方法的影响

采用自适应松弛迭代的路径延拓法计算质量弹簧振子系统的稳态非线性动力学响应，并与伪弧长延拓法的结果进行对比，如图 4.8 所示，同时研究正向延拓和负向延拓的影响。

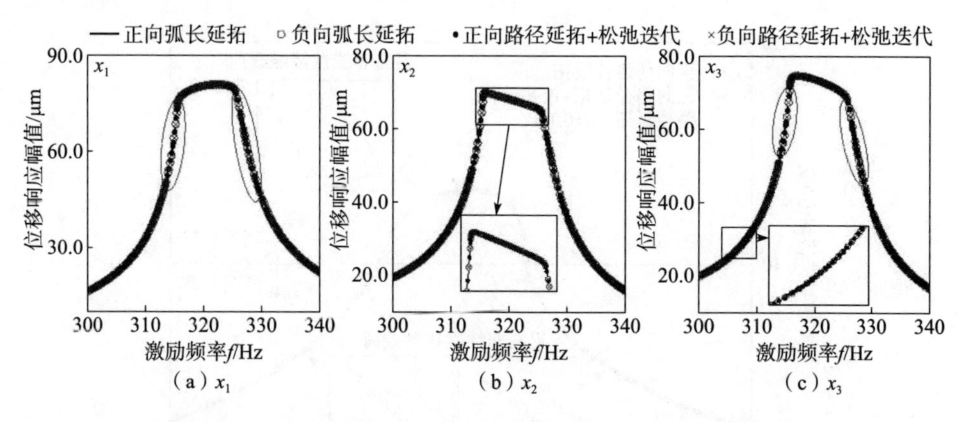

（a）x_1　（b）x_2　（c）x_3

图 4.8　正向延拓法和负向延拓法计算的非线性频响函数

在给定弧长约束参数条件下（$\Delta s=0.1$），激励频率的分布由伪弧长延拓法决定，但正向延拓和负向延拓的激励频率分布有所不同，其中正向延拓 448 个频率离散点，负向延拓 434 个频率离散点，计算效率的对比结果如表 4.2 所示。

表 4.2　质量弹簧振子系统非线性动力学响应的计算耗费对比

频率分布	离散频率点数目/个	CPU 计算时间/s	
		伪弧长延拓法	松弛迭代法
正向自适应频率分布	448	36.64	14.94
负向自适应频率分布	434	34.55	14.67

由图 4.8 可知，两种方法计算的非线性频响函数吻合较好。在非线性动力学响应变化剧烈的区间，离散频率的数目较少（图中已圈示）。但是，非线性频响函数的曲线形状是相同的，表明正向延拓和负向延拓并不会改变延拓的路径，这是由于没有出现强非线性效应的多支稳态解。非线性频响函数在共振区域出现了“削峰”的现象，曲线几乎为扁平形状，这是由连接界面迟滞非线性接触载荷引起的能量耗散造成的。

由表4.2可知，离散频率点数目越多计算耗时越多。结合松弛迭代的路径延拓法的计算效率更高，计算时间仅为伪弧长延拓法的一半左右。

进一步，提取连接界面的局部相对位移研究黏滑摩擦接触行为对非线性动力学响应的影响，如图4.9所示，激励频率取固定步长 $\Delta f=0.1\text{Hz}$ 的仿真结果也作为对比。

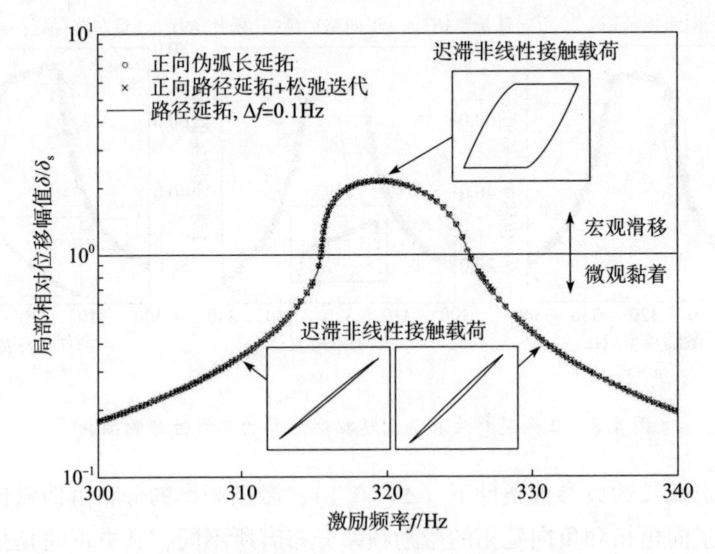

图4.9　连接界面黏滑摩擦接触行为对非线性动力学响应的影响

由图4.9可知，连接界面的局部相对位移能够直接区分黏着和滑移行为的影响，宏观滑移频率区间对应的曲线呈扁平状。

4.4.4　外激励载荷幅值的影响

外激励载荷幅值对质量弹簧振子系统稳态非线性动力学响应的影响规律如图4.10和图4.11所示。

由图4.10可知，外激励载荷幅值的增加使得宏观滑移的频率区间有所增加。由图4.11可知，随着外激励载荷幅值的增加，非线性传递函数的峰值逐渐减小，表现为较大的阻尼效应，扁平状频响函数对应的频率区间逐渐增加。对比图4.10和图4.11可知，扁平状非线性频响函数对应的频率区间与连接界面宏观滑移的区间一致，但微观黏着阶段对非线性频响函数的影响不大，不同激励幅值的结果几乎重合。

因此，由三自由度质量弹簧振子系统的对比结果可以得出，结合松弛迭代的路径延拓法能够更加快速地求解连接结构的稳态非线性动力学响应（未出现非线性多支解情况)，也能更好地控制激励频率的区间分布，即固定步长。并且，连接结构的稳态非线性动力学响应主要由连接界面的宏观滑移行为决定。

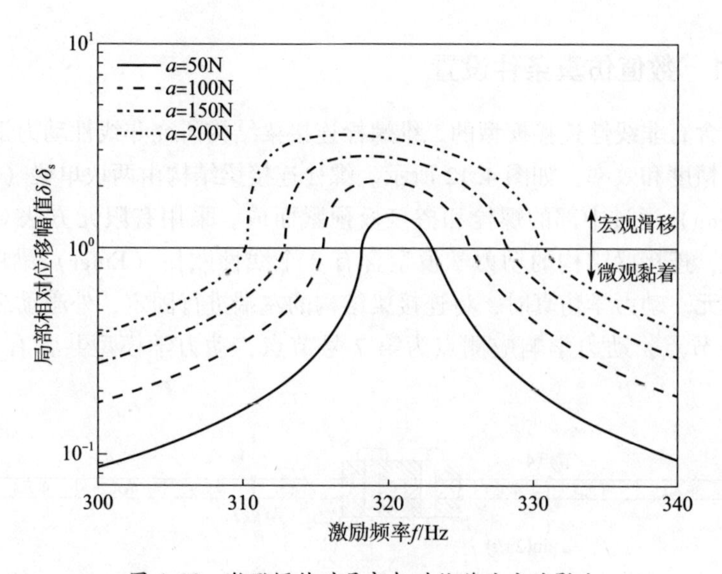

图 4.10　激励幅值对局部相对位移响应的影响

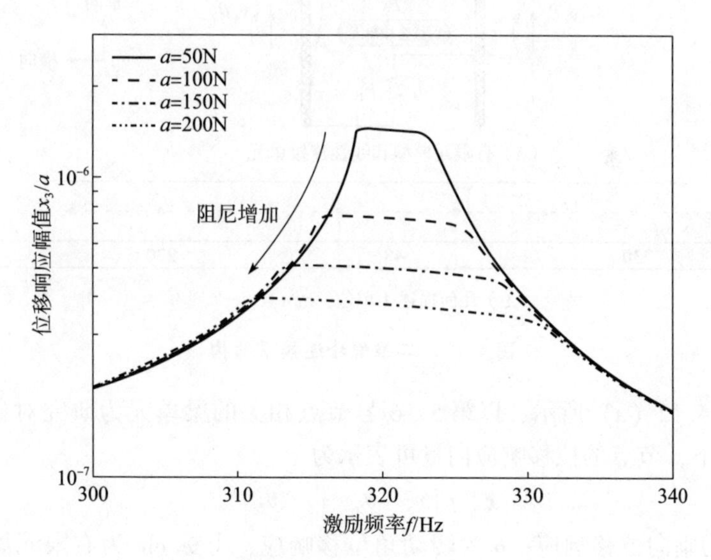

图 4.11　激励幅值对非线性频响函数的影响

4.5 二维螺栓连接梁结构算例

4.5.1 数值仿真条件设置

利用含有非线性连接模型的二维螺栓连接梁结构研究非线性动力学分析方法的计算精度和效率，如图 4.12 所示。螺栓连接梁结构由两块单梁（250mm×25mm×8mm）通过中部的螺栓和搭接板预紧而成。采用有限元方法对梁结构进行离散，连接梁结构的动力学模型含有 8 个线性欧拉（Euler）梁单元和 1 个连接单元。动力学仿真时，将连接梁结构的左端进行固定，外激励载荷施加于第 4 号节点，动力学响应测点为第 7 号节点，动力学模型共含有 18 个自由度。

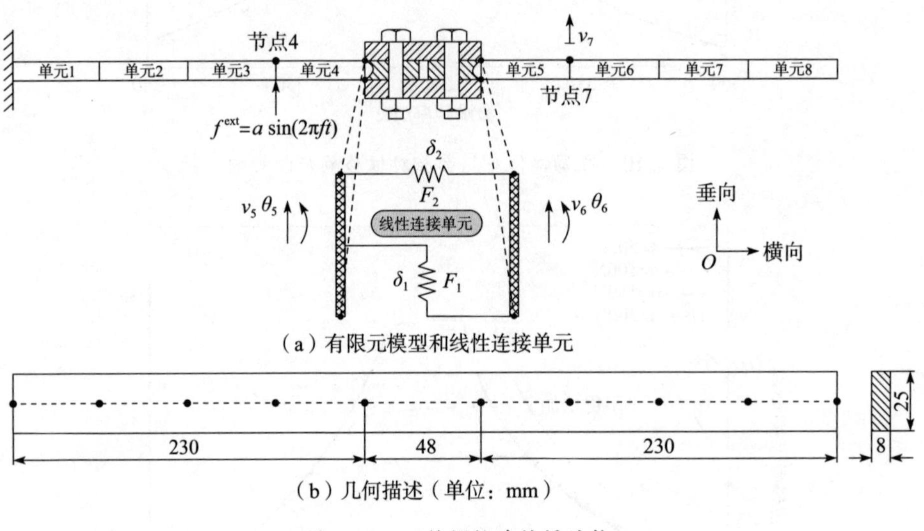

（a）有限元模型和线性连接单元

（b）几何描述（单位：mm）

图 4.12 二维螺栓连接梁结构

如图 4.12（a）所示，以第 5、6 号节点相关的梁单元为研究对象，在局部坐标系下，节点的位移响应向量可表示为

$$\boldsymbol{x}^{\mathrm{ele}}=[v_5\quad \theta_5\quad v_6\quad \theta_6]^{\mathrm{T}} \tag{4.31}$$

式中：v 为垂向位移响应；θ 为转动角位移响应；上标 ele 为有限元离散单元（element）。

基于有限元分析方法，二维欧拉梁单元的刚度和质量矩阵分别为

$$\boldsymbol{K}^{\text{ele}}=E\cdot\begin{bmatrix}\dfrac{12I}{l^3} & \dfrac{6I}{l^2} & -\dfrac{12I}{l^3} & \dfrac{6I}{l^2}\\ \dfrac{6I}{l^2} & \dfrac{4I}{l} & \dfrac{-6I}{l^2} & \dfrac{2I}{l}\\ -\dfrac{12I}{l^3} & \dfrac{-6I}{l^2} & \dfrac{12I}{l^3} & \dfrac{-6I}{l^2}\\ \dfrac{6I}{l^2} & \dfrac{2I}{l} & \dfrac{-6I}{l^2} & \dfrac{4I}{l}\end{bmatrix} \tag{4.32}$$

$$\boldsymbol{M}^{\text{ele}}=\frac{\rho Al}{420}\begin{bmatrix}156 & 22l & 54 & -13l\\ 22l & 4l^2 & 13l & -3l^2\\ 54 & 13l & 156 & -22l\\ -13l & -3l^2 & -22l & 4l^2\end{bmatrix} \tag{4.33}$$

式中：E 为材料弹性模量；l 为梁单元的长度；A 为梁单元的截面积；I 为截面转动惯性矩；ρ 为材料密度。

如图 4.12（a）所示，采用垂向和横向两个弹簧构造二维欧拉梁单元，利用节点位移响应向量计算局部相对位移，即

$$\begin{cases}\delta_1=\dfrac{l}{2}(\theta_5+\theta_6)+(v_5-v_6)\\ \delta_2=\dfrac{h}{2}(\theta_5-\theta_6)\end{cases} \tag{4.34}$$

式中：h 为连接单元的高度。

连接单元的局部接触载荷为

$$F_1=k_1\delta_1,\quad F_2=k_2\delta_2 \tag{4.35}$$

将局部接触载荷转化到整体坐标系中，并与式（4.31）的节点响应向量对应。

$$\boldsymbol{F}^{\text{ele}}=\begin{bmatrix}Q_5\\ M_5\\ Q_6\\ M_6\end{bmatrix}=\begin{bmatrix}F_1\\ (lF_1+hF_2)/2\\ -F_1\\ (lF_1-hF_2)/2\end{bmatrix} \tag{4.36}$$

式中：Q 为垂向剪切载荷，由垂向接触载荷决定；M 为弯矩载荷，由垂向和横向接触载荷共同决定。

利用含有两个线性弹簧的连接单元描述欧拉梁单元时，根据线性外推的条

件，节点载荷和位移向量之间满足，

$$\boldsymbol{F}^{\mathrm{ele}}=\boldsymbol{K}^{\mathrm{ele}}\cdot\boldsymbol{x}^{\mathrm{ele}} \tag{4.37}$$

将式（4.31）、式（4.32）、式（4.34）~式（4.36）代入式（4.37），可得

$$k_1=12\frac{EI}{l^3},\quad k_2=4\frac{EI}{lh^2} \tag{4.38}$$

考虑垂向和横向两个Iwan模型对局部非线性接触载荷的贡献，如图4.13所示。采用Iwan模型和线性弹簧并联的方式描述连接界面的局部非线性接触载荷，代入式（4.36）替换 F_1 和 F_2，建立二维螺栓连接梁结构的非线性连接单元。其中，Iwan模型描述的迟滞非线性接触载荷仍采用式（4.30）、式（3.16）和式（3.17）进行计算。

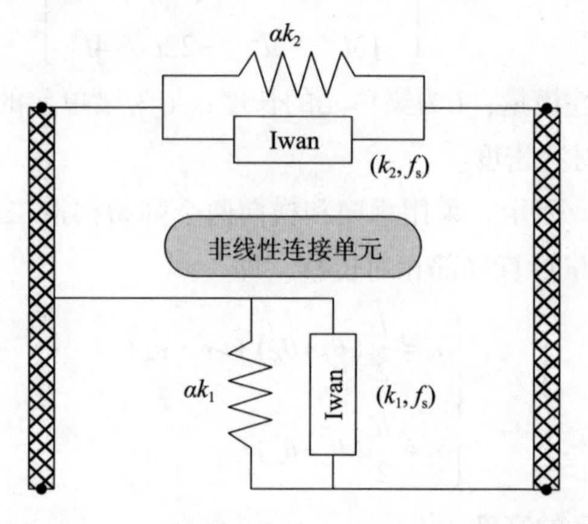

图4.13 二维螺栓连接梁结构的非线性连接单元

二维螺栓连接梁非线性动力学仿真的参数为：弹性模量为 $E=2.1\times10^{11}$ Pa，材料密度为 $\rho=7.85\times10^3\mathrm{kg/m^3}$。Iwan模型的临界滑移力为 $f_s=2500$N，黏着刚度采用式（4.38）中的 k_1 和 k_2，残余刚度系数为 $\alpha=0.05$。根据螺栓连接梁结构的第一阶弯曲模态确定激励频率区间为［24.8Hz，25.8Hz］，外激励载荷幅值为 $a=10$N。同样，取10阶谐波计算连接梁结构的稳态非线性动力学响应。

4.5.2 非线性迭代方法的影响

采用自适应松弛迭代的路径延拓法计算螺栓连接梁结构的稳态非线性动力学响应，并与伪弧长延拓法的结果进行对比，如图4.14所示。同时研究正向延拓和负向延拓的影响，计算效率对比结果如表4.3所示。

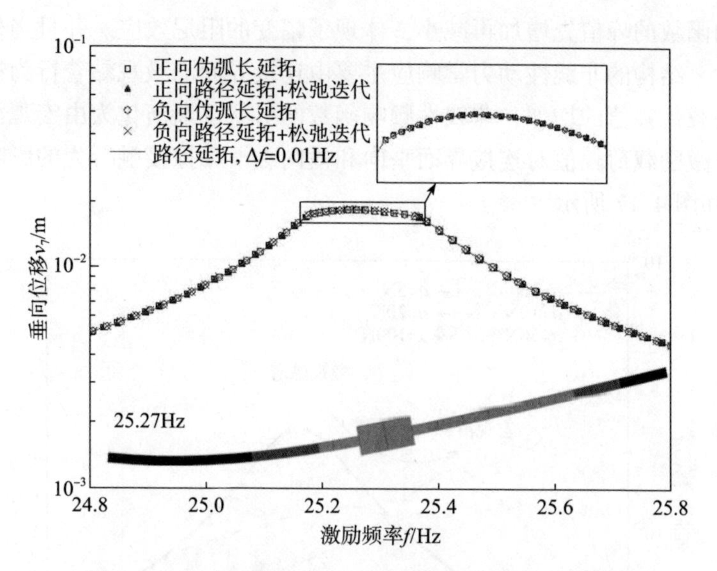

图 4.14 正向延拓和负向延拓计算的非线性频响函数

表 4.3 螺栓连接梁结构非线性动力学响应的计算效率对比

参数	离散频率点数目/个	CPU 计算时间/s	
		伪弧长延拓法	松弛迭代法
正向自适应频率分布	147	11386	1496
负向自适应频率分布	146	11401	1508
固定频率步长（0.01Hz）	101	—	1091

由图 4.14 可知，两种延拓法计算的非线性频响函数吻合较好。在共振峰附近，非线性频响函数几乎呈扁平形状，这与三自由度质量弹簧振子系统的结果相似，都是由连接界面迟滞非线性接触载荷引起的能量耗散造成的。

由表 4.3 可知，相比于伪弧长延拓法，结合松弛迭代的路径延拓法能够显著提高计算效率，约 8 倍。

4.5.3 外激励载荷幅值的影响

外激励载荷幅值对螺栓连接梁结构稳态非线性动力学响应的影响规律如图 4.15～图 4.17 所示。

由图 4.15 可知，随着外激励载荷幅值的增加，非线性频响函数的名义共振频率（峰值频率）逐渐减小，体现了连接界面的非线性软化刚度特征。非线性频响函数的峰值先增加再减小，体现了幅变的阻尼效应。并且当外激励载荷较小时，结构的非线性动力学响应主要由连接界面的微观黏着行为决定，随着外激励载荷幅值的增加，非线性频响函数的形状逐渐演化为由宏观滑移行为决定。外激励载荷幅值对连接界面垂向和横向黏滑摩擦接触行为的影响分别如图 4.16 和图 4.17 所示。

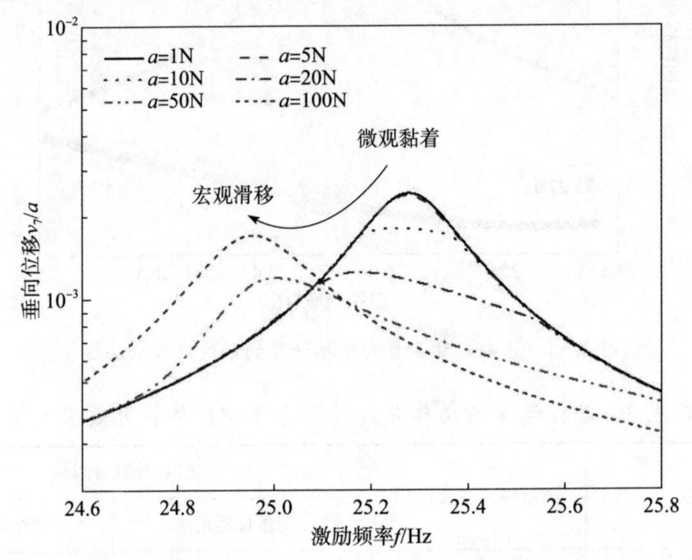

图 4.15　外激励载荷幅值对非线性频响函数的影响

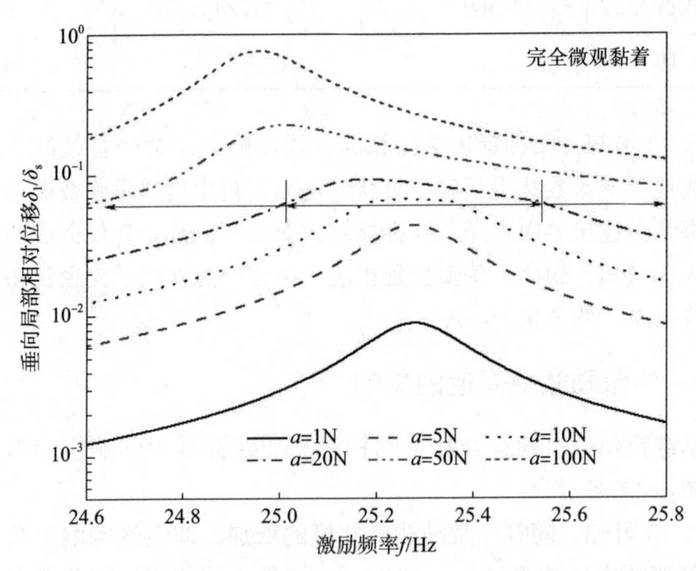

图 4.16　外激励载荷幅值对连接界面垂向黏滑摩擦接触行为的影响

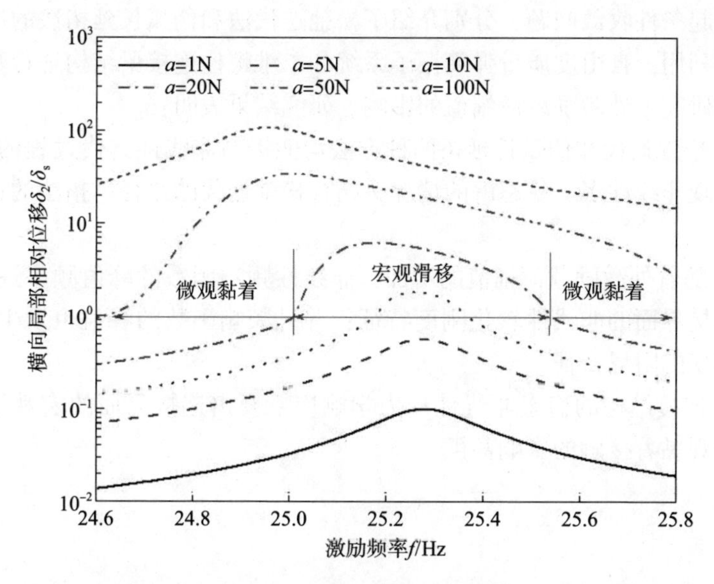

图 4.17　外激励载荷幅值对连接界面横向黏滑摩擦接触行为的影响

对比图 4.16 和图 4.17 可知，连接界面横向局部相对位移在不同激励频率区间分别表现为黏着和滑移接触状态，而垂向局部相对位移始终处于微观黏着阶段。通过对比图 4.15 和图 4.17 的激励频率区间可知，扁平状非线性频响函数对应的频率区间与横向宏观滑移行为的频率区间一致，并且横向的黏滑摩擦接触行为也对垂向的局部相对位移有一定的影响，尤其是在宏观滑移行为对应的频率区间。

通过对比图 4.15 和图 4.17 的曲线形状可知，外激励载荷幅值对扁平状以外的频率区间影响较小，这些频率区间的非线性频响函数几乎是重合的，表明连接界面微观黏着阶段对非线性频响函数的影响不大，这与三自由度质量弹簧振子的结论一致。因此，二维螺栓连接梁结构的稳态非线性动力学响应主要由连接界面的横向迟滞非线性接触载荷决定，尤其是宏观滑移行为。

4.6　小结

本章利用连接界面的降阶模型建立了复杂连接结构的非线性动力学微分方程，采用谐波平衡法将其转化为非线性代数方程组进行迭代求解，基于离散傅里叶变换理论实现了迟滞非线性接触行为在时域和频域的交替转换，建立了连接结构稳态非线性动力学响应的求解方法；并且针对牛顿-拉弗森过程中病态雅可比引起条件收敛问题，分别介绍了松弛迭代法和伪弧长延拓法的原理和计算过程。利用三自由度质量弹簧振子系统和二维螺栓连接梁结构进行数值仿真验证，并研究了外激励载荷幅值的影响。研究结果表明：

（1）松弛迭代和伪弧长延拓两种方法均能提高非线性迭代过程的稳定性。针对未出现非线性多支稳态解的情况，结合松弛迭代的路径延拓法的计算效率更高。

（2）随着外激励载荷幅值的增加，非线性频响函数的峰值频率逐渐减小，表现为连接界面的非线性软化刚度特征；并且频响函数的峰值也发生了变化，表现为幅变的阻尼特征。

（3）连接结构的稳态非线性动力学响应主要由连接界面的宏观滑移行为决定，微观黏着接触的影响甚微。

第5章 复杂连接结构的非线性动力学降阶方法

针对连接结构的非线性动力学求解问题，采用非线性连接模型描述粗糙面的黏滑摩擦接触行为，采用有限元离散方法对线性基础结构进行动力学建模，并利用谐波平衡法将非线性动力学微分方程转化为代数方程组。但是，对于大规模复杂连接结构，高维雅可比矩阵的构造和求逆将耗费大量的计算资源。第4章采用松弛迭代法和伪弧长延拓法解决了非线性迭代过程的条件收敛问题，本章针对高维非线性代数方程组的求解问题开展研究（4.2节的第二个问题）。为了减小计算耗费，发展非线性动力学降阶方法，降低迭代向量和雅可比矩阵的维数是十分必要的。复杂连接结构的非线性动力学降阶方法主要有两类：基于模态叠加的动力学降阶和基于局部非线性转换（local nonlinearity transformation）的动力学降阶，动力学降阶的本质都是选取维数相对较低的坐标系对非线性代数方程组进行迭代求解，更加高效地获得收敛的非线性动力学响应。本章对两类非线性动力学降阶方法和复杂连接结构非线性动力学分析软件框架进行介绍。

5.1 基于模态叠加的动力学降阶

由式（4.7）~式（4.9）可知，直接求解复杂连接结构的非线性代数方程组是十分困难的。但是，在式（4.1）中，连接结构非线性动力学微分方程的左边部分是线性的，可利用模态叠加法进行动力学降阶。

$$\boldsymbol{\varphi}^{\mathrm{T}} \cdot \boldsymbol{M} \cdot \ddot{\boldsymbol{x}}+\boldsymbol{\varphi}^{\mathrm{T}} \cdot \boldsymbol{C} \cdot \dot{\boldsymbol{x}}+\boldsymbol{\varphi}^{\mathrm{T}} \cdot \boldsymbol{K} \cdot \boldsymbol{x}=\boldsymbol{\varphi}^{\mathrm{T}} \cdot (\boldsymbol{F}^{\mathrm{ext}}+\boldsymbol{F}^{\mathrm{non}}) \tag{5.1}$$

式中：$\boldsymbol{\varphi}$为质量矩阵$\boldsymbol{M}$和刚度矩阵$\boldsymbol{K}$的特征向量矩阵，$\boldsymbol{\varphi}\in\mathbb{R}^{n\times n_\eta}$；$n_\eta$为截断的模态阶数。

非线性动力学微分方程式（4.1）可以采用模态叠加法进行解耦的条件是

阻尼矩阵采用瑞利理论进行描述，即 $\boldsymbol{C}=\alpha\cdot\boldsymbol{M}+\beta\cdot\boldsymbol{K}$，其中，$\alpha$、$\beta$ 为阻尼矩阵系数。

高维的非线性动力学系统将转化为一系列单自由度的非线性动力学微分方程。

$$\ddot{\eta}_m+2\xi_m\omega_m\cdot\dot{\eta}_m+\omega_m^2\cdot\eta_m=f_m^{\text{ext}}+f_m^{\text{non}} \tag{5.2}$$

式中：η_m 为 m^{th} 阶模态位移响应；ξ_m 为 m^{th} 阶模态阻尼；ω_m 为 m^{th} 阶模态频率；f_m^{ext}为模态坐标中的外激励载荷；f_m^{non}为模态坐标中的迟滞非线性接触载荷。

$$f_m^{\text{ext}}=\boldsymbol{\varphi}(n_{\text{ext}},m)\cdot\boldsymbol{F}^{\text{ext}}(n_{\text{ext}}) \tag{5.3}$$

$$f_m^{\text{non}}=\boldsymbol{\varphi}(n_{\text{joi}},m)\cdot\boldsymbol{F}^{\text{non}}(n_{\text{joi}}) \tag{5.4}$$

式中：n_{ext} 为外激励载荷作用的自由度序号；n_{joi} 为非线性接触载荷作用的自由度序号，如图 5.1 所示。

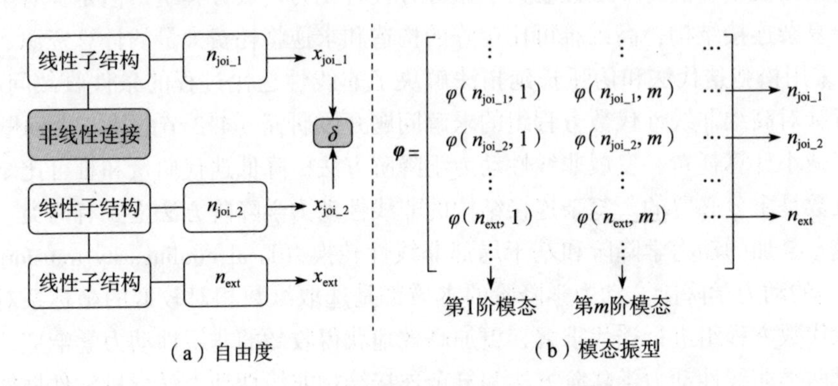

图 5.1　模态叠加法的原理示意图

根据谐波平衡法，对每阶模态位移响应进行谐波级数展开：

$$\eta_m(t)=\overline{\eta}_m^{(0)}+\sum_{h=1}^{H}\left[\overline{\eta}_m^{(h),\text{c}}\cos(h\omega t)+\overline{\eta}_m^{(h),\text{s}}\sin(h\omega t)\right] \tag{5.5}$$

式中：$\overline{\eta}^{(h)}$ 为h^{th} 阶模态位移响应的谐波系数。

采用模态位移响应构造残差函数向量获得稳态非线性动力学响应：

$$\boldsymbol{R}^{(h)}=\overline{\boldsymbol{\eta}}^{(h)}-\overline{\boldsymbol{r}}^{(h)}\cdot\left[\boldsymbol{\varphi}^{\text{T}}(n_{\text{ext}},1:n_\eta)\cdot\overline{\boldsymbol{F}}^{\text{ext},(h)}(n_{\text{ext}})+\boldsymbol{\varphi}^{\text{T}}(n_{\text{joi}},1:n_\eta)\cdot\overline{\boldsymbol{F}}^{\text{non},(h)}(n_{\text{joi}})\right] \tag{5.6}$$

式中：$\overline{\boldsymbol{r}}$ 为模态坐标的动力学传递函数；$\overline{\boldsymbol{r}}^{(h)}=\left[\omega_m^2-(h\omega)^2+2\xi_m\omega_m\cdot h\omega\cdot\text{i}\right]^{-1}$。

利用式（5.6）构造残差函数向量时，仅需要按照外激励载荷和非线性接触载荷作用的自由度提取特征向量中指定位置的元素参与计算，且稀疏的外激励载荷和非线性接触载荷向量也只需对指定位置的元素进行操作。

非线性代数方程组的维数由截断的模态阶数和谐波阶数共同决定，迭代向量为

$$\bar{\boldsymbol{\eta}}=\begin{bmatrix}\bar{\boldsymbol{\eta}}_1^{(0)},\bar{\boldsymbol{\eta}}_1^{(1),\mathrm{c}},\bar{\boldsymbol{\eta}}_1^{(1),\mathrm{s}},\cdots,\bar{\boldsymbol{\eta}}_1^{(H),\mathrm{c}},\bar{\boldsymbol{\eta}}_1^{(H),\mathrm{s}},\\ \vdots \\ \underbrace{\bar{\boldsymbol{\eta}}_m^{(0)},\bar{\boldsymbol{\eta}}_m^{(1),\mathrm{c}},\bar{\boldsymbol{\eta}}_m^{(1),\mathrm{s}},\cdots,\bar{\boldsymbol{\eta}}_m^{(H),\mathrm{c}},\bar{\boldsymbol{\eta}}_m^{(H),\mathrm{s}}}_{\text{对应}m^{th}\text{阶模态}},\\ \vdots \\ \bar{\boldsymbol{\eta}}_1^{(0)},\bar{\boldsymbol{\eta}}_{n_\eta}^{(1),\mathrm{c}},\bar{\boldsymbol{\eta}}_{n_\eta}^{(1),\mathrm{s}},\cdots,\bar{\boldsymbol{\eta}}_{n_\eta}^{(H),\mathrm{c}},\bar{\boldsymbol{\eta}}_{n_\eta}^{(H),\mathrm{s}}\end{bmatrix}^{\mathrm{T}}_{(2H+1)\cdot n_\eta} \tag{5.7}$$

模态坐标中，稳态位移响应的牛顿–拉弗森迭代式为

$$\bar{\boldsymbol{\eta}}_{k+1}=\bar{\boldsymbol{\eta}}_k-\left(\frac{\partial \boldsymbol{R}_k}{\partial \bar{\boldsymbol{\eta}}_k}\right)^{-1}\cdot \boldsymbol{R}_k \tag{5.8}$$

忽略模态位移响应之间的耦合效应，可采用 $\bar{\boldsymbol{\eta}}_{m,k+1}=\bar{\boldsymbol{\eta}}_{m,k}-\left(\frac{\partial \boldsymbol{R}_{m,k}}{\partial \bar{\boldsymbol{\eta}}_{m,k}}\right)^{-1}\boldsymbol{R}_{m,k}$ 单独求解各阶非线性模态位移响应，这将进一步减小非线性迭代过程的计算耗费。

采用模态位移响应和特征向量矩阵构造原物理坐标中稳态非线性动力学响应：

$$\bar{\boldsymbol{x}}^{(h)}=\boldsymbol{\varphi}\cdot\bar{\boldsymbol{\eta}}^{(h)} \tag{5.9}$$

对比式（4.8）和式（5.7）可知，选取少数的几阶模态位移进行非线性迭代计算时，能够显著地降低迭代向量的维数，提高计算效率。

5.2　基于局部非线性转换的动力学降阶

5.2.1　迭代向量的降阶

在实际的工程装备结构中，连接界面往往是局部的。因此，与非线性连接模型直接相关的自由度数目将远远小于整体结构的自由度数目，利用这一特征可以建立局部非线性转换的动力学降阶方法。定义与非线性连接模型（自由度）直接相关的位置转换矩阵，从整体结构的动力学响应中抽取连接界面的局部非线性动力学响应，即

$$\bar{\boldsymbol{\delta}}=\underbrace{[\boldsymbol{L}_1\quad \boldsymbol{L}_2\quad \cdots\quad \boldsymbol{L}_j\quad \cdots\quad \boldsymbol{L}_{n_j}]^{\mathrm{T}}}_{\boldsymbol{L}}\cdot\bar{\boldsymbol{x}} \tag{5.10}$$

式中：n_j 为非线性连接模型的总数目；$\boldsymbol{L}_j$ 为 j^{th} 连接单元的位置转换向量，$\boldsymbol{L}_j \in \mathbb{R}^{n\times 1}$，与非线性连接模型的布置情况有关。

非线性接触载荷向量由各个非线性连接模型的接触载荷组装而成，是一个稀疏向量。

$$\overline{\boldsymbol{F}}^{\mathrm{non}}=\boldsymbol{L}^{\mathrm{T}}\cdot\underbrace{[\overline{\boldsymbol{F}}_1\quad\overline{\boldsymbol{F}}_2\quad\cdots\quad\overline{\boldsymbol{F}}_j\quad\cdots\quad\overline{\boldsymbol{F}}_{n_j}]^{\mathrm{T}}}_{\overline{\boldsymbol{F}}^{\mathrm{local}}}\tag{5.11}$$

式中：$\overline{\boldsymbol{F}}_j$ 为 j^{th} 非线性连接模型的接触载荷的谐波系数向量。

式（5.10）和式（5.11）实现了从整体坐标系中抽取连接界面的局部非线性动力学响应，并将局部非线性接触载荷代回原物理坐标系，降阶过程的关键在于构造与非线性连接模型自由度相关的位置转换矩阵 $\boldsymbol{L}$。

将式（5.10）和式（5.11）代入式（4.5），式（4.7）的残差函数向量重新定义为

$$\boldsymbol{R}=\overline{\boldsymbol{\delta}}-\boldsymbol{L}\cdot\mathbf{G}\boldsymbol{\omega}\cdot(\boldsymbol{L}^{\mathrm{T}}\cdot\overline{\boldsymbol{F}}^{\mathrm{local}}+\overline{\boldsymbol{F}}^{\mathrm{ext}})\tag{5.12}$$

连接界面局部非线性动力学响应的牛顿–拉弗森迭代式为

$$\overline{\boldsymbol{\delta}}_{k+1}=\overline{\boldsymbol{\delta}}_k-\left(\frac{\partial\boldsymbol{R}_k}{\partial\overline{\boldsymbol{\delta}}_k}\right)^{-1}\cdot\boldsymbol{R}_k\tag{5.13}$$

将式（5.12）代入式（5.13），可得

$$\overline{\boldsymbol{\delta}}_{k+1}=\overline{\boldsymbol{\delta}}_k-\frac{\overline{\boldsymbol{\delta}}_k-\boldsymbol{L}\cdot\mathbf{G}\boldsymbol{\omega}\cdot(\boldsymbol{L}^{\mathrm{T}}\cdot\overline{\boldsymbol{F}}^{\mathrm{local}}+\overline{\boldsymbol{F}}^{\mathrm{ext}})}{\boldsymbol{I}-\boldsymbol{L}\cdot\mathbf{G}\boldsymbol{\omega}\cdot\boldsymbol{L}^{\mathrm{T}}\cdot\dfrac{\partial\overline{\boldsymbol{F}}^{\mathrm{local}}}{\partial\overline{\boldsymbol{\delta}}_k}}\tag{5.14}$$

局部非线性转换降阶之后，非线性代数方程组、迭代向量的维数由非线性连接模型的数目和截断的谐波阶数共同决定。

$$\overline{\boldsymbol{\delta}}=\begin{bmatrix}\overline{\boldsymbol{\delta}}_1^{(0)},\overline{\boldsymbol{\delta}}_1^{(1),\mathrm{c}},\overline{\boldsymbol{\delta}}_1^{(1),\mathrm{s}},\overline{\boldsymbol{\delta}}_1^{(2),\mathrm{c}},\overline{\boldsymbol{\delta}}_1^{(2),\mathrm{s}},\overline{\boldsymbol{\delta}}_1^{(3),\mathrm{c}},\overline{\boldsymbol{\delta}}_1^{(3),\mathrm{s}},\cdots,\overline{\boldsymbol{\delta}}_1^{(H),\mathrm{c}},\overline{\boldsymbol{\delta}}_1^{(H),\mathrm{s}}\\ \vdots\\ \underbrace{\overline{\boldsymbol{\delta}}_j^{(0)},\overline{\boldsymbol{\delta}}_j^{(1),\mathrm{c}},\overline{\boldsymbol{\delta}}_j^{(1),\mathrm{s}},\overline{\boldsymbol{\delta}}_j^{(2),\mathrm{c}},\overline{\boldsymbol{\delta}}_j^{(2),\mathrm{s}},\overline{\boldsymbol{\delta}}_j^{(3),\mathrm{c}},\overline{\boldsymbol{\delta}}_j^{(3),\mathrm{s}},\cdots,\overline{\boldsymbol{\delta}}_j^{(H),\mathrm{c}},\overline{\boldsymbol{\delta}}_j^{(H),\mathrm{s}}}_{\text{对应}j^{th}\text{非线性连接模型}}\\ \vdots\\ \overline{\boldsymbol{\delta}}_{n_j}^{(0)},\overline{\boldsymbol{\delta}}_{n_j}^{(1),\mathrm{c}},\overline{\boldsymbol{\delta}}_{n_j}^{(1),\mathrm{s}},\overline{\boldsymbol{\delta}}_{n_j}^{(2),\mathrm{c}},\overline{\boldsymbol{\delta}}_{n_j}^{(2),\mathrm{s}},\overline{\boldsymbol{\delta}}_{n_j}^{(3),\mathrm{c}},\overline{\boldsymbol{\delta}}_{n_j}^{(3),\mathrm{s}},\cdots,\overline{\boldsymbol{\delta}}_{n_j}^{(H),\mathrm{c}},\overline{\boldsymbol{\delta}}_{n_j}^{(H),\mathrm{s}}\end{bmatrix}^{\mathrm{T}}_{(2H+1)\cdot n_j}\tag{5.15}$$

对比式（4.8）和式（5.15）可知，局部非线性转换的动力学降阶技术能够有效地减小迭代向量的维数（非线性连接模型的数目远远小于整体结构的

自由度数目，$n_j \ll n$），从而提高非线性迭代过程的计算效率和迭代稳定性。

5.2.2　传递函数的构造

由式（5.12）和式（5.14）可知，基于局部非线性转换的动力学降阶方法的难点在于构造每阶谐波频率对应的传递函数 $\mathbf{G\omega}^{(h)}$，采用全方法计算动刚度矩阵的逆是十分困难的，尤其是大规模工程装备结构。

将式（5.2）~式（5.4）代入式（5.9），可以获得模态叠加法的动力学传递函数。

$$\mathbf{G\omega}_{\mathrm{mode}}^{(h)}=\sum_{m=1}^{n_\eta}\frac{\boldsymbol{\varphi}(:,m)\cdot\boldsymbol{\varphi}^{\mathrm{T}}(:,m)}{\omega_m^2-(h\omega)^2+2\xi_m\omega_m\cdot h\omega\cdot \mathrm{i}} \tag{5.16}$$

相比于式（4.6）的全方法，式（5.16）仅采用少数的几阶模态构造动力学传递函数，能够有效地减小计算耗费。但是，截断的模态阶数（n_η 的取值）对稳态非线性动力学响应的计算精度有较大的影响，需要反复试算才能获得满意的结果[131,141]。

为了减小模态截断对计算精度的影响，采用模态叠加法和静刚度补偿（static stiffness conpensation）的模态加速法构造有效的动力学传递函数，建立连接界面局部非线性动力学响应与迟滞非线性接触载荷和外激励载荷之间的关联关系。

式（4.1）中连接结构的非线性动力学响应可表示为

$$\boldsymbol{x}=\boldsymbol{K}^{-1}\cdot(\boldsymbol{F}^{\mathrm{non}}+\boldsymbol{F}^{\mathrm{ext}}-\boldsymbol{M}\cdot\ddot{\boldsymbol{x}}-\boldsymbol{C}\cdot\dot{\boldsymbol{x}}) \tag{5.17}$$

利用式（5.1）的特征向量矩阵将质量矩阵、刚度矩阵和阻尼矩阵转化为对角矩阵，即非线性动力学微分方程线性部分的解耦。

$$\boldsymbol{\varphi}^{\mathrm{T}}\cdot\boldsymbol{M}\cdot\boldsymbol{\varphi}=\boldsymbol{I};\quad \boldsymbol{\varphi}^{\mathrm{T}}\cdot\boldsymbol{C}\cdot\boldsymbol{\varphi}=\mathrm{diag}\{2\xi_m\omega_m\};\quad \boldsymbol{\varphi}^{\mathrm{T}}\cdot\boldsymbol{K}\cdot\boldsymbol{\varphi}=\mathrm{diag}\{\omega_m^2\} \tag{5.18}$$

将式（5.18）代入式（5.17），可得

$$\boldsymbol{x}=\boldsymbol{K}^{-1}\cdot(\boldsymbol{F}^{\mathrm{non}}+\boldsymbol{F}^{\mathrm{ext}})-\sum_{m=1}^{n_\eta}\frac{1}{\omega_m^2}(\ddot{\eta}_m+2\xi_m\omega_m\dot{\eta}_m)\cdot\boldsymbol{\varphi}(:,m) \tag{5.19}$$

将式（5.2）代入式（5.19），可得

$$x=\boldsymbol{K}^{-1}\cdot(\boldsymbol{F}^{\mathrm{non}}+\boldsymbol{F}^{\mathrm{ext}})-\sum_{m=1}^{n_\eta}\left[\frac{1}{\omega_m^2}\cdot\boldsymbol{\varphi}(:,m)\cdot\boldsymbol{\varphi}^{\mathrm{T}}(:,m)\cdot(\boldsymbol{F}^{\mathrm{non}}+\boldsymbol{F}^{\mathrm{ext}})-\boldsymbol{\varphi}(:,m)\cdot\eta_m\right] \tag{5.20}$$

再将式（5.2）获得的模态位移响应代入式（5.20），传递函数可表示为

$$\mathbf{G\omega}'^{(h)}_{\mathrm{mode}} = \boldsymbol{K}^{-1} - \sum_{m=1}^{n_\eta} \frac{\boldsymbol{\varphi}(:,m)\cdot\boldsymbol{\varphi}^{\mathrm{T}}(:,m)}{\omega_m^2} + \sum_{m=1}^{n_\eta} \frac{\boldsymbol{\varphi}(:,m)\cdot\boldsymbol{\varphi}^{\mathrm{T}}(:,m)}{\omega_{\mathrm{m}}^2 - (h\omega)^2 + 2\xi_m\omega_m\cdot h\omega\cdot \mathrm{i}} \tag{5.21}$$

式（5.21）中，前两部分为模态修正部分，第三部分为模态叠加法的传递函数。将式（5.18）的第三部分代入式（5.21），可得

$$\mathbf{G\omega}'^{(h)}_{\mathrm{mode}} = \sum_{m=1}^{n_\eta} \frac{\boldsymbol{\varphi}(:,m)\cdot\boldsymbol{\varphi}^{\mathrm{T}}(:,m)}{\omega_m^2 - (h\omega)^2 + 2\xi_m\omega_m\cdot h\omega\cdot \mathrm{i}} + \sum_{m=n_\eta+1}^{n} \frac{\boldsymbol{\varphi}(:,m)\cdot\boldsymbol{\varphi}^{\mathrm{T}}(:,m)}{\omega_m^2} \tag{5.22}$$

模态加速法的截断误差可以表示为

$$\begin{aligned}\mathbf{G\omega}^{(h)}_{\mathrm{error}} &= \mathbf{G\omega}^{(h)} - \mathbf{G\omega}'^{(h)}_{\mathrm{mode}} \\ &= \sum_{m=n_\eta+1}^{n}\left[\frac{\boldsymbol{\varphi}(:,m)\cdot\boldsymbol{\varphi}^{\mathrm{T}}(:,m)}{\omega_m^2 - (h\omega)^2 + 2\xi_m\omega_m\cdot h\omega\cdot \mathrm{i}} - \frac{\boldsymbol{\varphi}(:,m)\cdot\boldsymbol{\varphi}^{\mathrm{T}}(:,m)}{\omega_m^2}\right]\end{aligned} \tag{5.23}$$

由式（5.23）可知，模态加速法的实质是利用柔度矩阵（静刚度矩阵的逆）来补偿高阶模态的贡献，以减小模态截断误差的影响。

仅对非线性连接模型直接相关的稳态动力学响应进行求解，将式（5.10）和式（5.11）代入式（4.5），可得

$$\bar{\boldsymbol{\delta}}^{(h)} = \boldsymbol{L}\cdot\mathbf{G\omega}^{\mathrm{ext},(h)}\cdot\bar{\boldsymbol{F}}^{\mathrm{ext},(h)} + \boldsymbol{L}\cdot\mathbf{G\omega}^{\mathrm{non},(h)}\cdot\boldsymbol{L}^{\mathrm{T}}\cdot\bar{\boldsymbol{F}}^{\mathrm{local},(h)} \tag{5.24}$$

式中：$\mathbf{G\omega}^{\mathrm{ext}}$ 为连接界面局部非线性动力学响应与外激励载荷的传递函数；$\mathbf{G\omega}^{\mathrm{non}}$ 为连接界面局部非线性动力学响应与迟滞非线性接触载荷的传递函数，其物理意义如图 5.2 所示。

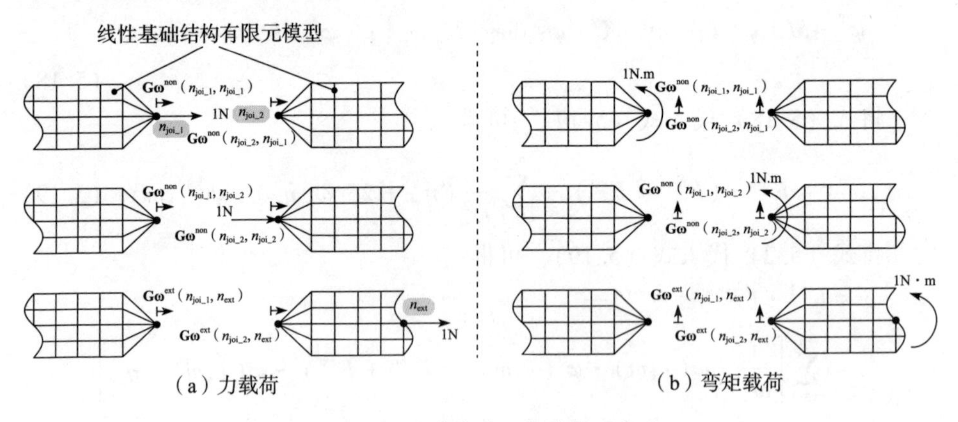

图 5.2　动力学传递函数的物理意义

由图5.2可知，动力学传递函数 $\mathbf{G\omega}^{\text{ext}}$ 和 $\mathbf{G\omega}^{\text{non}}$ 分别表示在单位力载荷（或弯矩载荷）作用下外激励载荷和非线性连接模型自由度相关的频响函数（含实部和虚部）。

利用式（5.21）构造动力学传递函数，仅考虑与非线性连接模型直接相关的自由度。

$$
\mathbf{G\omega}^{\text{ext},(h)} = \boldsymbol{K}^{-1}(n_{\text{joi}}, n_{\text{ext}}) - \sum_{m=1}^{n_\eta} \frac{\boldsymbol{\varphi}(n_{\text{joi}}, m) \cdot \boldsymbol{\varphi}^{\text{T}}(n_{\text{ext}}, m)}{\omega_m^2} + \sum_{m=1}^{n_\eta} \frac{\boldsymbol{\varphi}(n_{\text{joi}}, m) \cdot \boldsymbol{\varphi}^{\text{T}}(n_{\text{ext}}, m)}{\omega_m^2 - (h\omega)^2 + 2\xi_m \omega_m \cdot h\omega \cdot \text{i}} \tag{5.25}
$$

$$
\mathbf{G\omega}^{\text{non},(h)} = \boldsymbol{K}^{-1}(n_{\text{joi}}, n_{\text{joi}}) - \sum_{m=1}^{n_\eta} \frac{\boldsymbol{\varphi}(n_{\text{joi}}, m) \cdot \boldsymbol{\varphi}^{\text{T}}(n_{\text{joi}}, m)}{\omega_m^2} + \sum_{m=1}^{n_\eta} \frac{\boldsymbol{\varphi}(n_{\text{joi}}, m) \cdot \boldsymbol{\varphi}^{\text{T}}(n_{\text{joi}}, m)}{\omega_m^2 - (h\omega)^2 + 2\xi_m \omega_m \cdot h\omega \cdot \text{i}} \tag{5.26}
$$

由式（5.25）和式（5.26）可知，直接对工程装备结构的柔度矩阵进行求解还是比较困难的。可借助商业有限元软件，通过提取单位力（或弯矩）载荷下的位移响应来构造柔度矩阵指定位置的元素，如图5.3所示。

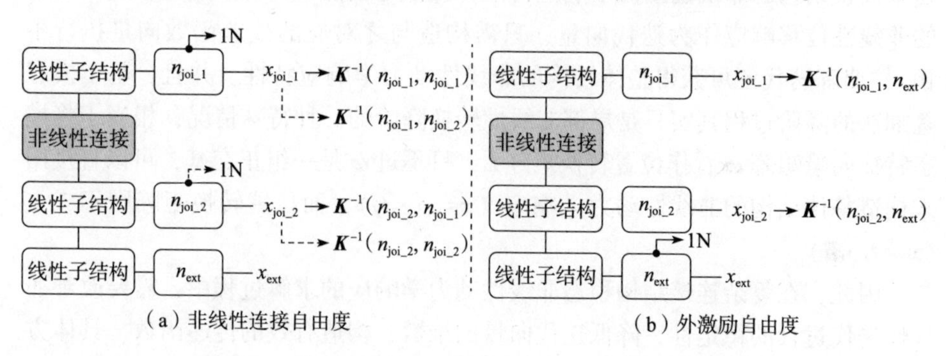

图5.3 单位载荷作用下非线性连接自由度的位移响应

如图5.3（a）所示，在非线性连接自由度 $n_{\text{joi\_1}}$ 处施加单位力载荷（实线箭头），通过商业有限元软件的静力学（static）分析，提取所有非线性连接自由度 $n_{\text{joi\_1}}$，$n_{\text{joi\_2}}$ 上的位移响应，获得 $\boldsymbol{K}^{-1}(n_{\text{joi\_1}}, n_{\text{joi\_1}})$ 和 $\boldsymbol{K}^{-1}(n_{\text{joi\_2}}, n_{\text{joi\_1}})$。同理，在非线性连接自由度 $n_{\text{joi\_2}}$ 处施加单位载荷（虚线箭头），提取所有非线性连接自由度上的位移响应，获得 $\boldsymbol{K}^{-1}(n_{\text{joi\_1}}, n_{\text{joi\_2}})$ 和 $\boldsymbol{K}^{-1}(n_{\text{joi\_2}}, n_{\text{joi\_2}})$。如图5.3（b）所示，在外激励载荷自由度 n_{ext} 处施加单位力载荷，提取所有非线性连接自由度上的位移响应，获得 $\boldsymbol{K}^{-1}(n_{\text{joi\_1}}, n_{\text{ext}})$ 和 $\boldsymbol{K}^{-1}(n_{\text{joi\_2}}, n_{\text{ext}})$。

5.3 非线性动力学求解的算法实现

在复杂连接结构稳态非线性动力学响应的整个求解过程中，非线性转换有三种情况：整体结构位移响应-连接界面局部相对位移响应 $\boldsymbol{L}$、整体结构位移响应-模态位移响应 $\boldsymbol{\varphi}$、连接界面局部相对位移响应-模态位移响应（$\boldsymbol{L}\cdot\boldsymbol{\varphi}$），具体关系如图 5.4 所示。

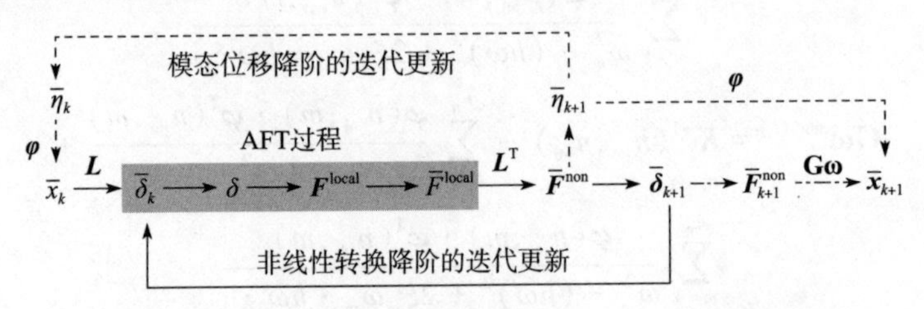

图 5.4 两种降阶过程中非线性动力学特征的转换关系

由图 5.4 可知，采用截断的谐波级数离散之后，三种位移响应都可以反映复杂连接结构的非线性动力学响应特性，且都是线性相关的。因此，选择不同的非线性位移响应作为迭代向量，只需构造与之对应的残差函数向量执行牛顿-拉弗森迭代便可获得整体结构的非线性动力学响应特性。并且，基于模态叠加法的降阶过程其实只是局部非线性转换降阶的一种特殊情况，相当于将模态特征向量矩阵 $\boldsymbol{\varphi}$ 看作位置转换矩阵 $\boldsymbol{L}$，只不过 $\boldsymbol{\varphi}$ 是一组正交基，可以直接用来构造整体结构的非线性动力学响应（$\boldsymbol{x}=\boldsymbol{\varphi}\cdot\boldsymbol{\eta}$），而位置转换矩阵则不成立（$\boldsymbol{x}\neq\boldsymbol{L}\cdot\boldsymbol{\delta}$）。

因此，在复杂连接结构稳态非线性动力学响应的求解过程中，需要改善非线性迭代过程的稳定性、降低迭代向量的维数、构造有效的传递函数，具体方法见表 5.1。

表 5.1 复杂连接结构非线性动力学响应求解的具体方法

迭代过程稳定性改善	迭代向量降阶方法	传递函数构造方法
伪弧长延拓法	模态位移降阶	全方法
松弛迭代法	非线性转换降阶	模态叠加法
		模态加速法

在表 5.1 可中，多种方法组合都能求解复杂连接结构的稳态非线性动力学

响应。进一步，对比全方法、模态叠加降阶、非线性转换降阶的计算耗费，见表5.2。一般情况下，整体结构的自由度数目远远大于截断的模态阶数和非线性连接的自由度数目，但后两者计算效率的对比应视具体情况而定。

表5.2　非线性动力学降阶方法的计算耗费对比

计算效率	迭代向量长度	残差函数计算次数	雅可比矩阵维数
全方法	$(2H+1)\cdot n$	$2\cdot(2H+1)\cdot n+1$ 式（4.11）雅可比计算：$2\cdot(2H+1)\cdot n$ 式（4.9）非线性迭代：1	$(2H+1)^2\cdot n^2$
模态叠加降价	$(2H+1)\cdot n_\eta$	$2\cdot(2H+1)\cdot n_\eta+1$	$(2H+1)^2\cdot n_\eta^2$
非线性转换降阶	$(2H+1)\cdot n_j$	$2\cdot(2H+1)\cdot n_j+1$	$(2H+1)^2\cdot n_j^2$

为了描述复杂连接结构稳态非线性动力学响应的具体计算流程，以松弛迭代法、非线性转换降阶和模态加速法的组合为例，如图5.5所示，关键步骤如下：

（1）构造动力学传递函数，基于有限元分析方法，计算仅与非线性连接模型自由度相关的传递函数 $\mathbf{G\omega}^{\mathrm{ext}}$ 和 $\mathbf{G\omega}^{\mathrm{non}}$。基于静力学分析，分别在非线性连接模型和外激励载荷相关的自由度上施加单位力载荷，获得所有非线性连接自由度的位移响应：$\boldsymbol{K}^{-1}(n_{\mathrm{joi}},n_{\mathrm{joi}})$ 和 $\boldsymbol{K}^{-1}(n_{\mathrm{joi}},n_{\mathrm{ext}})$；基于模态分析，获得线性基础结构的模态特征，包括所有关注模态的阻尼和频率：ξ_m 和 ω_m，所有非线性连接自由度和激励载荷自由度的模态位移：$\boldsymbol{\varphi}(n_{\mathrm{joi}},m)$ 和 $\boldsymbol{\varphi}(n_{\mathrm{ext}},m)$。

（2）忽略连接界面迟滞非线性接触载荷的影响，计算线性基础结构的动力学响应，即

$$\bar{\boldsymbol{\delta}}^{(h)}=\boldsymbol{L}\cdot\mathbf{G\omega}^{\mathrm{ext},(h)}\cdot\bar{\boldsymbol{F}}^{\mathrm{ext},(h)}\tag{5.27}$$

（3）利用逆傅里叶变换将频域的连接界面局部非线性动力学响应转化到时域，根据给定的非线性连接模型，计算连接界面的迟滞非线性接触载荷 $\boldsymbol{F}^{\mathrm{local}}$。

（4）利用傅里叶变换将时域的迟滞非线性接触载荷转化到频域，采用式（5.24）直接计算连接界面的局部非线性动力学响应，构造初始迭代向量 $\bar{\boldsymbol{\delta}}$。

（5）计算迭代向量中指定元素的微元变化，构造新的迭代向量，将其转化到时域，并在时域计算连接界面的局部非线性接触载荷向量，利用傅里叶变换转化到频域 $\bar{\boldsymbol{F}}^{\mathrm{local}}$，采用式（5.12）计算残差函数向量，并构造残差函数向量的微元变化：

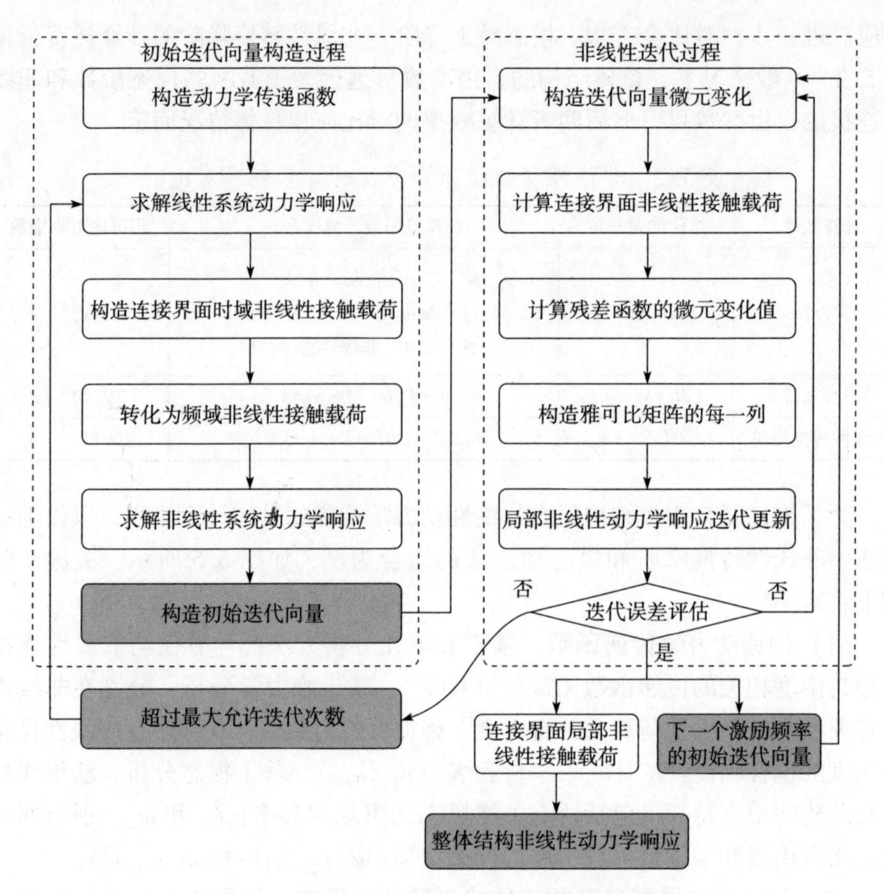

图 5.5　连接结构非线性动力学响应的求解流程

$$\frac{\partial \boldsymbol{R}}{\partial \bar{\boldsymbol{\delta}}}(:,j)=\frac{\boldsymbol{R}[\bar{\boldsymbol{\delta}}(j)+\Delta\bar{\boldsymbol{\delta}}(j)]-\boldsymbol{R}[\bar{\boldsymbol{\delta}}(j)-\Delta\bar{\boldsymbol{\delta}}(j)]}{2\Delta\bar{\boldsymbol{\delta}}(j)} \tag{5.28}$$

（6）重复步骤（5）构造雅可比矩阵的每一列，$j=1,2,\cdots,(2H+1)\cdot n_j$，采用有限差分法计算雅可比矩阵时，微元变化值取作 $\Delta=10^{-6}$。

（7）采用式（5.14）执行牛顿–拉弗森迭代更新连接界面的局部非线性动力学响应，式中松弛因子可自适应地选择。

（8）采用残差函数向量的相对误差构造目标值，判断非线性迭代过程是否收敛。

$$\varepsilon=\frac{\boldsymbol{R}^{\mathrm{T}}\cdot\boldsymbol{R}}{\bar{\boldsymbol{\delta}}_{k+1}^{\mathrm{T}}\cdot\bar{\boldsymbol{\delta}}_{k+1}} \tag{5.29}$$

（9）评估误差目标值，如果 $\varepsilon<10^{-3}$，输出步骤（7）的局部非线性动力学响

应，以及迭代误差、迭代次数等；否则返回步骤（5），循环至 ε 满足收敛条件。

（10）基于路径延拓法，采用步骤（7）的收敛解作为下一个激励频率 $\omega-\Delta\omega$ 或 $\omega+\Delta\omega$ 的初始迭代向量，返回步骤（5）获得其他激励频率的稳态非线性动力学响应。

（11）按照步骤（10）执行非线性迭代，如果超过最大的允许迭代次数且不收敛时，非线性动力学响应将出现跳跃现象。此时需要返回步骤（2），以线性基础结构的解重新构造初始迭代向量，重复剩下的步骤获得当前激励频率的局部非线性动力学响应。

（12）利用收敛的局部非线性动力学响应 $\overline{\boldsymbol{\delta}}$ 构造连接界面的局部非线件接触载荷 $\overline{\boldsymbol{F}}^{\text{non}}$，代入式（4.5）可获得整体结构的稳态非线性动力学响应。

相比于松弛迭代法，伪弧长延拓法构造初始迭代向量、采用有限差分法计算雅可比矩阵、进行迭代收敛判断、计算整体结构非线性动力学响应等步骤均相同。然而，伪弧长延拓法需要采用有限差分法计算残差函数向量切线方向的增加量 $\dfrac{\partial \boldsymbol{R}}{\partial \omega}$，利用迭代向量和激励频率的预估量进行延拓，并且需要采用扩展的迭代向量和残差函数向量对预估结果进行修正，其理论和计算过程相对烦琐，但可以求解强非线性系统的多支非稳态解。

5.4　二维螺栓连接梁结构算例

5.4.1　数值仿真条件设置

利用二维螺栓连接梁结构研究动力学传递函数的构造方法、非线性动力学降阶方法对稳态非线性动力学响应的影响，模型结构如图4.12和图4.13所示。Iwan模型与第5、6号节点的垂向位移和转动角位移相关，非线性连接模型自由度相关的位置转换矩阵为

$$\boldsymbol{L}=\begin{bmatrix} \cdots & 1 & l/2 & -1 & l/2 & \cdots \\ \cdots & \underbrace{0 \quad h/2}_{\text{节点5}} & & \underbrace{0 \quad -h/2}_{\text{节点6}} & & \cdots \end{bmatrix}\begin{matrix} \leftarrow \delta_1\ \text{垂向局部相对位移} \\ \leftarrow \delta_2\ \text{横向局部相对位移} \end{matrix} \tag{5.30}$$

连接梁结构动力学模型和仿真参数的描述可参考4.5.1节，这里不再赘述。由4.5节的仿真结果可知，连接梁结构的非线性动力学响应并没有出现多支稳态解，本节研究非线性动力学降阶方法和传递函数构造方法对稳态非线性动力学响应的影响时，采用松弛迭代法进行计算仿真，激励频率固定取步长为 $\Delta f=0.01\text{Hz}$。

5.4.2 动力学降阶方法的影响

针对基于模态叠加的动力学降阶方法，需要研究截断的模态阶数对螺栓连接梁结构稳态非线性动力学响应的影响，如图 5.6 所示。随着截断模态阶数的增加，非线性频响函数的峰值和曲线形状都有较大的变化，将所有模态参与计算的结果作为模态降阶法的收敛解，并与采用全部自由度计算和非线性转换降阶的结果进行对比，如图 5.7 所示，计算耗费的对比如表 5.3 所示。

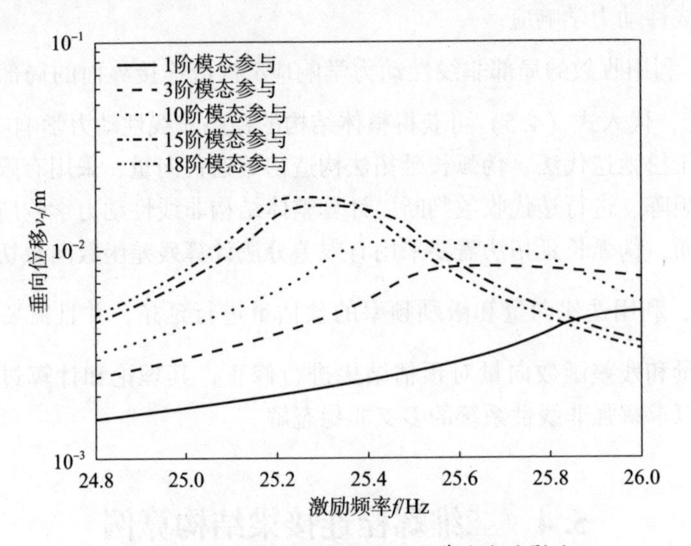

图 5.6 模态阶数对非线性动力学响应的影响

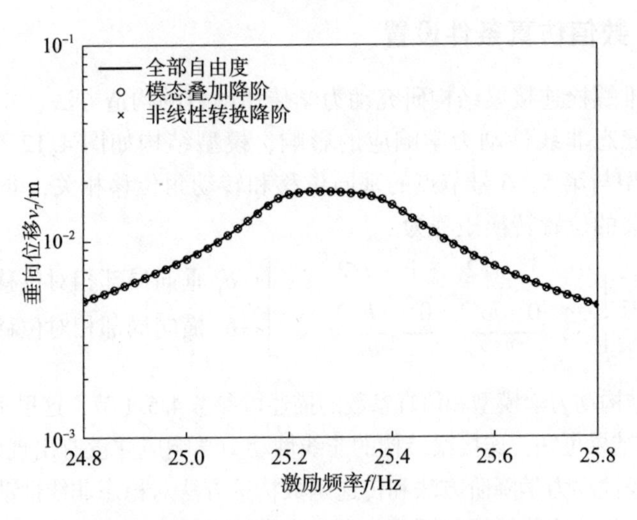

图 5.7 降阶方法对非线性动力学响应的影响

表 5.3　螺栓连接梁结构非线性动力学响应的计算耗费对比

计算效率	全部自由度	模态叠加降价	非线性转换降阶
迭代向量长度	18×21	18 个 1×21	2×21
CPU 计算时间/s	1091	265	22

由图 5.7 可知，基于模态叠加降阶和非线性转换降阶计算的稳态非线性动力学响应与采用全部自由度计算的结果吻合较好。表 5.3 中计算耗费的对比结果表明降阶过程能够显著地提高计算效率。对于基于模态叠加的降阶方法，忽略了各阶模态位移之间的耦合效应，每阶非线性模态位移响应单独计算，在每次迭代过程中需要循环计算 18 次，计算效率提高了约 4 倍。对于局部非线性转换的动力学降阶方法，迭代向量的维数急剧减小，计算效率提高约 50 倍。因此，减小迭代向量的维数能够有效地提高非线性动力学响应求解过程的计算效率。

5.4.3　传递函数构造方式的影响

基于非线性转换的动力学降阶方法，进一步研究动力学传递函数构造方式对螺栓连接梁结构稳态非线性动力学响应的影响，包括采用全方法、模态叠加法和模态加速法构造的三种传递函数，其对比结果如图 5.8 所示。

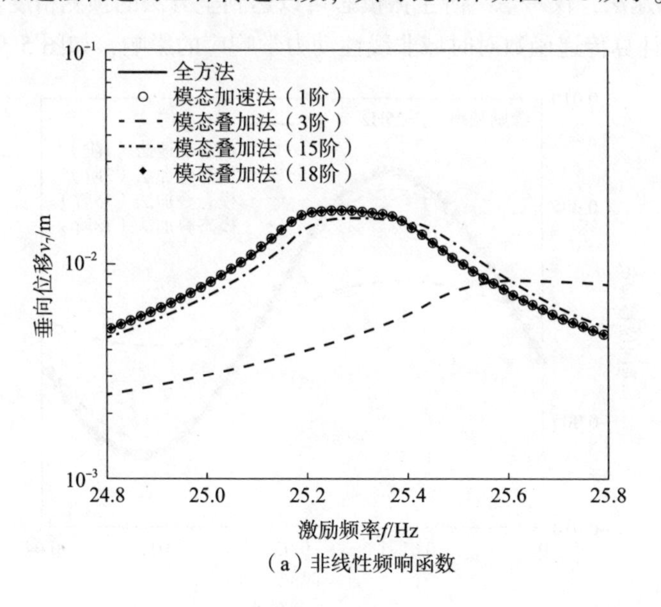

（a）非线性频响函数

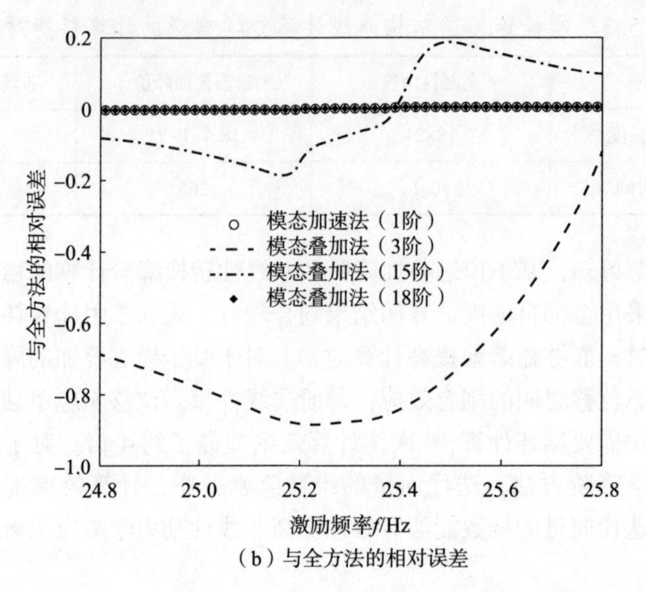

（b）与全方法的相对误差

图 5.8　传递函数构造方式对非线性动力学响应的影响

由图 5.8（a）可知，对于模态叠加法，截断的模态阶数对非线性频响函数的影响较大，尤其是在共振峰附近表现出较大差异，这与图 5.6 的结论一致。随着模态阶数的增加，预测的稳态非线性动力学响应逐渐与全方法相近。对于模态加速法，仅考虑一阶主振模态可以达到全方法的预测精度。取激励频率 f=25Hz 计算传递函数对时域非线性动力学响应的影响，如图 5.9 所示。

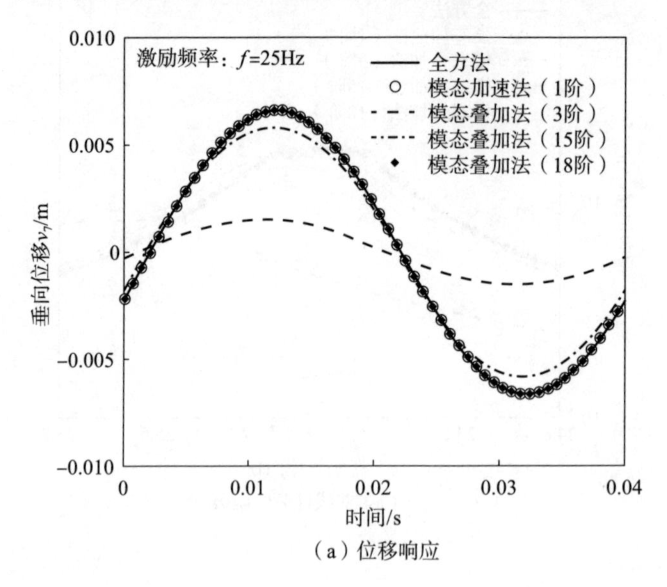

（a）位移响应

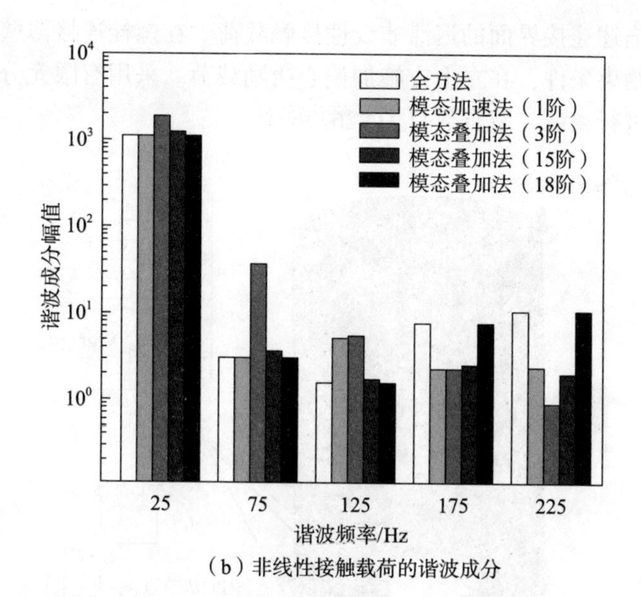

（b）非线性接触载荷的谐波成分

图 5.9　传递函数对时域动力学响应的影响

对于模态叠加法，随着模态阶数的增加，位移响应的预测结果逐渐与全方法相近。由图 5.9（b）可知，连接界面非线性接触载荷第一阶谐波成分的幅值远大于其他阶次，非线性动力学响应的幅值主要由第一阶谐波成分决定。

5.5　多螺栓连接薄壁筒结构的应用

由 4.5 节和 5.4 节二维螺栓连接梁结构的仿真结果可知，采用自适应松弛迭代和路径延拓法能够更加快速地求解稳态非线性动力学响应，也能够更好地控制激励频率的区间分布。并且，基于局部非线性转换的动力学降阶方法能够显著地减小非线性迭代过程的计算耗费，提高计算效率，其关键在于构造有效的动力学传递函数关联外激励载荷和迟滞非线性接触载荷与连接界面的局部非线性动力学响应。因此，快速求解复杂连接结构稳态非线性动力学响应的核心在于构造与非线性连接模型自由度相关的位置转换矩阵 $\boldsymbol{L}$ 和动力学传递函数 $\mathbf{G}\boldsymbol{\omega}$。

5.5.1　数值仿真条件设置

本节利用多螺栓连接薄壁筒结构验证非线性动力学分析方法在复杂连接结构中的应用，如图 5.10 所示。基于整体界面单元（whole joint element）的建模方法，接触界面与非线性连接模型之间采用 MPC 进行耦合，采用 Iwan 模型和并联弹簧描述连接界面的迟滞非线性接触载荷。在螺栓连接薄壁筒结构的底部施加固支约束条件，在左上方施加偏心激励载荷。采用有限元分析方法对线性基础结构进行离散，节点数目为226276个。

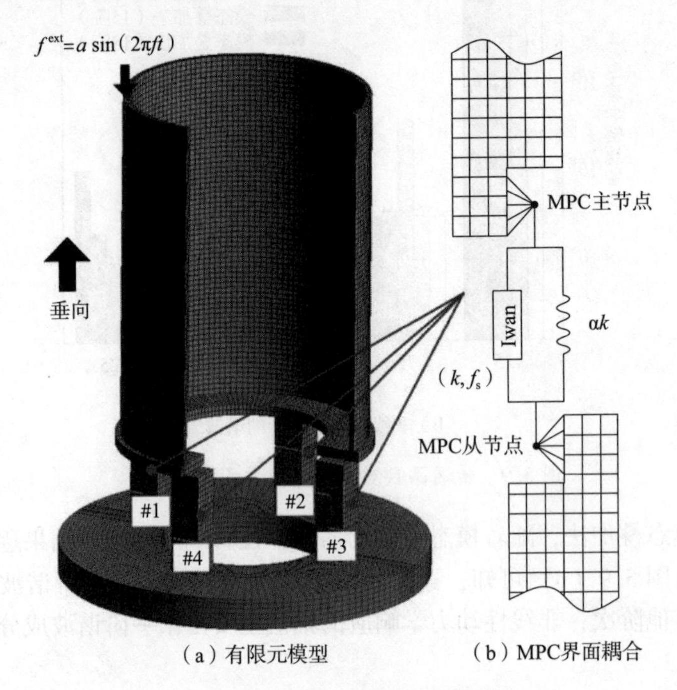

（a）有限元模型　　（b）MPC界面耦合

图5.10　多螺栓连接薄壁筒结构

对应图5.5中第一个计算步骤，复杂连接结构动力学传递函数的构造过程如下：

（1）在商业有限元软件中开展模态分析。提取所有主、从连接节点和外激励载荷节点的模态位移响应，构造特征向量矩阵中指定位置的元素：$\boldsymbol{\varphi}(n_{\mathrm{joi\_1\_}j},m)$，$\boldsymbol{\varphi}(n_{\mathrm{joi\_2\_}j},m)$ 和 $\boldsymbol{\varphi}(n_{\mathrm{ext}},m)$，其中 $j=1,2,3,4$；提取各阶模态频率 ω_m，其中 $m=1,2,3$。线性基础结构的前三阶模态振型结果如图5.11所示。

（2）在商业有限元软件中开展静力学分析，在外激励载荷节点上施加单位力载荷，提取所有主、从连接节点的位移响应，构造柔度矩阵中指定位置的元素：$\boldsymbol{K}^{\mathrm{ext}}$。

（3）在商业有限元软件中开展静力学分析，在主连接节点上施加单位力载荷，提取所有主、从连接节点的位移响应，构造柔度矩阵中指定位置的元素：$\boldsymbol{K}_{\mathrm{A}}^{\mathrm{non},\#1}$。重复此步骤，单独在每个主连接节点上施加单位力载荷，提取所有主、从连接节点的位移响应，构造柔度矩阵中指定位置的元素：$\boldsymbol{K}_{\mathrm{A}}^{\mathrm{non},\#2}$，$\boldsymbol{K}_{\mathrm{A}}^{\mathrm{non},\#3}$ 和 $\boldsymbol{K}_{\mathrm{A}}^{\mathrm{non},\#4}$。

（4）在商业有限元软件中开展静力学分析，再从连接节点上施加单位力载荷，提取所有主、从连接节点的位移响应，构造柔度矩阵中指定位置的元素：$\boldsymbol{K}_{\mathrm{B}}^{\mathrm{non},\#1}$。重复此步骤，单独在每个从连接节点上施加单位力载荷，提取所有主、从连接节点的位移响应，构造柔度矩阵中指定位置的元素：$\boldsymbol{K}_{\mathrm{B}}^{\mathrm{non},\#2}$、$\boldsymbol{K}_{\mathrm{B}}^{\mathrm{non},\#3}$ 和 $\boldsymbol{K}_{\mathrm{B}}^{\mathrm{non},\#4}$。

（5）采用步骤（1）~步骤（4）获得的模态特征矩阵、静力学柔度矩阵构造动力学传递函数。

$$\mathbf{G}\boldsymbol{\omega}^{\mathrm{ext},(h)} = \underbrace{\boldsymbol{K}^{\mathrm{ext}}}_{8\times1} - \sum_{m=1}^{3}\frac{\underbrace{\boldsymbol{\varphi}(n_{\mathrm{joi}},m)}_{8\times1}\cdot\boldsymbol{\varphi}^{\mathrm{T}}(n_{\mathrm{ext}},m)}{\omega_m^2} + \sum_{m=1}^{3}\frac{\underbrace{\boldsymbol{\varphi}(n_{\mathrm{joi}},m)}_{8\times1}\cdot\boldsymbol{\varphi}^{\mathrm{T}}(n_{\mathrm{ext}},m)}{\omega_m^2-(h\omega)^2+2\xi_m\omega_m\cdot h\omega\cdot\mathrm{i}} \tag{5.31}$$

$$\begin{aligned}\mathbf{G}\boldsymbol{\omega}^{\mathrm{non},(h)} = {} & \underbrace{\left[\boldsymbol{K}_{\mathrm{A}}^{\mathrm{non},\#1},\boldsymbol{K}_{\mathrm{A}}^{\mathrm{non},\#2},\boldsymbol{K}_{\mathrm{A}}^{\mathrm{non},\#3},\boldsymbol{K}_{\mathrm{A}}^{\mathrm{non},\#4},\boldsymbol{K}_{\mathrm{B}}^{\mathrm{non},\#1},\boldsymbol{K}_{\mathrm{B}}^{\mathrm{non},\#2},\boldsymbol{K}_{\mathrm{B}}^{\mathrm{non},\#3},\boldsymbol{K}_{\mathrm{B}}^{\mathrm{non},\#4}\right]}_{8\times8} - \\ & \sum_{m=1}^{3}\frac{\underbrace{\boldsymbol{\varphi}(n_{\mathrm{joi}},m)}_{8\times1}\cdot\underbrace{\boldsymbol{\varphi}^{\mathrm{T}}(n_{\mathrm{joi}},m)}_{1\times8}}{\omega_m^2} + \sum_{m=1}^{3}\frac{\underbrace{\boldsymbol{\varphi}(n_{\mathrm{joi}},m)}_{8\times1}\cdot\underbrace{\boldsymbol{\varphi}^{\mathrm{T}}(n_{\mathrm{joi}},m)}_{1\times8}}{\omega_m^2-(h\omega)^2+2\xi_m\omega_m\cdot h\omega\cdot\mathrm{i}}\end{aligned} \tag{5.32}$$

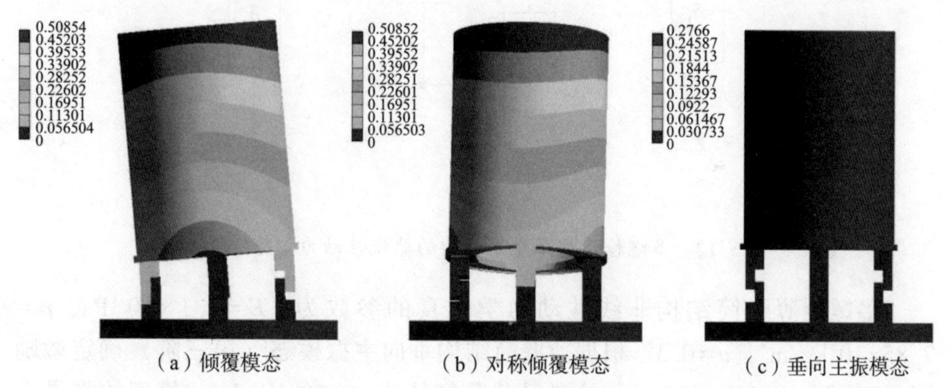

（a）倾覆模态　（b）对称倾覆模态　（c）垂向主振模态

图 5.11　薄壁筒结构前三阶模态

由图 5.10 可知，Iwan 模型与 4 对主、从连接节点之间的局部相对位移相关，非线性连接模型自由度相关的位置转换矩阵为

$$\boldsymbol{L} = \underbrace{\begin{bmatrix} 1 & & & & -1 & & & \\ & 1 & & & & -1 & & \\ & & 1 & & & & -1 & \\ & & & 1 & & & & -1 \end{bmatrix}}_{4\times8}\begin{matrix}\leftarrow\delta_1\\ \leftarrow\delta_2\\ \leftarrow\delta_3\\ \leftarrow\delta_4\end{matrix} \tag{5.33}$$

将式（5.31）~式（5.33）代入式（5.14）可得

$$\bar{\boldsymbol{\delta}}_{k+1}=\bar{\boldsymbol{\delta}}_k-\frac{\bar{\boldsymbol{\delta}}_k-\boldsymbol{L}\cdot\mathbf{G}\boldsymbol{\omega}^{\text{ext}}\cdot\bar{\boldsymbol{F}}^{\text{ext}}-\boldsymbol{L}\cdot\mathbf{G}\boldsymbol{\omega}^{\text{non}}\cdot\boldsymbol{L}^{\text{T}}\cdot\text{diag}(\bar{\boldsymbol{F}}_j^{\text{local}})}{\boldsymbol{I}-\boldsymbol{L}\cdot\mathbf{G}\boldsymbol{\omega}^{\text{non}}\cdot\boldsymbol{L}^{\text{T}}\cdot\text{diag}\left(\dfrac{\partial\bar{\boldsymbol{F}}_j^{\text{local}}}{\partial\bar{\boldsymbol{\delta}}_j}\right)}\tag{5.34}$$

由式（5.34）可知，原多螺栓连接薄壁筒结构降阶为一个四自由度非线性动力学系统，如图5.12所示。

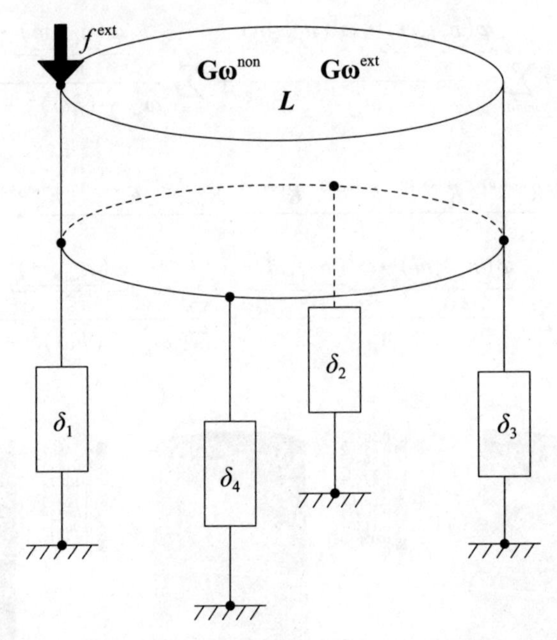

图5.12　多螺栓连接薄壁筒结构的非线性动力学降阶模型

多螺栓薄壁筒结构非线性动力学仿真的参数为：$E=2.1\times10^{11}\text{Pa}$，$\rho=7.85\times10^3\text{kg/m}^3$，$\upsilon=0.3$。根据薄壁筒结构垂向主振模态（第三阶）确定激励频率区间为［50Hz,90Hz］，外激励载荷幅值为 $a=500\text{N}$。Iwan 模型的临界滑移力为$f_s=1600\text{N}$，黏着刚度为$k=2.5\times10^6\text{N/m}$，残余刚度系数为$\alpha=0.2$。取5阶谐波计算薄壁筒结构的稳态非线性动力学响应。

5.5.2　非线性动力学响应结果

基于有限元分析方法计算的动力学传递函数，采用松弛迭代和路径延拓相结合的方法计算非线性频响函数，并与伪弧长延拓法（正向）的结果进行对比，如图5.13所示，激励频率取固定步长 $\Delta f=0.05\text{Hz}$ 的仿真结果也作为对

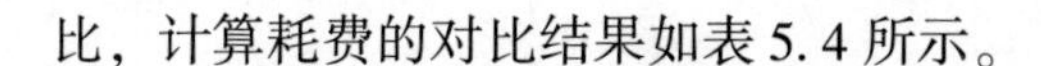
比，计算耗费的对比结果如表 5.4 所示。

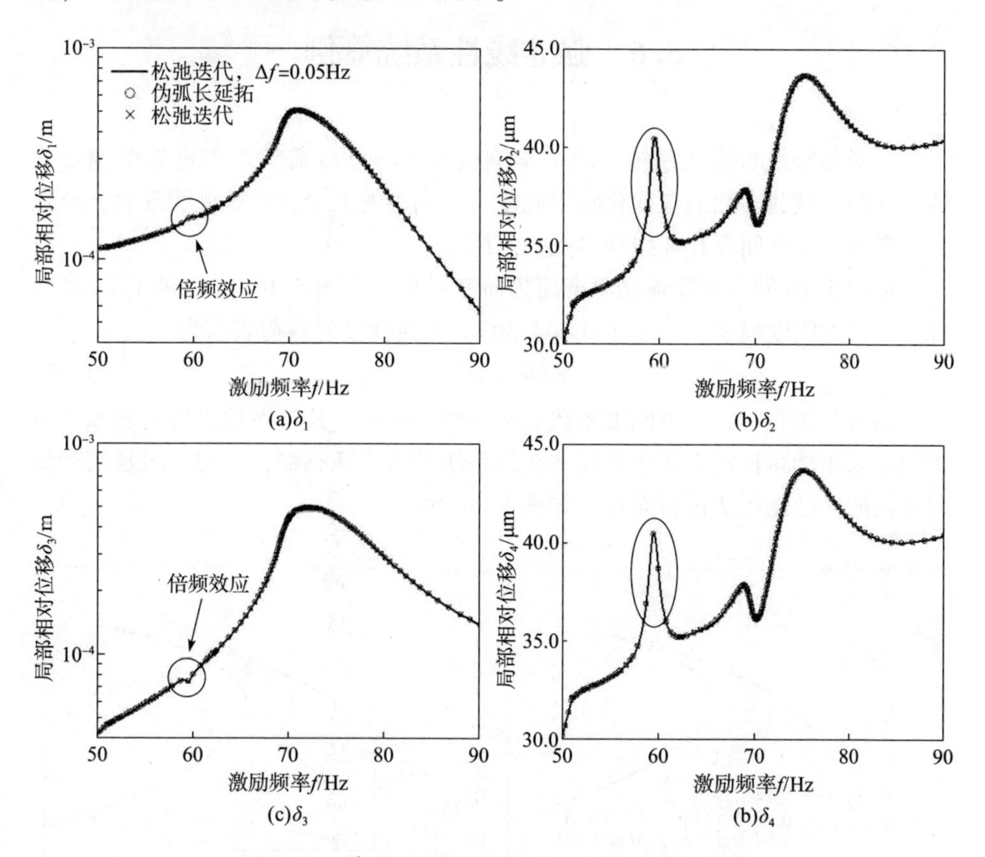

图 5.13　薄壁筒结构非线性频响函数的对比结果

表 5.4　多螺栓连接薄壁筒结构非线性动力学响应的计算耗费对比

频率步长	离散频率点数目/个	CPU 计算时间/s	
		伪弧长延拓法	松弛迭代法
正向自适应频率步长	901	652.31	84.32
固定频率步长（0.05Hz）	801	—	73.71

由图 5.13 可知，采用自适应松弛迭代和路径延拓法计算的非线性频响函数与伪弧长延拓法的结果吻合较好。非线性频响函数体现了高阶谐波成分的影响，在 60Hz 附近出现一个突变。并且，利用 δ_2 和 δ_4 计算的非线性频响函数是一致的，这是由外激励载荷条件、边界约束和非线性连接模型的对称性共同决定的。由表 5.4 可知，相比于伪弧长延拓法，自适应松弛迭代和路径延拓法能够显著提高计算效率，约 8 倍。

5.6 强非线性系统算例

针对某些强非线性系统，动力学响应与外激励载荷参数不再是单调变化的，外激励载荷参数的微变化将引起动力学响应的突变，出现跳跃现象，导致某些激励频率区间存在非线性多支稳态解。

以图 5.10 的多螺栓连接薄壁筒为研究对象，将图 5.10（b）的 Iwan 模型替换为立方刚度模型，相比于式（4.30），非线性接触载荷表示为

$$F(\delta)=k_c \cdot \delta^3 \tag{5.35}$$

动力学仿真时，立方刚度系数 $k_c=5\times10^{10}\mathrm{N/m^3}$，其余参数设置与 5.5.1 节相同。采用伪弧长延拓法求解强非线性系统的多支稳态解，并与正向延拓和负向延拓的松弛迭代法进行对比，如图 5.14 所示。

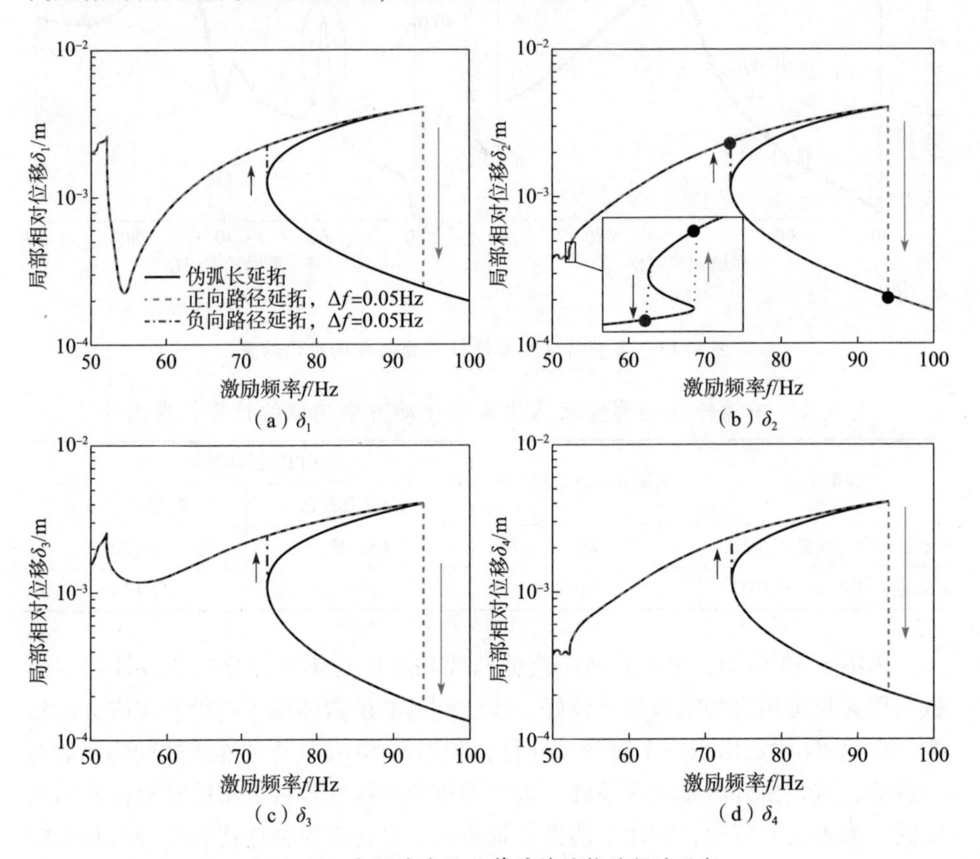

图 5.14 含强非线性的薄壁筒结构的频响函数

由图 5. 14 可知，在 52. 15Hz、52. 30Hz、73Hz 和 94Hz 附近，连接结构的非线性频响函数均出现了跳跃现象，造成正向延拓和负向延拓的路径不一致。对于存在多支稳态解的激励频率区间，相比于伪弧长延拓法，松弛迭代法通过正向和反向延拓能够获得稳态解，但无法计算非稳态解。

采用松弛迭代法进行求解时，在激励频率为 52. 15Hz、52. 30Hz、73Hz 和 94Hz 的 4 个跳跃点，路径延拓法将失效，此时需要重新初始化迭代向量才能获得稳态非线性动力学响应（图 5. 14 中圆点标识），即 5. 3 节的步骤（11）。

5. 7　连接结构非线性动力学分析软件框架

将非线性连接模型和动力学响应求解方法进行封装，依托 Matlab 程序和商业有限元软件，开发了复杂连接结构非线性动力学分析软件，框架如图 5. 15 所示，其中，$\mathbf{G\omega}^{\mathrm{out}}$ 表示其他关注自由度的动力学传递函数（为获得整体结构指定位置的稳态非线性动力学响应），构造方式可参考式（5. 25）和式（5. 26）。软件框架主要包括四个模块：

（1）构造线性基础结构的动力学传递函数。采用商业有限元软件或 Matlab 程序进行有限元离散，计算线性基础结构的动力学传递函数。

（2）构造非线性连接模型的位置转换矩阵。采用 Matlab 程序，建立非线性动力学降阶模型，并与连接界面进行关联，获得位置转换矩阵 $\boldsymbol{L}$ 和非线性接触载荷向量 $\boldsymbol{F}^{\mathrm{non}}$。

（3）求解连接界面局部非线性接触载荷。采用 Matlab 程序，基于局部非线性转换的动力学降阶技术和改进的牛顿-拉弗森迭代法，求解连接界面的局部非线性动力学响应，并构造相应的非线性接触载荷向量。

（4）预测复杂连接结构的稳态非线性动力学响应。将连接界面的局部非线性接触载荷代回原动力学方程，可获得整体结构的稳态非线性动力学响应。基于 Matlab 程序，可获得简单连接结构（自由度数目一般小于 500）的高阶谐波响应；基于商业有限元软件，可获得大规模工程装备结构的非线性动力学响应，但只能考虑一阶谐波成分的贡献①。

① 将迭代收敛的非线性接触载荷向量当作外激励载荷施加到连接界面的接触节点（或 MPC 耦合节点），在商业有限元软件中进行谐波分析（Harmonic 模块）可获得结构的稳态非线性动力学响应。但是，商业软件的谐响应分析模块往往只能计算单个离散频率点的动力学响应，故只能考虑一阶谐波成分的贡献。

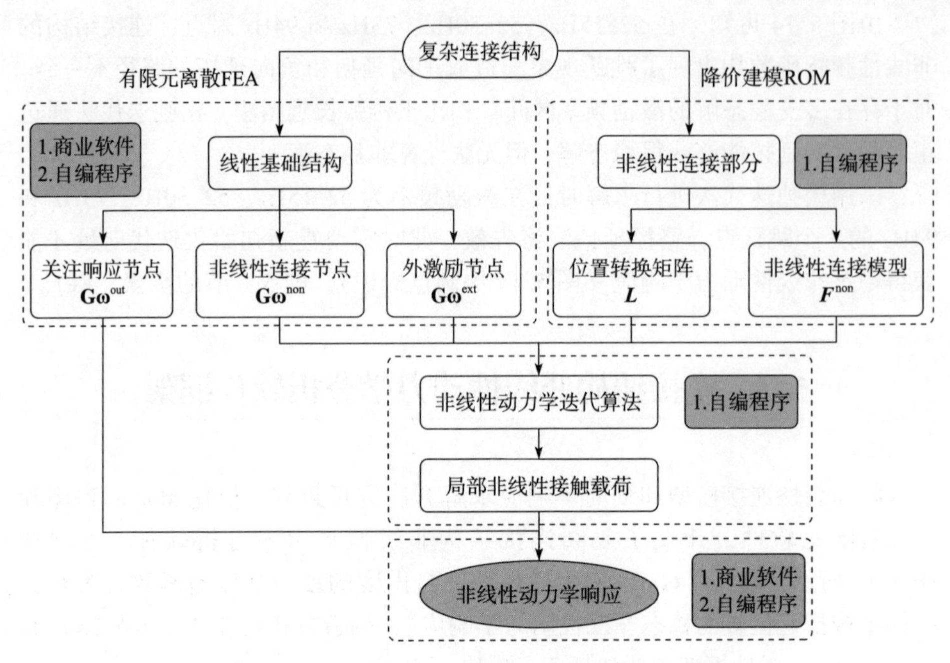

图 5.15 连接结构非线性动力学分析的软件框架

5.8 小结

本章介绍了基于模态叠加法和非线性转换的两种动力学降阶方法，将整体结构的非线性动力学响应转换到维数相对较低的坐标系进行迭代求解，显著降低了非线性动力学方程的维数；分别采用全方法、模态叠加法和模态加速法构造动力学传递函数，关联了连接界面局部非线性动力学响应与外激励载荷和迟滞非线性接触载荷；结合松弛迭代法和伪弧长延拓法，建立了复杂连接结构的高效非线性动力学求解方法；利用二维螺栓连接梁结构和多螺栓连接薄壁筒结构进行了算例演示和验证。研究结果表明：

（1）基于模态叠加和非线性转换的动力学降阶技术能够显著地降低非线性动力学方程的维数，减小非线性迭代过程的计算耗费，提高计算效率。

（2）基于模态叠加的动力学降阶方法将引入模态截断的误差影响，需反复试算才能获得满意的非线性动力学响应。

（3）基于非线性转换的动力学降阶方法的关键在于构造有效的动力学传递函数，利用模态叠加法进行构造时需要考虑多阶才能达到全方法的计算精度，而模态加速法仅需考虑一阶主振模态。

(4) 针对未出现强非线性多支稳态解的情况，松弛迭代法比伪弧长延拓法的计算效率更高，也能更好地控制激励频率的区间分布，验证了第4章的结论。

然而，第4章和第5章介绍的非线性动力学求解方法仅适用于谐波激励下复杂连接结构稳态动力学响应的预测分析。在实际工程中，装备结构的服役载荷往往是随机的，开展随机激励下非线性动力响应的求解方法研究，具有现实的工程应用价值。并且，连接结构的非线性动力学分析需要考虑不确定性的影响，主要集中在非线性连接模型形式和参数的不确定性、外激励载荷的不确定性和实验数据测量的不确定性等。

另外，针对长时振动过程中连接结构预紧性能退化与非线性动力学响应的求解问题，其一，现有的非线性动力学建模方法往往只考虑连接界面特定接触状态下黏滑摩擦接触行为的影响，忽略了界面预紧状态随时间变化的影响。基于精细有限元的分析方法多数采用准静态条件进行加载，忽略了动态效应和界面磨损行为的影响，对局部滑移行为的产生机理和累积效应的认识仍然不清楚；理论研究方面多以现象层面的观测和定性分析为主。其二，现有的非线性动力学分析方法还难以高效地求解复杂连接结构长时振动过程的耦合非线性动力学微分方程，尤其是随机激励工况。

因此，在非线性动力学建模方面，需要深入研究粗糙面摩擦、磨损和滑移等接触行为对连接界面预紧性能退化的影响机制，建立微细观接触特征、损伤机理与宏观动力学特征之间的关联，在非线性连接模型中引入预紧状态的时变效应。在非线性动力学求解方面，往往需要将连接界面的性能退化模型作为基础数据输入，结合多层级的耦合动力学分析方法，才能实现复杂连接结构预紧性能退化和非线性动力学响应的同步预测，为工程装备结构长时服役过程的动力学分析与性能评估提供理论支撑。

第6章 基于灵敏度特征分析的非线性系统辨识方法

由于边界条件、激励载荷和关键部位连接特性等难以被准确描述，数值仿真结果与结构实际动力学响应特性之间往往存在一定偏差。利用实验观测的模态特征（固有频率、模态阻尼、模态振型）、频响函数（实部、虚部）和时程响应等辨识动力学模型的内部关键特征参数、外部激励载荷和约束边界是十分必要的。系统辨识的目标在于尽可能地减小数值仿真模型与真实装备结构动力学响应特性之间的差异，利用迭代算法或智能优化算法获得最优的模型参数和载荷条件等。其中，模型参数的辨识也称为模型修正（model updating），载荷条件的辨识也称为载荷识别或载荷重构（force reconstruction）。

连接结构动力学研究的核心在于建立界面微细观接触机制、粗糙度参数和预紧状态等特征与连接结构动力学响应特性之间的关系。针对图 1.2（a）中的正向预测问题，第 2 章和第 3 章建立了考虑连接界面黏滑摩擦接触行为的非线性动力学降阶模型，为第 4 章和第 5 章非线性动力学求解方法的研究提供了模型输入，实现了复杂连接结构稳态非线性动力学响应的快速预测。然而，针对图 1.2（b）和图 1.2（c）中的反向辨识问题，也可根据观测的动力学响应特性辨识外激励载荷或者非线性连接模型的参数。本章介绍基于灵敏度特征分析的非线性系统辨识（nonlinear system identification）方法。

6.1 基于灵敏度特征分析的系统辨识

系统辨识的本质是通过调整连接结构内部的特征参数和外激励载荷，使仿真的动力学响应与实验结果尽可能一致，系统辨识的目标函数可定义为

$$\min : \boldsymbol{x}(\boldsymbol{\theta}) - \boldsymbol{x}^{\exp} \tag{6.1}$$

式中：$\boldsymbol{\theta}$ 为待辨识的特征参数，表示与连接结构动力学响应相关的特征量，如

外激励载荷幅值、非线性连接模型的参数等；上标 exp 表示观测的实验（experiment）结果。

为获得更佳的辨识效果，可同时利用多种动力学响应进行辨识，如时域和频域的加速度、速度、位移和应变等，需要定义权重系数对各类响应进行区分。结合式（6.1），系统辨识的残差函数可定义为

$$\boldsymbol{R}(\boldsymbol{\theta})=\boldsymbol{w}\cdot\left[\boldsymbol{x}(\boldsymbol{\theta})-\boldsymbol{x}^{\exp}\right] \tag{6.2}$$

式中：$\boldsymbol{w}$ 为权重矩阵，一般为稀疏的对角阵。

针对式（6.2），可通过迭代算法或智能优化算法使残差量最小，获得最优的特征参数。连接结构观测和仿真的动力学响应往往是非线性的，也称为非线性系统辨识。非线性系统辨识的主要环节包括选取特征参数、构造残量或误差量、执行迭代或优化算法，并根据具体问题的复杂程度视情况构建代理模型开展系统辨识方法研究，每个环节都有具体的实现方法与之对应，如图 6.1 所示。

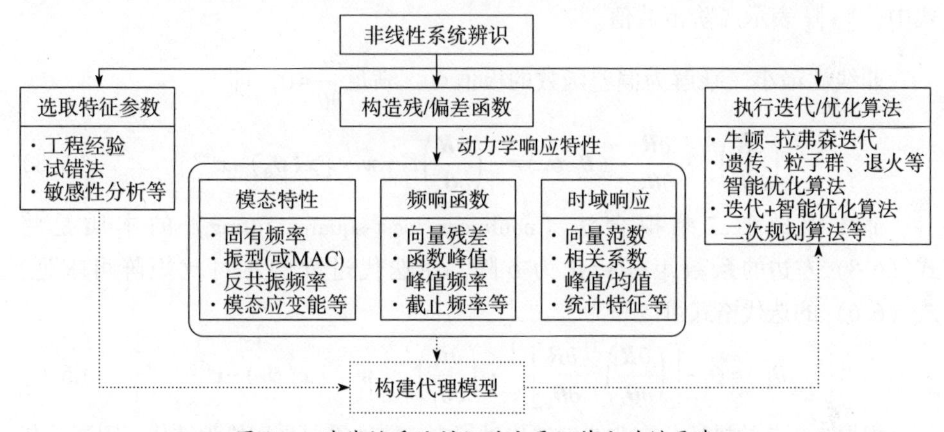

图 6.1 非线性系统辨识的主要环节和关键要素

本章仅针对基于灵敏度特征分析的非线性系统辨识方法进行介绍，对残差函数进行泰勒（Taylor）级数展开，仅考虑一阶，即

$$\boldsymbol{R}(\boldsymbol{\theta})=\boldsymbol{w}\cdot\left[\boldsymbol{x}(\boldsymbol{\theta}_0)-\boldsymbol{x}^{\exp}\right]+\left.\frac{\partial\boldsymbol{R}}{\partial\boldsymbol{\theta}}\right|_{\boldsymbol{\theta}=\boldsymbol{\theta}_0}\cdot(\boldsymbol{\theta}-\boldsymbol{\theta}_0) \tag{6.3}$$

式中：$\dfrac{\partial\boldsymbol{R}}{\partial\boldsymbol{\theta}}$为灵敏度特征矩阵，即

$$\frac{\partial\boldsymbol{R}}{\partial\boldsymbol{\theta}}=\boldsymbol{w}\cdot\frac{\partial\boldsymbol{x}}{\partial\boldsymbol{\theta}} \tag{6.4}$$

灵敏度特征矩阵反映的是每个待辨识特征的微元变化引起不同动力学响应特性的微元变化。对于线性系统的辨识问题，理论求解灵敏度特征矩阵是可行的，但是利用非线性动力学响应构造灵敏度特征矩阵时，难度往往较大，尤其是

含迟滞行为的非光滑系统。因此，采用普适的有限差分法构造灵敏度特征矩阵。

$$\frac{\partial \boldsymbol{R}}{\partial \boldsymbol{\theta}}=\frac{\boldsymbol{w}\cdot \boldsymbol{x}(\boldsymbol{\theta}+\Delta\boldsymbol{\theta})-\boldsymbol{w}\cdot \boldsymbol{x}(\boldsymbol{\theta}-\Delta\boldsymbol{\theta})}{2\cdot \Delta\boldsymbol{\theta}} \tag{6.5}$$

利用牛顿-拉弗森方法对式（6.3）的 $\boldsymbol{\theta}_0$ 进行求解时，迭代格式为

$$\boldsymbol{\theta}_{k+1}=\boldsymbol{\theta}_k-\left(\frac{\partial \boldsymbol{R}}{\partial \boldsymbol{\theta}_k}\right)^{-1}\cdot \boldsymbol{w}\cdot\left[\boldsymbol{x}(\boldsymbol{\theta}_k)-\boldsymbol{x}^{\exp}\right] \tag{6.6}$$

式（6.2）中，观测动力学响应向量 $\boldsymbol{x}^{\exp}$ 的维数不能低于待辨识特征向量 $\boldsymbol{\theta}$ 的维数，否则将出现欠约束问题，使得辨识的结果不唯一。并且，式（6.6）仅适用于两者维数相等的情况，当两者维数不相等时，需要采用非线性最小二乘法进行拟合，定义偏差函数为

$$r(\boldsymbol{\theta})=\left\|\frac{\partial \boldsymbol{R}}{\partial \boldsymbol{\theta}_0}\cdot(\boldsymbol{\theta}-\boldsymbol{\theta}_0)+\boldsymbol{w}\cdot\left[\boldsymbol{x}(\boldsymbol{\theta}_0)-\boldsymbol{x}^{\exp}\right]\right\|_2 \tag{6.7}$$

式中：$\|\cdot\|_2$ 表示二阶范数值。

非线性最小二乘解为偏差函数的极值点，满足$\frac{\partial r}{\partial \theta}=0$，即

$$\left(\frac{\partial \boldsymbol{R}}{\partial \boldsymbol{\theta}_0}\right)^{\mathrm{T}}\cdot\frac{\partial \boldsymbol{R}}{\partial \boldsymbol{\theta}_0}\cdot(\boldsymbol{\theta}-\boldsymbol{\theta}_0)=-\left(\frac{\partial \boldsymbol{R}}{\partial \boldsymbol{\theta}_0}\right)^{\mathrm{T}}\cdot \boldsymbol{w}\cdot\left[\boldsymbol{x}(\boldsymbol{\theta}_0)-\boldsymbol{x}^{\exp}\right] \tag{6.8}$$

非线性最小二乘拟合法（nonlinear least-squares fitting）的本质是将式（6.8）左边的系数矩阵转化为方阵，使迭代过程的雅可比矩阵可求逆，式（6.6）的迭代格式可改写为

$$\boldsymbol{\theta}_{k+1}=\boldsymbol{\theta}_k-\left[\left(\frac{\partial \boldsymbol{R}}{\partial \boldsymbol{\theta}_k}\right)^{\mathrm{T}}\frac{\partial \boldsymbol{R}}{\partial \boldsymbol{\theta}_k}\right]^{-1}\cdot\left(\frac{\partial \boldsymbol{R}}{\partial \boldsymbol{\theta}_k}\right)^{\mathrm{T}}\cdot \boldsymbol{w}\cdot\left[\boldsymbol{x}(\boldsymbol{\theta}_k)-\boldsymbol{x}^{\exp}\right] \tag{6.9}$$

根据4.3节的描述，在非线性迭代过程中，往往需要采用松弛迭代、阻尼迭代和伪弧长延拓等方法提高稳定性。并且，针对全局最优解问题，可采用多目标遗传算法对可能存在最优解的区间进行初筛，进而构造不同的初值进行迭代求解。

6.2 改进的非线性系统辨识

由式（6.6）和式（6.9）可知，系统辨识的原理是利用待辨识特征与目标动力学响应之间的关联关系，反复计算非线性动力学响应构造残差函数式（6.2）和灵敏度特征矩阵式（6.5）进行迭代求解，直到预测的动力学响应与观测值满足一定的容差。但是，对于存在多支稳态解的强非线性系统（图5.14中80~90Hz的频率区间），直接利用牛顿-拉弗森迭代进行非线性系

统辨识有可能无法获得满意的结果。针对这一问题，可借鉴伪弧长延拓法的求解思想，将待辨识特征与目标动力学响应一起视作未知数进行迭代求解，以第 4 章和第 5 章的稳态非线性动力学响应为例，迭代向量可扩展为

$$\boldsymbol{x}^{\mathrm{ext}}=\begin{bmatrix}\bar{\boldsymbol{x}}\\ \boldsymbol{\theta}\end{bmatrix} \tag{6.10}$$

对应的残差函数向量为

$$\boldsymbol{R}^{\mathrm{ext}}=\begin{bmatrix}\bar{\boldsymbol{x}}-\mathbf{G}\boldsymbol{\omega}(\boldsymbol{\theta})\cdot[\bar{\boldsymbol{F}}^{\mathrm{non}}(\boldsymbol{\theta})+\bar{\boldsymbol{F}}^{\mathrm{ext}}(\boldsymbol{\theta})]\\ \left(\dfrac{\partial\bar{\boldsymbol{x}}}{\partial\boldsymbol{\theta}}\right)^{\mathrm{T}}\cdot[\bar{\boldsymbol{x}}(\boldsymbol{\theta})-\bar{\boldsymbol{x}}^{\mathrm{exp}}]\end{bmatrix} \tag{6.11}$$

式（6.11）表示待辨识特征向量 $\boldsymbol{\theta}$ 可能与动力学传递函数 $\mathbf{G}\boldsymbol{\omega}$、非线性连接模型 $\boldsymbol{F}^{\mathrm{non}}$ 和外激励载荷 $\boldsymbol{F}^{\mathrm{ext}}$ 都相关。扩展之后的残差函数向量可以采用松弛迭代法和伪弧长延拓法进行迭代求解。

6.3　非线性连接模型的参数辨识算例

针对利用非线性动力学响应进行模型修正的应用场景，如图 1.2（b）所示。以第 4 章含有 Iwan 模型的二维螺栓连接梁结构为研究对象，进行非线性连接模型的参数辨识。非线性动力学模型的几何结构、仿真参数、激励载荷和边界条件等描述可参考 4.5 节，这里不再赘述。针对连接梁结构的 7 号节点，以整个激励频率区间的非线性频响函数为观测的响应输入，以非线性连接模型的参数为待辨识特征，目标函数定义为

$$\min:\sum_{f}[v_7(\boldsymbol{\theta},f)-v_7^{\mathrm{exp}}(f)] \tag{6.12}$$

各个频率点非线性频响函数值的权重系数相同，即 $\boldsymbol{w}=\boldsymbol{I}$。

仅考虑连接界面的临界滑移力 f_{s} 和残余刚度系数 α 对结构非线性动力学响应的影响，待辨识的特征向量定义为

$$\boldsymbol{\theta}=[f_{\mathrm{s}}\quad \alpha]^{\mathrm{T}} \tag{6.13}$$

采用迭代法辨识非线性连接模型的参数时，收敛误差定义为

$$r(\boldsymbol{\theta})=\|\boldsymbol{v}_7(\boldsymbol{\theta})-\boldsymbol{v}_7^{\mathrm{exp}}\|_2<10^{-3} \tag{6.14}$$

构造多种初始特征向量进行参数辨识，结果如表 6.1 所示，不同辨识特征向量预测的非线性频响函数如图 6.2 所示，迭代收敛的路径如图 6.3 所示。结果表明，采用不同的初始特征向量进行迭代求解都能较好地收敛于预设的非线性连接模型参数。

表 6.1　不同初始特征向量辨识的模型参数

序号	预设特征向量	初始特征向量	收敛特征向量	收敛误差
1	[2500　0.1]	[1200　0.5]	[2499.90　0.1]	0.00091
2		[2500　0.5]	[2500.27　0.1]	0.00095
3		[3600　0.5]	[2500.27　0.1]	0.00096
4		[1200　0.075]	[2500.05　0.1]	0.00081
5		[2500　0.075]	[2500.58　0.1]	0.00077
6		[3600　0.075]	[2500.99　0.1]	0.00090

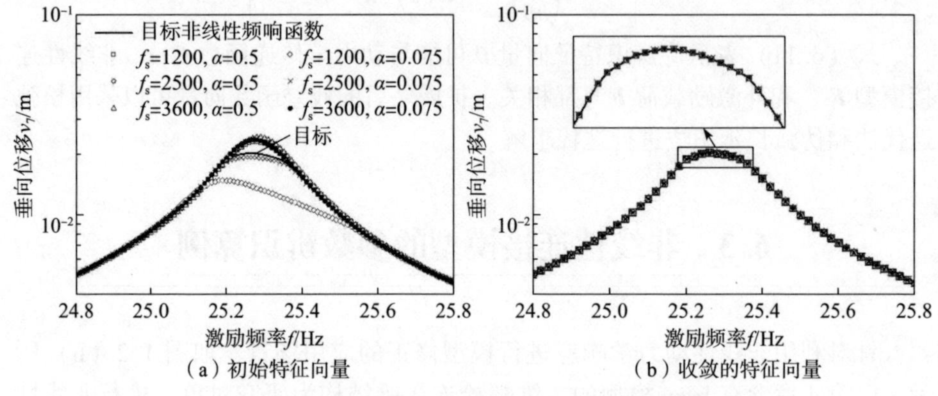

（a）初始特征向量　　（b）收敛的特征向量

图 6.2　不同辨识特征向量预测的非线性频响函数

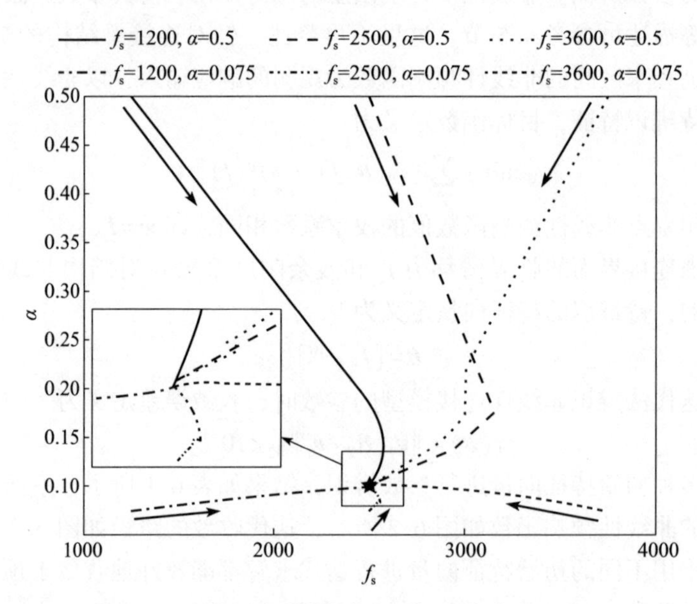

图 6.3　非线性连接模型参数辨识的迭代收敛路径

6.4　外激励载荷的幅值辨识算例

针对正/余弦扫频实验过程中，需要对某些关注的动力学响应进行控制，即利用非线性动力学响应进行载荷辨识的应用场景，如图 1.2（c）所示。以第 5 章含有立方刚度模型的多螺栓连接薄壁筒结构（强非线性系统）为研究对象，进行外激励载荷的幅值辨识，非线性动力学模型的描述可参考 5.5 节和 5.6 节，这里不再赘述。与 6.3 节有所不同，本节采用每个激励频率点的响应幅值作为观测响应输入，每个激励频率点的载荷幅值作为待辨识特征，目标函数定义为

$$\min : \boldsymbol{x}(a,f)-\boldsymbol{x}^{\exp}(f) \tag{6.15}$$

针对第一个非线性连接，将观测的局部相对位移设定为 $\delta_1^{\exp}(f)=2\times10^{-4}\mathrm{m}$，分别采用基于灵敏度特征的直接迭代法（6.1 节）和扩展迭代向量的伪弧长延拓法（6.2 节）进行系统辨识，外激励载荷幅值的对比结果如图 6.4 所示，各非线性连接局部相对位移的对比结果如图 6.5 所示。

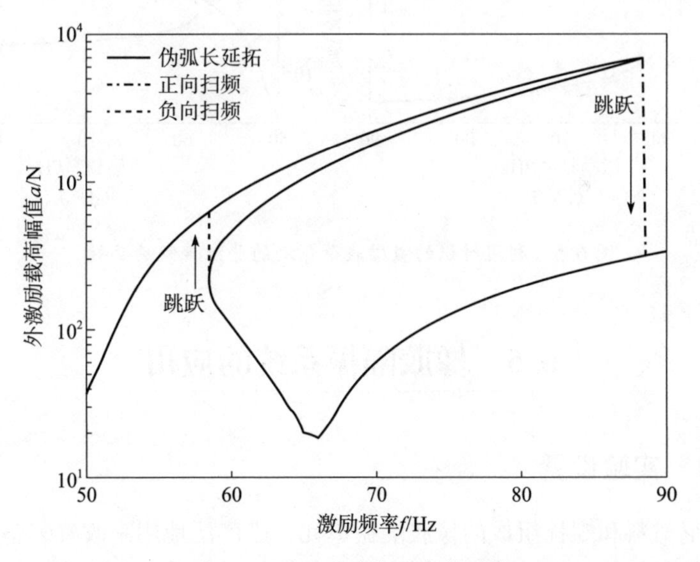

图 6.4　辨识的外激励载荷幅值

由图 6.4 和图 6.5 可知，结合伪弧长延拓法，将外激励载荷幅值与非线性动力学响应一起视作未知数进行迭代求解时，能够对多支解频率区间的非稳态响应和外激励载荷进行有效的辨识，而直接基于灵敏度特征分析的迭代法无法

求解非稳态响应以及对应的外激励载荷。但是，对于单支解的频率区间，两种辨识方法获得的外激励载荷是一致的。

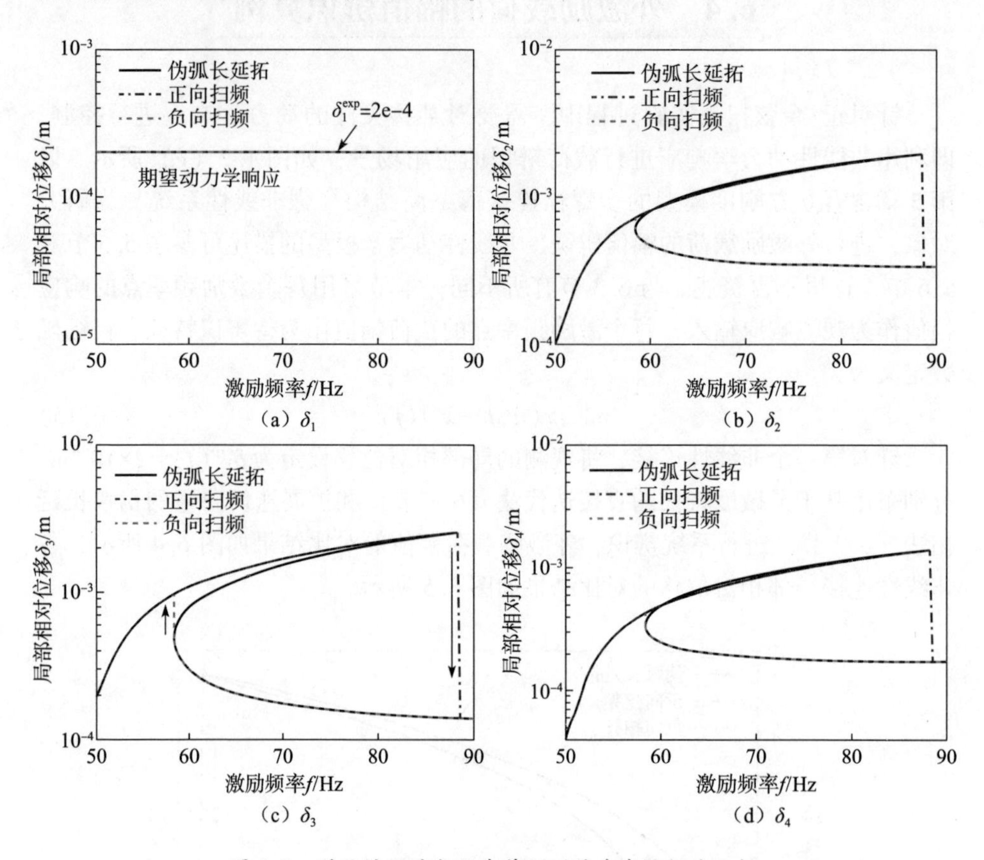

图 6.5 利用辨识的激励载荷预测的非线性频响函数

6.5 橡胶隔振系统的应用

6.5.1 实验设置

由阻尼材料和螺栓组成的橡胶隔振单元，已广泛地用来改善装备中电子学产品、功能部组件的振动响应，提高产品的环境适应性。由于橡胶材料内部的黏弹性以及接触界面的摩擦耗能等，隔振单元的动力学特征具有明显的强阻尼和非线性。为了验证本章的非线性系统辨识方法，采用如图 6.6 所示的隔振系统开展动态特性实验研究，利用动力学传递特性辨识隔振单元的连接特性。其中，隔振单元由高阻尼橡胶、限位套筒、螺栓和垫片组成。

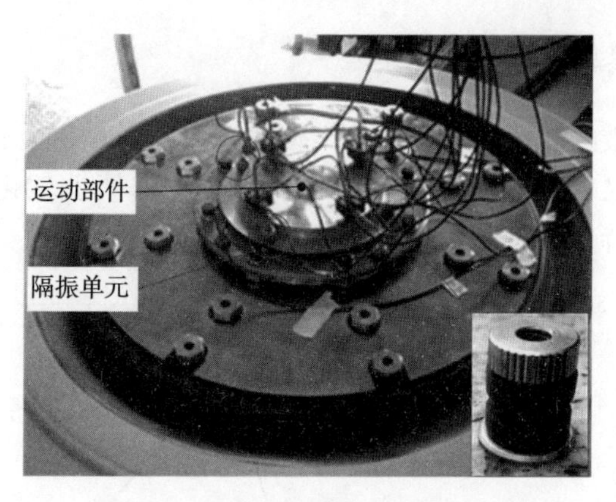

图 6.6　含橡胶隔振单元的实验系统

开展振动实验时，利用振动台施加基础激励的加速度载荷，提取运动部件的加速度响应，获得隔振系统的动力学传递特性，并研究了基础激励振动载荷量级的影响。

6.5.2　非线性动力学建模

采用线性阻尼、弹簧与 Iwan 模型并联的连接单元描述隔振单元的非线性动力学特征，如图 6.7 所示。其中，m 为运动部件的质量，k 和 c 分别表示线性阻尼和弹簧刚度，f_s 和 α 分别为 Iwan 模型的临界滑移力和残余刚度系数，$\ddot{x}_a$ 为运动部件加速度响应，$\ddot{x}_b$ 为基础激励加速度。

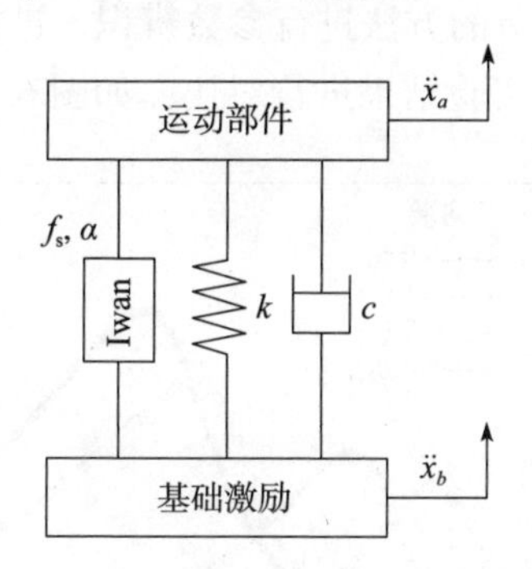

图 6.7　橡胶隔振系统的简化动力学模型

目标函数与式（6.12）相似，定义为

$$\min: \sum_f [\ddot{x}_a(\boldsymbol{\theta},f) - \ddot{x}_a^{\exp}(f)] \tag{6.16}$$

与之对应的待辨识特征向量定义为

$$\boldsymbol{\theta}=[f_s \quad \alpha \quad k \quad c]^{\mathrm{T}} \tag{6.17}$$

6.5.3 结果与讨论

四种加速度激励载荷量级的动力学传递函数如图6.8所示。随着振动载荷量级的增加，名义的共振频率逐渐下降，表现为非线性软化的刚度效应；并且，动力学传递特性的峰值也逐渐下降，表现为幅变的阻尼效应。

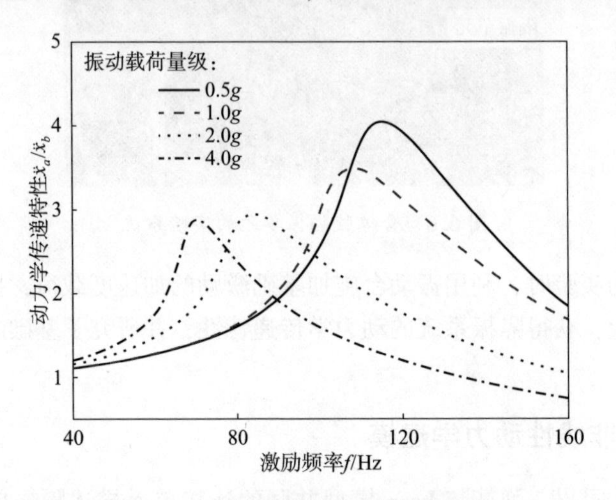

图6.8 隔振系统的动力学传递特性

结合第4章的非线性动力学求解方法，利用实验获得的动力学传递特性辨识非线性连接模型的参数。由于实验观测的频响函数并没有出现强非线性效应的多支稳态解，采用6.3节的方法进行参数辨识。进一步，利用辨识的特征参数进行动力学仿真，并与实验结果进行对比，如图6.9所示。

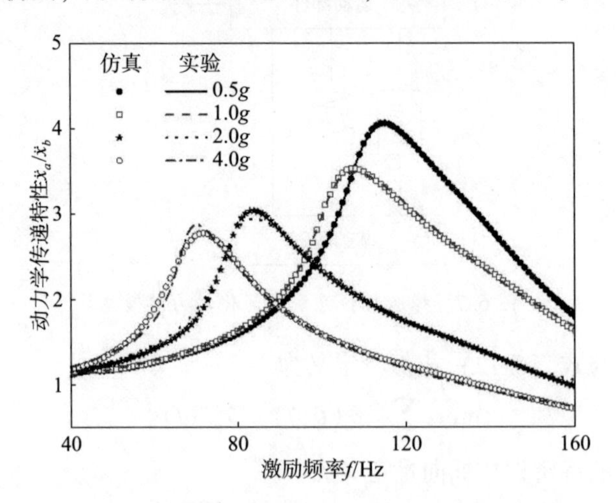

图6.9 隔振系统的动力学传递特性的对比结果

由图 6.9 可知，利用辨识的模型参数预测的非线性频响函数与实验结果吻合较好，验证了本章的非线性系统辨识方法。但是，在共振峰附近存在细微的差异，尤其是高量级的振动工况。

6.6　小结

本章介绍了基于灵敏度特征分析的非线性系统辨识方法。基于观测的非线性动力学响应特性，利用数值仿真与观测值的偏差可辨识非线性连接模型的参数和外激励载荷的幅值等特征；并且，基于伪弧长延拓法的求解思想，将待辨识特征与非线性动力学响应一起视作未知数进行迭代求解，建立了适用于强非线性系统多支解频率区间非稳态响应的系统辨识方法。同时，利用二维螺栓连接梁结构和多螺栓连接薄壁筒结构进行算例演示，并应用于橡胶隔振系统的非线性动力学分析。研究结果表明：

（1）基于灵敏度特征分析的非线性系统辨识方法适用于连接结构的非线性动力学模型修正和外激励载荷识别。

（2）基于辨识的非线性连接模型，预测的非线性频响函数与橡胶隔振系统的实验结果吻合较好，验证了本章的非线性系统辨识方法。

第 7 章

基于连接界面非线性载荷重构的预紧状态辨识方法

在长时振动载荷的作用下，连接界面的预紧状态将逐渐发生改变，对界面的黏滑摩擦接触行为和结构的动力学响应特性有重要的影响。第 6 章介绍了基于灵敏度特征分析的非线性系统辨识方法，可以根据观测的动力学响应特性辨识非线性连接模型的参数和外激励载荷的幅值等特征。非线性系统辨识方法也包括辨识连接界面的非线性接触载荷，即非线性载荷重构，进而识别连接界面的预紧状态。

针对这一类系统辨识问题，主要有时域和频域两类方法，在某种程度上，非线性载荷重构的时域和频域方法是相通的，其核心在于构造观测的动力学响应与连接界面局部非线性接触载荷的传递关系，即输入和输出的关系。但是，动力学传递函数是一个条件数较大的病态矩阵。直接利用观测的动力学响应进行载荷重构的过程不满足 Hadmard 稳定条件，是一个不适定的问题，辨识的结果可能严重偏离真实值。为了消除动力学传递函数的病态奇异性，本章介绍一种连接界面黏滑摩擦接触行为的非线性接触载荷重构方法，并应用于螺栓连接界面的预紧状态辨识。

7.1 非线性动力学子结构建模分析

基于非线性动力学子结构的建模方法，将图 4.1 中的复杂连接结构视作线性子结构和非线性连接两部分，并在非线性连接分割处通过虚拟激励载荷进行关联，如图 7.1 所示。其中，线性子结构主要分为两类，外激励载荷和虚拟激励载荷共同作用的子结构、仅虚拟激励载荷单独作用的子结构，分别对应图 4.1 的线性子结构 1 和子结构 2。

如图 7.1（a）所示，在外激励载荷和虚拟激励载荷的共同作用下，子结构的动力学微分方程可表示为

$$\boldsymbol{M}_{\mathrm{sub}}\ddot{\boldsymbol{x}}_{\mathrm{sub}}+\boldsymbol{C}_{\mathrm{sub}}\dot{\boldsymbol{x}}_{\mathrm{sub}}+\boldsymbol{K}_{\mathrm{sub}}\boldsymbol{x}_{\mathrm{sub}}=\boldsymbol{F}_{\mathrm{sub}}^{\mathrm{ext}}+\boldsymbol{F}^{\mathrm{ext}} \tag{7.1}$$

式中：$\boldsymbol{M}_{\mathrm{sub}}$、$\boldsymbol{C}_{\mathrm{sub}}$、$\boldsymbol{K}_{\mathrm{sub}}$ 分别为线性子结构的质量矩阵、阻尼矩阵、刚度矩阵；$\boldsymbol{x}_{\mathrm{sub}}$、$\dot{\boldsymbol{x}}_{\mathrm{sub}}$、$\ddot{\boldsymbol{x}}_{\mathrm{sub}}$ 分别为子结构的位移、速度、加速度响应向量；$\boldsymbol{F}_{\mathrm{sub}}^{\mathrm{ext}}$ 为子结构的虚拟激励载荷向量；下标 sub 表示子结构（substructure）。

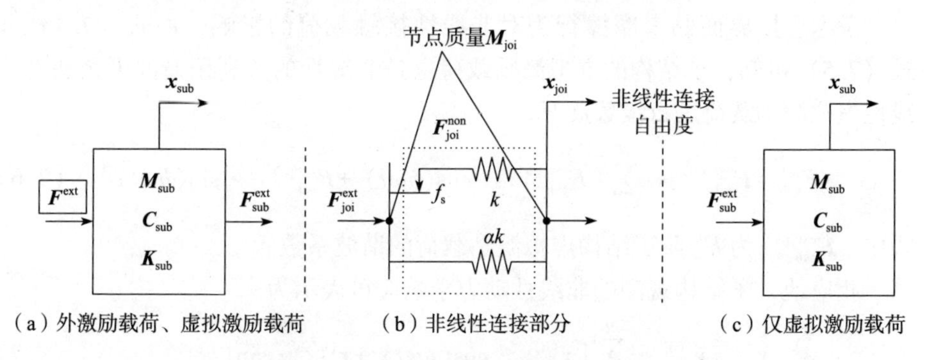

图 7.1 非线性动力学子结构建模方法

如图 7.1（c）所示，仅考虑虚拟激励载荷的作用，另一类子结构的动力学微分方程可表示为

$$\boldsymbol{M}_{\mathrm{sub}}\ddot{\boldsymbol{x}}_{\mathrm{sub}}+\boldsymbol{C}_{\mathrm{sub}}\dot{\boldsymbol{x}}_{\mathrm{sub}}+\boldsymbol{K}_{\mathrm{sub}}\boldsymbol{x}_{\mathrm{sub}}=\boldsymbol{F}_{\mathrm{sub}}^{\mathrm{ext}} \tag{7.2}$$

对比式（7.1）和式（7.2），为了减少结构动力学响应的观测量，简化连接界面非线性接触载荷的重构过程，选取无外激励载荷的子结构进行研究，即式（7.2）和图 7.1（c）。

如图 7.1（b）所示，对应式（4.30），k 为黏着刚度，α 为残余刚度系数，f_s 为临界滑移力，非线性连接部分的动力学微分方程可表示为

$$\boldsymbol{M}_{\mathrm{joi}}\ddot{\boldsymbol{x}}_{\mathrm{joi}}+\boldsymbol{F}_{\mathrm{joi}}^{\mathrm{non}}=\boldsymbol{F}_{\mathrm{joi}}^{\mathrm{ext}} \tag{7.3}$$

式中：$\boldsymbol{M}_{\mathrm{joi}}$ 为连接部分的质量矩阵；$\boldsymbol{F}_{\mathrm{joi}}^{\mathrm{non}}$ 为连接界面的局部非线性接触载荷向量；$\ddot{\boldsymbol{x}}_{\mathrm{joi}}$ 为连接部分的加速度响应向量；$\boldsymbol{F}_{\mathrm{joi}}^{\mathrm{ext}}$ 为连接部分的虚拟激励载荷向量；下标 joi 表示连接结构（joint）。

在非线性连接部分和线性子结构分割处的自由度上，虚拟激励载荷满足：

$$\boldsymbol{F}_{\mathrm{joi}}^{\mathrm{ext}}(n_{\mathrm{joi}})+\boldsymbol{F}_{\mathrm{sub}}^{\mathrm{ext}}(n_{\mathrm{joi}})=\boldsymbol{0} \tag{7.4}$$

式中：n_{joi} 为非线性连接和子结构分割处的自由度序号，仅为第 5 章非线性连接自由度的一部分，需要注意区分。

将式（7.4）代入式（7.3），可得

$$\boldsymbol{F}_{\mathrm{joi}}^{\mathrm{non}}=-\boldsymbol{F}_{\mathrm{sub}}^{\mathrm{ext}}(n_{\mathrm{joi}})-\boldsymbol{M}_{\mathrm{joi}}\ddot{\boldsymbol{x}}_{\mathrm{joi}} \tag{7.5}$$

由式（7.5）可知，连接界面的非线性接触载荷 $\boldsymbol{F}_{\text{joi}}^{\text{non}}$ 与子结构的虚拟激励载荷 $\boldsymbol{F}_{\text{joi}}^{\text{ext}}$ 和连接节点的动力学响应 $\dot{\boldsymbol{x}}_{\text{joi}}$ 相关。

7.2 基于谐波平衡法的非线性载荷重构

考虑连接界面黏滑摩擦行为对非线性接触载荷的影响，由式（7.4）和式（7.5）可知，子结构的虚拟激励载荷也是非线性的。利用谐波平衡法对非线性虚拟激励载荷进行级数展开。

$$\boldsymbol{F}_{\text{sub}}^{\text{ext}}=\overline{\boldsymbol{F}}_{\text{sub}}^{\text{ext},(0)}+\sum_{h=1}^{H}\left[\overline{\boldsymbol{F}}_{\text{sub}}^{\text{ext},(h),\text{c}}\cdot\cos(h\omega t)+\overline{\boldsymbol{F}}_{\text{sub}}^{\text{ext},(h),\text{s}}\cdot\sin(h\omega t)\right]\tag{7.6}$$

式中：$\overline{\boldsymbol{F}}_{\text{sub}}^{\text{ext},(h)}$ 为 h^{th} 阶子结构虚拟激励载荷的谐波系数。

相应地，子结构观测的非线性动力学响应可表示为

$$\boldsymbol{x}_{\text{sub}}=\overline{\boldsymbol{x}}_{\text{sub}}^{(0)}+\sum_{h=1}^{H}\left[\overline{\boldsymbol{x}}_{\text{sub}}^{(h),\text{c}}\cdot\cos(h\omega t)+\overline{\boldsymbol{x}}_{\text{sub}}^{(h),\text{s}}\cdot\sin(h\omega t)\right]\tag{7.7}$$

式中：$\overline{\boldsymbol{x}}_{\text{sub}}^{(h)}$ 为 h^{th} 阶子结构非线性位移响应的谐波系数。

将式（7.6）和式（7.7）代入式（7.2），可得

$$\overline{\boldsymbol{x}}_{\text{sub}}^{(h)}=\mathbf{G}\boldsymbol{\omega}_{\text{sub}}^{(h)}\cdot\overline{\boldsymbol{F}}_{\text{sub}}^{\text{ext},(h)}\tag{7.8}$$

式中：$\mathbf{G}\boldsymbol{\omega}_{\text{sub}}^{(h)}$ 为子结构各阶谐波频率对应的动力学传递函数，即动刚度矩阵第一次求逆。

$$\mathbf{G}\boldsymbol{\omega}_{\text{sub}}^{(h)}=\left[-(h\omega)^2\boldsymbol{M}_{\text{sub}}+(h\omega\cdot\text{i})\boldsymbol{C}_{\text{sub}}+\boldsymbol{K}_{\text{sub}}\right]^{-1}\tag{7.9}$$

为了消除动力学传递函数的病态奇异性，结合第5章局部非线性转换的动力学降阶思想，仅考虑非线性连接分割处自由度与子结构观测点自由度之间的传递关系，式（7.8）改写为

非线性连接自由度

观测点自由度

$$\begin{bmatrix}\vdots\\ \overline{\boldsymbol{x}}_{\text{sub}}^{(h)}(n_{\text{mea}})\\ \vdots\end{bmatrix}=\begin{bmatrix}\ddots & \vdots & \ddots\\ \cdots & \mathbf{G}\boldsymbol{\omega}_{\text{sub}}^{(h)}(n_{\text{mea}},n_{\text{joi}}) & \cdots\\ \ddots & \vdots & \ddots\end{bmatrix}\cdot\begin{bmatrix}\vdots\\ \overline{\boldsymbol{F}}_{\text{sub}}^{\text{ext},(h)}(n_{\text{joi}})\\ \vdots\end{bmatrix}\tag{7.10}$$

式中：n_{mea} 为子结构观测点的自由度序号。

在式（7.10）中，子结构观测点动力学响应的维数不能小于非线性连接分割处的自由度数目，即 $\text{size}(n_{\text{mea}})\geqslant\text{size}(n_{\text{joi}})$，否则将出现欠约束问题。考虑到子结构动力学响应测点的布置情况，一般取作 $\text{size}(n_{\text{mea}})=\text{size}(n_{\text{joi}})$。剔除

式（7.10）右侧虚拟激励载荷中的 0 元素，对动刚度矩阵第二次求逆，方程可表示为

$$\overline{\boldsymbol{F}}_{\text{sub}}^{\text{ext},(h)}(n_{\text{joi}})=[\mathbf{G}\boldsymbol{\omega}_{\text{sub}}^{(h)}(n_{\text{mea}},n_{\text{joi}})]^{-1}\cdot\boldsymbol{x}_{\text{sub}}^{(h)}(n_{\text{mea}}) \tag{7.11}$$

相应地，连接界面黏滑摩擦接触行为引起的局部非线性接触载荷可表示为

$$\boldsymbol{F}_{\text{joi}}^{\text{non}}=\overline{\boldsymbol{F}}_{\text{joi}}^{\text{non},(0)}+\sum_{h=1}^{H}[\overline{\boldsymbol{F}}_{\text{joi}}^{\text{non},(h),\text{c}}\cdot\cos(h\omega t)+\overline{\boldsymbol{F}}_{\text{joi}}^{\text{non},(h),\text{s}}\cdot\sin(h\omega t)] \tag{7.12}$$

式中：$\overline{\boldsymbol{F}}_{\text{joi}}^{\text{non},(h)}$ 为 h^{th} 连接界面非线性接触载荷的谐波系数。

7.3　非线性载荷重构的算法实现

连接界面局部非线性接触载荷重构的计算流程如图 7.2 所示，关键步骤如下：

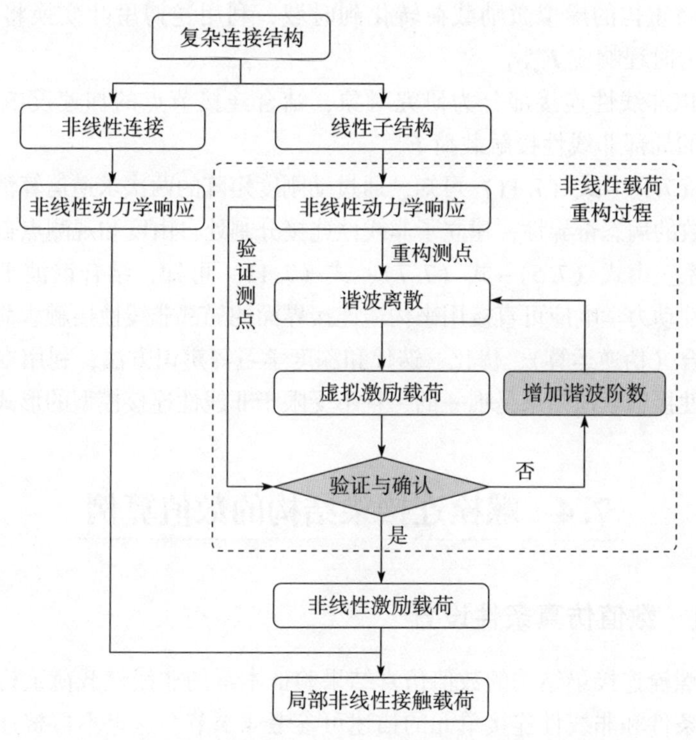

图 7.2　连接界面局部非线性接触载荷重构的计算流程

（1）以线性子结构为研究对象，进行有限元离散分析，获得质量矩阵

$\boldsymbol{M}_{\text{sub}}$、刚度矩阵 $\boldsymbol{C}_{\text{sub}}$、阻尼矩阵 $\boldsymbol{K}_{\text{sub}}$。

(2) 计算各阶谐波频率对应的动力学传递函数，仅考虑非线性连接分割处的自由度和观测点的自由度之间的传递关系，通过两次动刚度矩阵求逆 $[\mathbf{G}\boldsymbol{\omega}^{(h)}(n_{\text{mea}}, n_{\text{joi}})]^{-1}$。

(3) 采用傅里叶变换将观测（重构测点）的非线性动力学响应转化到频域 $\boldsymbol{x}_{\text{sub}}^{(h)}(n_{\text{mea}})$。其中，重构测点应当选择能够体现连接界面非线性接触载荷影响的位置。

(4) 利用步骤（2）的动力学传递函数和步骤（3）的频域响应，计算子结构虚拟激励载荷的各阶谐波成分 $\overline{\boldsymbol{F}}_{\text{sub}}^{\text{ext},(h)}(n_{\text{joi}})$。

(5) 利用重构的虚拟激励载荷计算另一个观测点（验证测点）的动力学响应，并与观测值进行对比。如果计算值和实验值的相对误差小于 10^{-3}，输出重构的虚拟激励载荷；否则，增加谐波阶数，直至满足计算要求为止。其中，验证测点也应当选择能够体现连接界面非线性接触载荷影响的位置。

(6) 将重构的虚拟激励载荷转化到时域，利用逆傅里叶变换将谐波系数向量转化为时程响应 $\boldsymbol{F}_{\text{sub}}^{\text{ext}}$。

(7) 以非线性连接部分为研究对象，结合连接节点的加速度响应，辨识连接界面的局部非线性接触载荷 $\boldsymbol{F}_{\text{joi}}^{\text{non}}$。

由式（7.9）~式（7.11）可知，通过动刚度矩阵的两次求逆运算消除了动力学传递函数的病态奇异性，建立了非线性连接分割处自由度和观测点自由度之间的传递关系。由式（7.5）~式（7.7）、式（7.11）可知，结合谐波平衡法，观测的非线性动力学响应可直接用来构造连接界面的局部非线性接触载荷。相比于非线性拟合（伪逆运算）、优化、迭代和深度学习等辨识方法，利用本章方法重构的非线性接触载荷结果是唯一的，且不受限于非线性连接模型的形式。

7.4 螺栓连接梁结构的数值算例

7.4.1 数值仿真条件设置

采用螺栓连接梁结构的数值仿真结果验证本章的非线性载荷重构方法，动力学仿真条件和非线性连接单元的描述可参考 4.5 节，这里不再赘述。本章的非线性载荷重构方法是基于谐波平衡法建立的，直接利用第 4 章的非线性动力学响应结果进行验证将引入谐波截断的影响，故采用 Newmark 时程积分法获得螺栓连接梁结构的稳态非线性动力学响应进行验证。

采用 Newmark 法将式（4.1）的非线性动力学微分方程转化为非线性代数方程组，建立由 t 时刻到 $t+\Delta t$ 时刻状态向量的递推关系，$t+\Delta t$ 时刻的响应满足：

$$\boldsymbol{M}\cdot\ddot{\boldsymbol{x}}_{t+\Delta t}+\boldsymbol{C}\cdot\dot{\boldsymbol{x}}_{t+\Delta t}+\boldsymbol{K}\cdot\boldsymbol{x}_{t+\Delta t}=\boldsymbol{F}_{t+\Delta t}^{\text{non}}+\boldsymbol{F}_{t+\Delta t}^{\text{ext}} \tag{7.13}$$

Newmark 法假设 $t+\Delta t$ 时刻的速度和位移响应分别为

$$\dot{\boldsymbol{x}}_{t+\Delta t}=\dot{\boldsymbol{x}}_{t}+[(1-\gamma)\ddot{\boldsymbol{x}}_{t}+\gamma\ddot{\boldsymbol{x}}_{t+\Delta t}]\cdot\Delta t\quad(0\leqslant\gamma\leqslant1) \tag{7.14}$$

$$\boldsymbol{x}_{t+\Delta t}=\boldsymbol{x}_{t}+\dot{\boldsymbol{x}}_{t}\cdot\Delta t+\left[\left(\frac{1}{2}-\beta\right)\ddot{\boldsymbol{x}}_{t}+\beta\ddot{\boldsymbol{x}}_{t+\Delta t}\right]\cdot\Delta t^{2}\quad(0\leqslant\beta\leqslant0.5) \tag{7.15}$$

将式（7.14）和（7.15）代入式（7.13），可得

$$\left(\boldsymbol{K}+\frac{1}{\beta\Delta t^{2}}\boldsymbol{M}+\frac{\gamma}{\beta\Delta t}\boldsymbol{C}\right)\cdot\boldsymbol{x}_{t+\Delta t}=(\boldsymbol{F}_{t+\Delta t}^{\text{ext}}+\boldsymbol{F}_{t+\Delta t}^{\text{non}})+\boldsymbol{M}\cdot\left[\frac{1}{\beta\Delta t^{2}}\boldsymbol{x}_{t}+\frac{1}{\beta\Delta t}\dot{\boldsymbol{x}}_{t}+\left(\frac{1}{2\beta}-1\right)\ddot{\boldsymbol{x}}_{t}\right]+$$
$$\boldsymbol{C}\cdot\left[\frac{\gamma}{\beta\Delta t}\boldsymbol{x}_{t}+\left(\frac{\gamma}{\beta}-1\right)\dot{\boldsymbol{x}}_{t}+\left(\frac{\gamma}{2\beta}-1\right)\ddot{\boldsymbol{x}}_{t}\right] \tag{7.16}$$

因此，利用 Newmark 法计算连接结构时域非线性动力学响应的主要步骤如下：

（1）形成线性基础结构的刚度矩阵 $\boldsymbol{M}$、质量矩阵 $\boldsymbol{C}$、阻尼矩阵 $\boldsymbol{K}$。

（2）选取初始状态的动力学响应向量 $\boldsymbol{x}_0$、$\dot{\boldsymbol{x}}_0$ 和 $\ddot{\boldsymbol{x}}_0$。

（3）设定时间步长 Δt 以及仿真参数 β 和 γ，并计算以下积分参数：

$$\alpha_0=\frac{1}{\beta\Delta t^{2}},\quad\alpha_1=\frac{\gamma}{\beta\Delta t},\quad\alpha_2=\frac{1}{\beta\Delta t},\quad\alpha_3=\frac{1}{2\beta}-1,\quad\alpha_4=\frac{\gamma}{\beta}-1$$
$$\alpha_5=\Delta t\left(\frac{\gamma}{2\beta}-1\right),\quad\alpha_6=\Delta t(1-\gamma),\quad\alpha_7=\gamma\Delta t \tag{7.17}$$

（4）计算等效刚度矩阵 $\widetilde{\boldsymbol{K}}$。

$$\widetilde{\boldsymbol{K}}=\boldsymbol{K}+\alpha_0\boldsymbol{M}+\alpha_1\boldsymbol{C} \tag{7.18}$$

（5）计算 $t+\Delta t$ 时刻的等效激励载荷 $\widetilde{\boldsymbol{F}}$。

$$\widetilde{\boldsymbol{F}}_{t+\Delta t}=(F_{t+\Delta t}^{\text{ext}}+\boldsymbol{F}_{t+\Delta t}^{\text{non}})+\boldsymbol{M}\cdot(\alpha_0\boldsymbol{x}_t+\alpha_2\dot{\boldsymbol{x}}_t+\alpha_3\ddot{\boldsymbol{x}}_t)+\boldsymbol{C}\cdot(\alpha_1\boldsymbol{x}_t+\alpha_4\dot{\boldsymbol{x}}_t+\alpha_5\ddot{\boldsymbol{x}}_t) \tag{7.19}$$

（6）计算 $t+\Delta t$ 时刻的位移响应。

$$\widetilde{\boldsymbol{K}}\cdot\boldsymbol{x}_{t+\Delta t}=\widetilde{\boldsymbol{F}}_{t+\Delta t} \tag{7.20}$$

（7）计算 $t+\Delta t$ 时刻的加速度和速度响应。

$$\ddot{\boldsymbol{x}}_{t+\Delta t}=\alpha_0(\boldsymbol{x}_{t+\Delta t}-\boldsymbol{x}_t)-\alpha_2\dot{\boldsymbol{x}}_t-\alpha_3\ddot{\boldsymbol{x}}_t \tag{7.21}$$

$$\dot{\boldsymbol{x}}_{t+\Delta t}=\dot{\boldsymbol{x}}_t+\alpha_6\ddot{\boldsymbol{x}}_t+\alpha_7\ddot{\boldsymbol{x}}_{t+\Delta t} \tag{7.22}$$

式（7.20）中，$t+\Delta t$ 时刻结构的位移响应与连接界面的非线性接触载荷是耦合的，采用牛顿–拉弗森迭代方法对每个子步的非线性动力学响应进行求

解，残差函数向量定义为

$$\boldsymbol{R}=\widetilde{\boldsymbol{K}}\cdot\boldsymbol{x}_{t+\Delta t}-\boldsymbol{F}_{t+\Delta t}^{\text{non}}-\boldsymbol{F}_{t+\Delta t}^{\text{ext}}-[\boldsymbol{M}\cdot(\alpha_0\boldsymbol{x}_t+\alpha_2\dot{\boldsymbol{x}}_t+\alpha_3\ddot{\boldsymbol{x}}_t)+\boldsymbol{C}\cdot(\alpha_1\boldsymbol{x}_t+\alpha_4\dot{\boldsymbol{x}}_t+\alpha_5\ddot{\boldsymbol{x}}_t)] \tag{7.23}$$

非线性动力学响应的迭代式为

$$\boldsymbol{x}_{t+\Delta t}^{k+1}=\boldsymbol{x}_{t+\Delta t}^{k}-\left(\widetilde{\boldsymbol{K}}+\frac{\partial\boldsymbol{F}_{t+\Delta t}^{\text{non}}}{\partial\boldsymbol{x}_{t+\Delta t}^{k}}\right)^{-1}\cdot\boldsymbol{R}(\boldsymbol{x}_{t+\Delta t}^{k}) \tag{7.24}$$

结合第5章的非线性动力学降阶方法，仅对连接界面的局部非线性动力学响应进行迭代求解，利用位置转换矩阵 $\boldsymbol{L}$ 将式（7.20）改写为

$$\boldsymbol{\delta}_{t+\Delta t}=\boldsymbol{L}\cdot\widetilde{\boldsymbol{K}}^{-1}\cdot\{\boldsymbol{F}_{t+\Delta t}^{\text{non}}+\boldsymbol{F}_{t+\Delta t}^{\text{ext}}+[\boldsymbol{M}\cdot(\alpha_0\boldsymbol{x}_t+\alpha_2\dot{\boldsymbol{x}}_t+\alpha_3\ddot{\boldsymbol{x}}_t)+\boldsymbol{C}\cdot(\alpha_1\boldsymbol{x}_t+\alpha_4\dot{\boldsymbol{x}}_t+\alpha_5\ddot{\boldsymbol{x}}_t)]\} \tag{7.25}$$

对应的残差函数向量定义为

$$\begin{aligned}\boldsymbol{R}'=\boldsymbol{\delta}_{t+\Delta t}-\boldsymbol{L}\cdot\widetilde{\boldsymbol{K}}^{-1}\cdot\{&\boldsymbol{L}^{\text{T}}\cdot\text{diag}(\boldsymbol{F}_j^{\text{local}})+\boldsymbol{F}_{t+\Delta t}^{\text{ext}}+\\&[\boldsymbol{M}\cdot(\alpha_0\boldsymbol{x}_t+\alpha_2\dot{\boldsymbol{x}}_t+\alpha_3\ddot{\boldsymbol{x}}_t)+\boldsymbol{C}\cdot(\alpha_1\boldsymbol{x}_t+\alpha_4\dot{\boldsymbol{x}}_t+\alpha_5\ddot{\boldsymbol{x}}_t)]\}\end{aligned} \tag{7.26}$$

基于松弛迭代法，连接界面局部非线性动力学响应的迭代式定义为

$$\boldsymbol{\delta}_{t+\Delta t}^{k+1}=\boldsymbol{\delta}_{t+\Delta t}^{k}-\lambda\cdot\left[\boldsymbol{I}+\boldsymbol{L}\cdot\widetilde{\boldsymbol{K}}^{-1}\cdot\boldsymbol{L}^{\text{T}}\cdot\text{diag}\left(\frac{\partial\boldsymbol{F}_j^{\text{local}}}{\partial\boldsymbol{\delta}_j}\right)\right]^{-1}\cdot\boldsymbol{R}'(\boldsymbol{\delta}_{t+\Delta t}^{k}) \tag{7.27}$$

利用式（7.27）的收敛解构造连接界面的局部非线性接触载荷，代入式（7.20）可获得整体结构的瞬时非线性动力学响应。

7.4.2 非线性载荷重构过程

如图7.3所示，在非线性载荷重构过程中，将螺栓连接梁结构的5~8号欧拉梁单元作为线性子结构，非线性连接分割处为第6号节点，对应的剪切载荷 Q 和弯矩载荷 M 视作子结构的虚拟激励载荷。利用第7号节点（重构测点）的垂向位移 v 和转动角位移 θ 构造第6号节点的虚拟激励载荷，并预测第10号节点（验证测点）的非线性动力学响应。观测动力学响应的维数和非线性连接处的自由度数目是匹配的，满足 $\text{size}(n_{\text{mea}})=\text{size}(n_{\text{joi}})=2$。重构连接界面的非线性接触载荷时，取10阶（图4.7）谐波成分进行近似，辨识过程为

$$\begin{array}{ccccc}\underbrace{v_7\quad\theta_7}_{\boldsymbol{x}_{\text{sub}}(n_{\text{mea}})} & \Rightarrow & \underbrace{Q_6\quad M_6}_{\boldsymbol{F}_{\text{sub}}^{\text{ext}}(n_{\text{joi}})} & \Rightarrow & \underbrace{v_{10}\quad\theta_{10}}_{\text{验证}}\\ & & \Downarrow & & \\ & & \underbrace{F_1\quad F_2}_{\boldsymbol{F}_{\text{joi}}^{\text{non}}} & & \end{array} \tag{7.28}$$

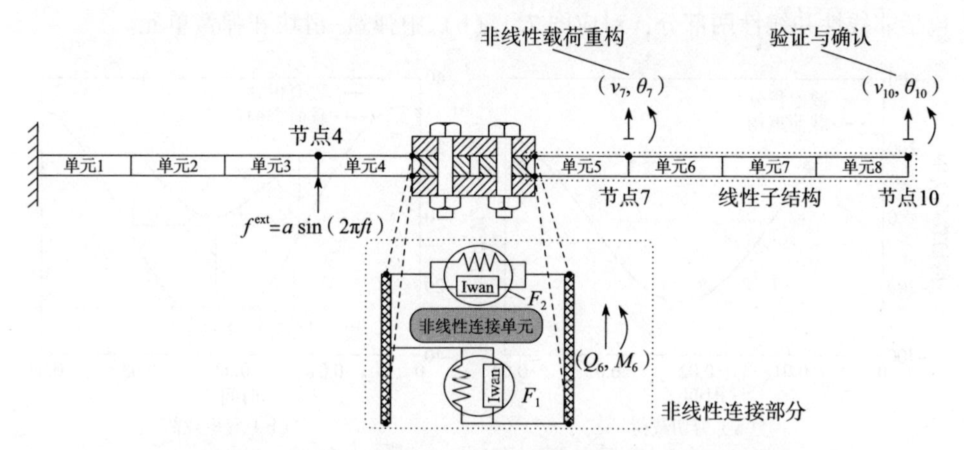

图 7.3　螺栓连接梁结构的非线性连接部分和线性子结构

以非线性连接部分为研究对象，局部非线性接触载荷向量可表示为

$$
\boldsymbol{F}_{\text{joi}}^{\text{non}}=\begin{bmatrix} F_1 \\ (lF_1+hF_2)/2 \\ -F_1 \\ (lF_1-hF_2)/2 \end{bmatrix}\begin{matrix} \to\text{节点 5 剪切载荷} \\ \to\text{节点 5 弯矩载荷} \\ \to\text{节点 6 剪切载荷} \\ \to\text{节点 6 弯矩载荷} \end{matrix} \tag{7.29}
$$

非线性连接部分的位移响应向量和质量矩阵分别为

$$
\boldsymbol{x}_{\text{joi}}=[v_5 \quad \theta_5 \quad v_6 \quad \theta_6]^{\text{T}} \tag{7.30}
$$

$$
\boldsymbol{M}_{\text{joi}}=\frac{\rho Al}{420}\cdot\begin{bmatrix} 156 & 22l & 54 & -13l \\ 22l & 4l^2 & 13l & -3l^2 \\ 54 & 13l & 156 & -22l \\ -13l & -3l^2 & -22l & 4l^2 \end{bmatrix} \tag{7.31}
$$

7.4.3　重构的结果验证

根据图 4.14 的非线性频响函数，为了体现连接界面宏观滑移和微观黏着行为的影响，激励频率取作 f=25.3Hz，外激励载荷幅值取作 a=10N。将重构的第 6 号节点的虚拟激励载荷和第 10 号节点的动力学响应与数值仿真结果进行对比，如图 7.4 和图 7.5 所示。

由图 7.4 可知，重构的第 6 号节点的虚拟激励载荷与数值仿真结果吻合较好。由图 7.5 可知，重构的第 10 号节点的动力学响应也与数值仿真结果吻合较好。进而，结合非线性连接部分的加速度响应$\ddot{\boldsymbol{x}}_{\text{joi}}$，采用式（7.5）辨识连接界面的局部非线性接触载荷，对比结果如图 7.6 所示。其中，非线性接触载荷包括非线性和线性两部分，对应图 7.1（b）中弹簧-滑块和弹簧单元。

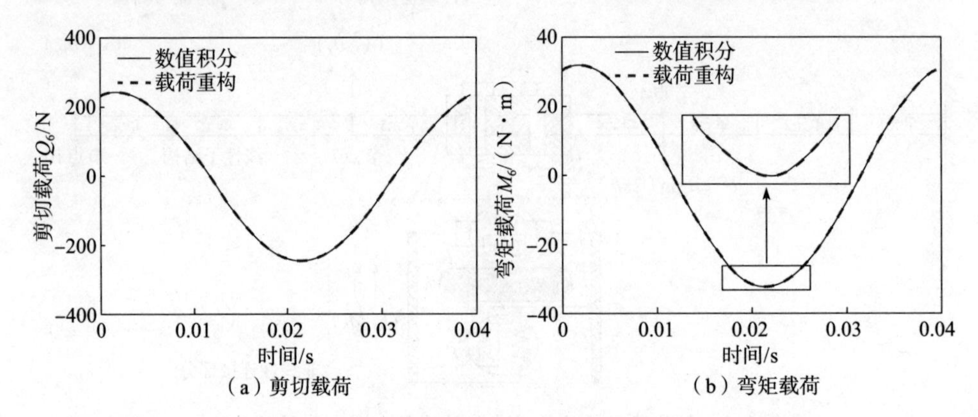

（a）剪切载荷　　（b）弯矩载荷

图 7.4　第 6 号节点虚拟激励载荷的对比结果

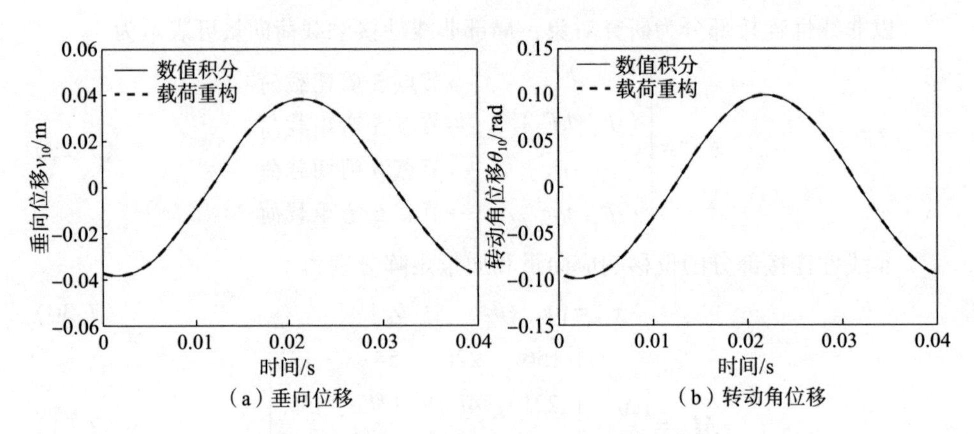

（a）垂向位移　　（b）转动角位移

图 7.5　第 10 号节点动力学响应的对比结果

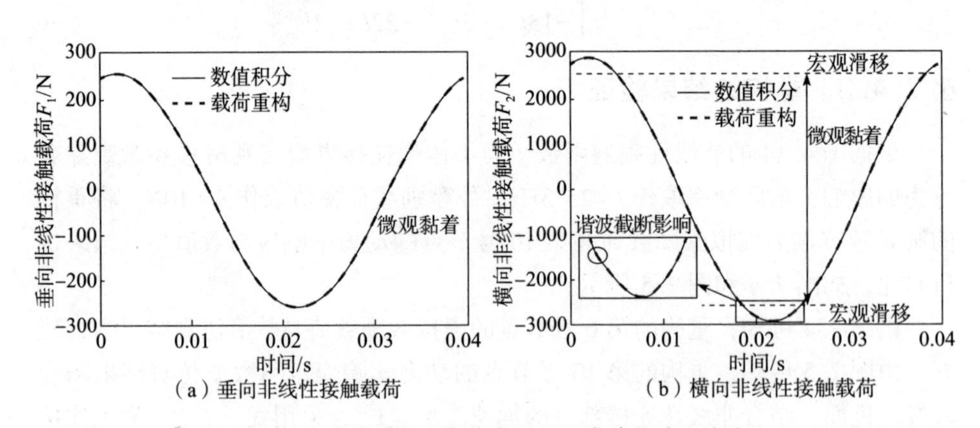

（a）垂向非线性接触载荷　　（b）横向非线性接触载荷

图 7.6　连接界面局部非线性接触载荷的对比结果

由图 7.6 可知，重构的非线性接触载荷能够较好地区分微观黏着和宏观滑移行为的影响。重构的垂向非线性接触载荷与数值仿真结果吻合较好，横向却表现出略微的差异，尤其是在黏着-滑移过渡阶段。这是采用截断的谐波成分逼近非光滑的迟滞非线性接触载荷（图 7.1（b）中弹簧-滑块单元的贡献）造成的，尤其是宏观滑移行为的非线性接触载荷，如图 7.7 所示。

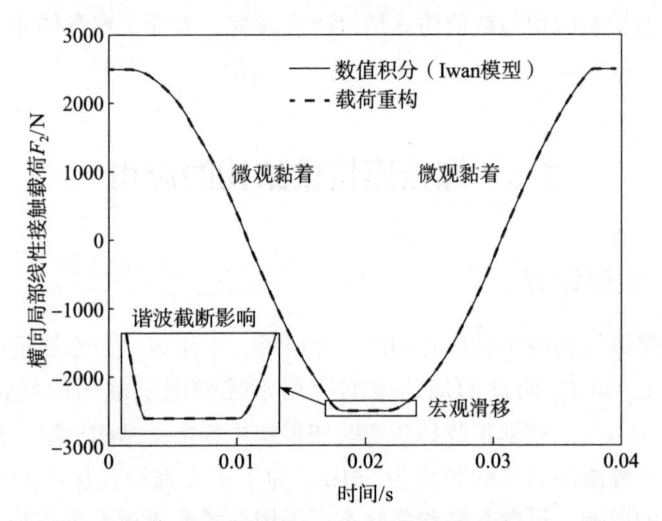

图 7.7　连接界面黏滑摩擦行为引起的横向非线性接触载荷

图 7.4～图 7.6 仅给出了单个激励频率点非线性动力学响应的重构效果，采用非线性频响函数对载荷重构方法进行验证，如图 7.8 所示，并考虑了外激励载荷幅值的影响。

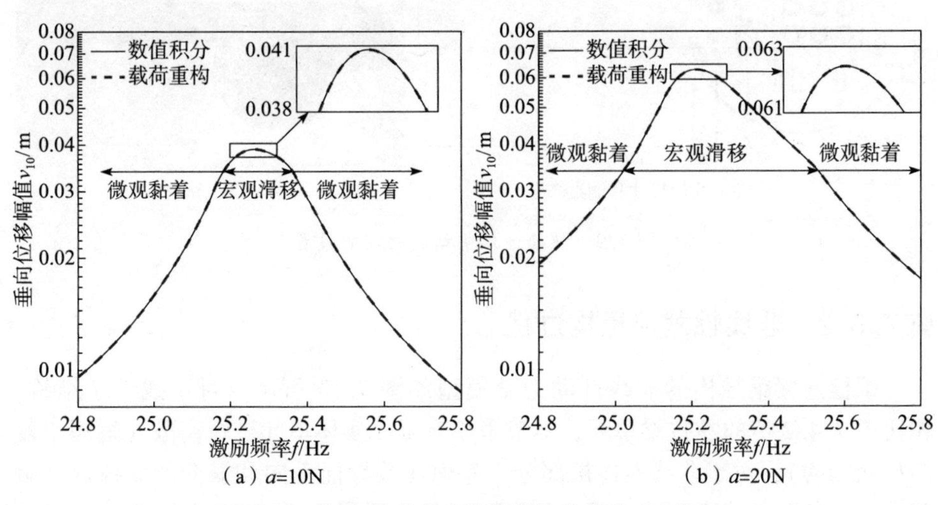

图 7.8　第 10 号节点非线性频响函数的对比结果

由图7.8可知，利用重构的虚拟激励载荷预测的非线性频响函数与数值仿真结果吻合较好。随着外激励载荷幅值的增加，非线性频响函数的形状也有所变化。外激励载荷幅值提高一倍之后，微观黏着阶段的响应幅值同比增加一倍，但是宏观滑移阶段仅增加了0.5倍，体现了较大的阻尼效应。

螺栓连接梁的对比结果表明：利用非线性载荷重构法辨识的虚拟激励载荷和非线性动力学响应均与数值仿真结果吻合较好，验证了本章的非线性载荷重构方法。

7.5 螺栓连接梁结构的应用

7.5.1 实验设置

螺栓连接梁结构的实验设置如图7.9所示，采用振动台施加垂向基础激励载荷。测量 C_1 和 C_2 两点的加速度响应用来控制激励载荷的幅值，设定为 $1g(g=9.801\text{m/s}^2)$。根据正弦扫频实验获得螺栓连接梁结构的第一阶弯曲模态频率，确定了外激励载荷的频率为56Hz。为了研究螺栓连接界面预紧状态对动力学响应的影响，设置六种预紧状态，采用拧紧力矩扳手进行控制，$T=12,10,8,6,4,2\text{N}\cdot\text{m}$，两处螺栓连接的预紧载荷相同。$S_1 \sim S_5$ 为加速度响应测点。

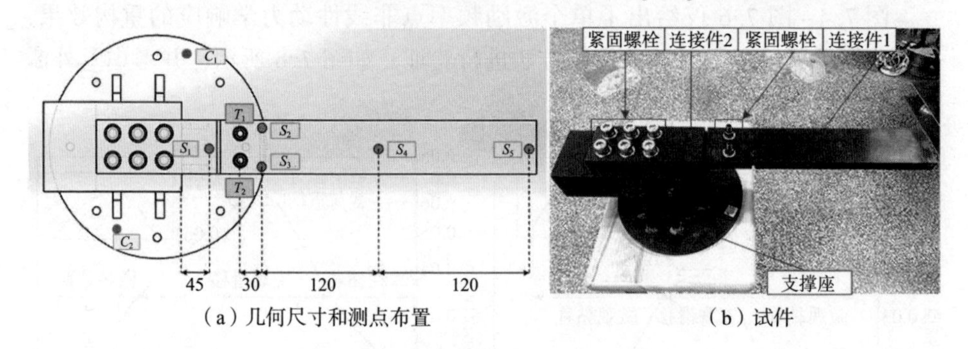

（a）几何尺寸和测点布置　（b）试件

图7.9　螺栓连接梁结构的实验设置

7.5.2 非线性载荷重构过程

螺栓连接梁结构的非线性动力学模型如图7.10所示。对于线性子结构，相比于7.4.2节的欧拉梁单元，本节采用有限元实体单元进行离散（适用于复杂连接结构）；对于非线性连接部分，考虑连接界面垂向和横向的非线性接触载荷，在分割处将产生剪力载荷和弯矩载荷。利用 S_3 和 S_4（重构测点）垂向的加速度响应构造线性子结构的虚拟激励载荷，满足 $\text{size}(n_{\text{mea}})=\text{size}(n_{\text{joi}})=2$，利用 S_5（验证测点）垂向的加速度响应进行验证。螺栓连接界面的非线性载荷重构过程为

$$\underbrace{\ddot{v}_{S_3}\quad \ddot{v}_{S_4}}_{\ddot{\boldsymbol{x}}_{\text{sub}}(n_{\text{mea}})} \Rightarrow \underbrace{Q\quad M}_{\boldsymbol{F}^{\text{ext}}_{\text{sub}}(n_{\text{joi}})} \Rightarrow \underbrace{\ddot{v}_{S_5}}_{\text{验证}} \tag{7.32}$$

$$\Downarrow$$

预紧性能辨识

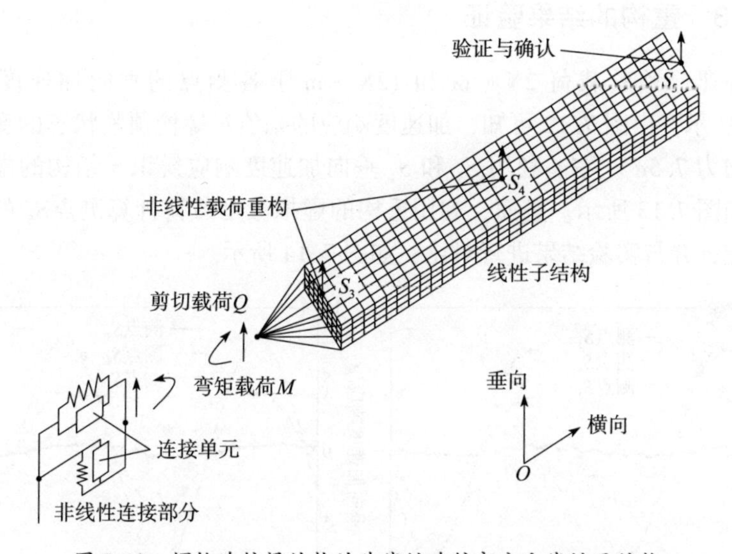

图 7.10　螺栓连接梁结构的非线性连接部分和线性子结构

利用商业有限元软件构造线性子结构各阶谐波频率对应的动力学传递函数。结合图 5.2 中动力学传递函数的物理意义，基于谐响应分析模块，在单位激励载荷（1N 或 1N · m）作用下，通过提取观测点的加速度响应（实部和虚部）构造动力学传递函数指定位置的元素，建立子结构虚拟激励载荷与观测响应之间的传递关系，如图 7.11 所示。其中，剪切载荷对应非线性连接分割处第一个自由度，弯矩载荷为第二个自由度。

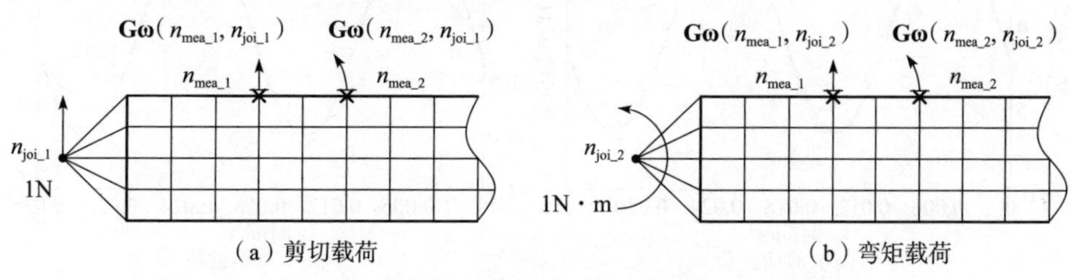

图 7.11　基于商业有限元软件的动力学传递函数构造方法

因此，观测点的加速度响应与子结构虚拟激励载荷各阶谐波成分之间的传递关系为

$$\begin{bmatrix} \overline{Q}^{(h)} \\ \overline{M}^{(h)} \end{bmatrix} = \begin{bmatrix} \mathbf{G\omega}^{(h)}(n_{\text{mea\_1}},\ n_{\text{joi\_1}}) & \mathbf{G\omega}^{(h)}(n_{\text{mea\_2}},\ n_{\text{joi\_1}}) \\ \mathbf{G\omega}^{(h)}(n_{\text{mea\_1}},\ n_{\text{joi\_2}}) & \mathbf{G\omega}^{(h)}(n_{\text{mea\_2}},\ n_{\text{joi\_2}}) \end{bmatrix}^{-1} \cdot \begin{bmatrix} \overline{\ddot{v}}_{s_3}^{(h)} \\ \overline{\ddot{v}}_{s_4}^{(h)} \end{bmatrix} \tag{7.33}$$

7.5.3 重构的结果验证

两种螺栓预紧载荷 2N · m 和 12N · m 下各测点的垂向加速度响应如图 7.12 所示。由图 7.12 可知，加速度响应的幅值对螺栓预紧状态的变化并不敏感，均为 7.5g 左右。利用 S_3 和 S_4 垂向加速度响应辨识子结构的虚拟激励载荷，如图 7.13 所示。进而，利用重构的虚拟激励载荷计算测点S_5 的垂向加速度响应，并与实验结果进行对比，如图 7.14 所示。

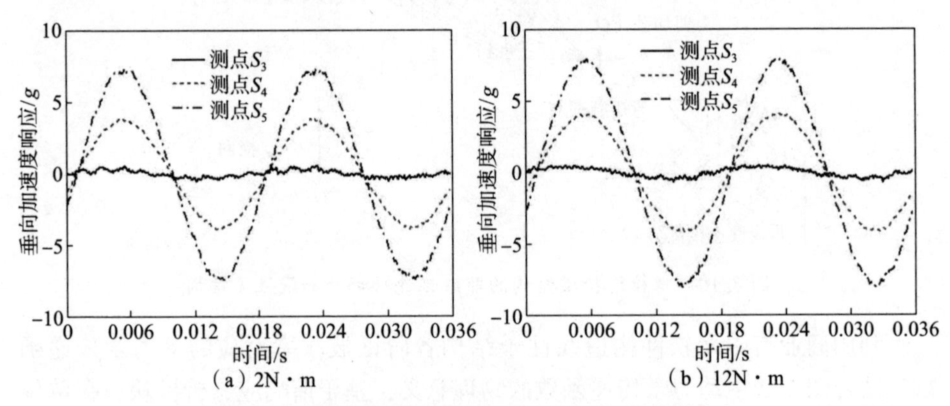

（a）2N · m （b）12N · m

图 7.12　螺栓连接梁结构各测点的垂向加速度响应

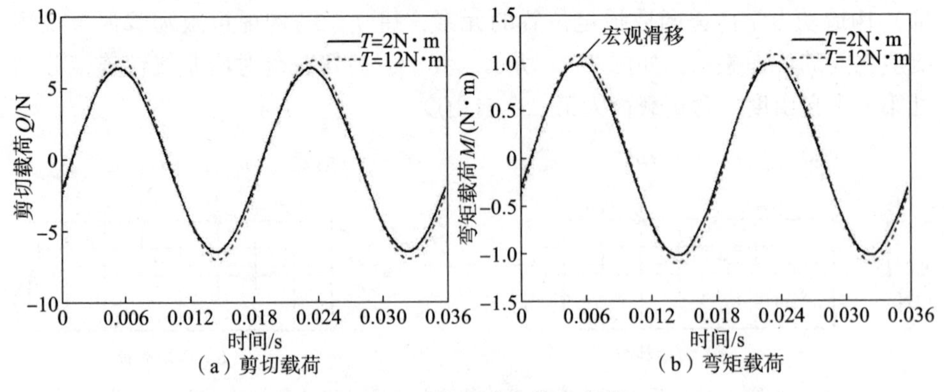

（a）剪切载荷 （b）弯矩载荷

图 7.13　重构的虚拟激励载荷

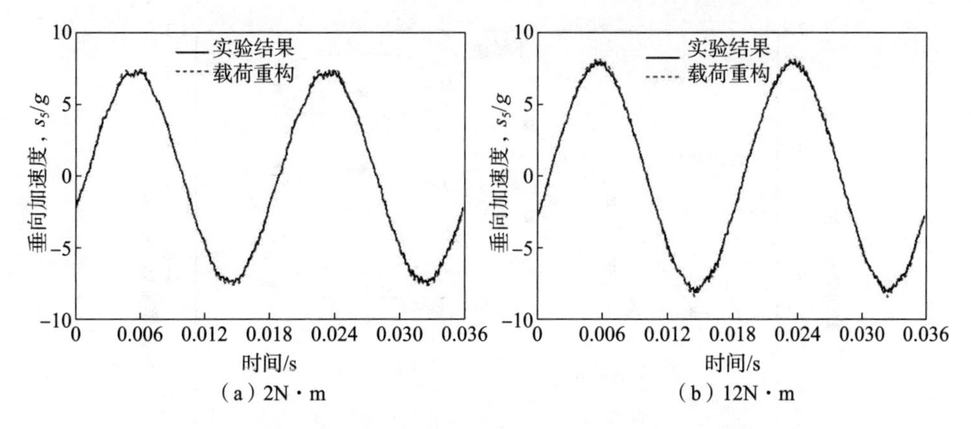

图 7.14　螺栓连接梁结构测点 S_5 加速度响应的对比结果

由图 7.13 可知，重构的虚拟激励载荷能够直接反映连接界面微观黏着和宏观滑移行为的影响。由图 7.13（b）可知，2N·m 的弯矩载荷出现了明显的宏观滑移行为，而 12N·m 的剪切载荷和弯矩载荷均表现为微观黏着，这是由于螺栓预紧载荷越大，临界滑移力越大（参考第 3 章的研究结论），同等激励载荷条件下越不容易发生宏观滑移。由式（7.29）可知，弯矩载荷与垂向和横向的非线性接触载荷均相关（F_1 和 F_2），而剪切载荷仅与垂向的非线性接触载荷相关（仅 F_1）。由于图 7.13（a）的剪切载荷始终处于微观黏着状态，图 7.13（b）中弯矩载荷表现出的宏观滑移行为主要由横向的非线性接触载荷决定，这与 4.5 节螺栓连接梁结构的仿真结论是一致的。

由图 7.14 可知，利用重构的虚拟激励载荷预测 S_5 的垂向加速度响应与实验结果吻合较好。然而，由式（7.5）可知，为了辨识连接界面的局部非线性接触载荷，需要测量非线性连接节点的加速度 $\ddot{\boldsymbol{x}}_{\mathrm{joi}}$（包括平动和转动响应），但实验过程中测量角加速度是十分困难的。但是，可利用重构的虚拟激励载荷的幅值辨识螺栓连接界面的预紧状态变化，如图 7.15 所示。

由图 7.15 可知，重构的虚拟激励载荷的幅值能够有效地辨识螺栓连接界面的预紧状态变化。其中，重构的剪切载荷能够辨识预紧力衰退程度较大的连接状态，从 8N·m 到 2N·m；弯矩载荷能够辨识预紧力衰退程度较小的连接状态，从 14N·m 到 8N·m。由图 7.13 可知，螺栓预紧状态对连接界面横向非线性接触载荷的影响较大。结合式（7.29），弯矩载荷又由垂向和横向的非线性接触载荷共同决定，而剪切载荷仅由垂向的非线性接触载荷决定。因此，相比于剪切载荷，重构的弯矩载荷能够更好地反映螺栓连接界面黏滑摩擦接触行为的影响，这也是能够更好识别螺栓连接界面预紧状态变化的原因。

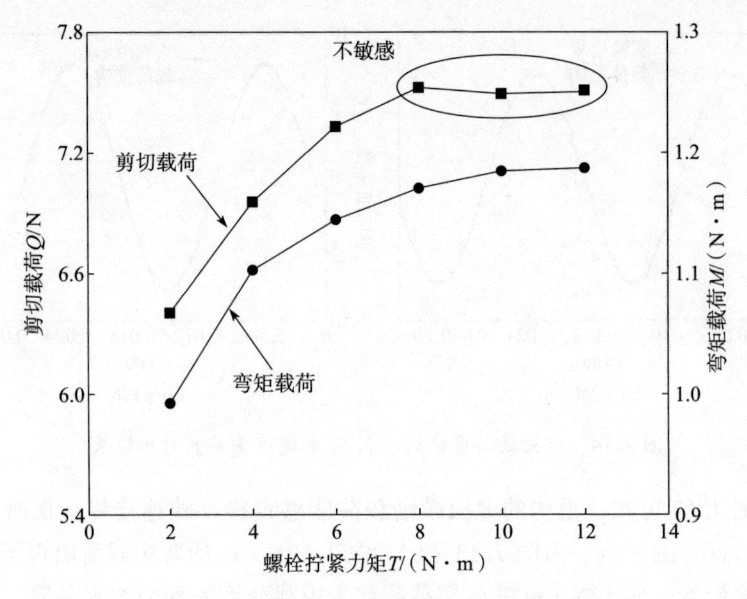

图 7.15　螺栓连接界面预紧状态变化的辨识结果

7.6　小结

本章介绍了一种连接界面黏滑摩擦接触行为的非线性载荷重构方法，并用来辨识螺栓连接界面的预紧状态变化。利用非线性动力学子结构建模方法将复杂连接结构视作线性子结构和非线性连接两部分，通过虚拟激励载荷进行关联。通过动刚度矩阵的两次求逆运算消除了动力学传递函数的病态奇异性。考虑连接界面黏滑摩擦接触行为的影响，将观测的非线性动力学响应进行谐波级数展开，直接辨识连接界面的局部非线性接触载荷，并利用重构的激励载荷幅值辨识螺栓连接界面的预紧状态变化。利用螺栓连接梁结构的数值仿真和实验结果进行验证。研究结果表明：

（1）重构的非线性动力学响应与螺栓连接梁结构的数值仿真和实验结果吻合较好，验证了本章的非线性载荷重构方法。

（2）重构的虚拟激励载荷能够直接反映连接界面微观黏着和宏观滑移行为的影响，且连接界面的黏滑摩擦行为主要由横向的非线性接触载荷决定。

（3）重构的剪切载荷和弯矩载荷能够有效地识别螺栓连接界面的预紧状态变化，且重构的弯矩载荷表现出更好的识别效果。

第8章 连接结构振动响应的时频域分析方法

第6章和第7章介绍了基于非线性动力学理论的系统辨识方法，另一类是基于数据驱动的辨识方法，其辨识过程一般包括敏感特征提取、状态识别和定量评估等。其中，振动响应的敏感特征提取方法对连接结构的状态识别和定量评估起着至关重要的作用，将直接影响辨识效果。由于连接结构形式各异、退化机理复杂和服役环境多样，形成一种通用的振动响应信号分析和敏感特征提取方法，具有迫切的工程应用价值。振动响应中包含丰富的结构状态特征信息，基于振动响应进行状态特征辨识是实现结构无损和在线识别的有效途径之一。

时频分析方法是非线性、非平稳振动响应信号处理的重要分支，其本质是利用时间和频率的联合函数表征振动响应信号，并对其进行分析和处理。处理振动响应信号最常用的方法是傅里叶变换，它建立了响应从时域到频域的变换桥梁，而逆傅里叶变换则建立了频域到时域的转换关系。但是，傅里叶变换在整体上将振动响应信号分解为不同的频率分量，缺乏局部特征信息，要么完全在时域，要么完全在频域，不能揭示某些分量频率发生变化的时刻以及变化规律。为了克服这一缺点，需要引入局部变换的思想，考虑时间和频率的相关性。本章介绍基于经验模式分解（empirical mode decomposition，EMD）和希尔伯特（Hilbert）变换的时频分析方法。

8.1 时频动力学分析

8.1.1 基于经验模式分解（EMD）振动信号分析

连接结构某一观测点（自由度）的振动响应 $x(t)$ 可以表示为

$$x(t)=\sum_{m}\eta_m(t) \tag{8.1}$$

式中：η_m 为具有一定振动频率、阻尼特性的响应分量，可类比于各阶（非线性）模态响应。

利用 EMD 和滤波（filtering）等方法对振动响应进行处理，可获得多个响应分量，其动力学特征可利用固有模态振子（intrinsic modal oscillator，IMO）进行等效描述，如图 8.1 所示。由于连接界面黏滑摩擦接触行为的非线性效应，固有模态振子的阻尼和刚度特征往往是时变的。

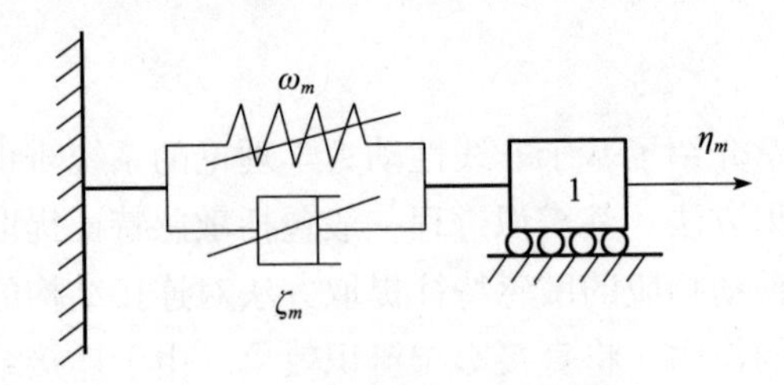

图 8.1　固有模态振子的示意图

利用 EMD 获得各个响应分量的主要步骤如下：

(1) 找出振动响应数据的所有局部极大值，利用三次样条函数进行拟合得到原数据的上包络线 $x_{\max}(t)$。同理，利用局部极小值可得到下包络线$x_{\min}(t)$。

(2) 对上下包络线的每个时刻取平均值。

$$m_1(t)=\frac{x_{\max}(t)+x_{\min}(t)}{2} \tag{8.2}$$

(3) 将数据序列进行平移，可得

$$h_1(t)=x(t)-m_1(t) \tag{8.3}$$

(4) 把 h_1 作为新序列重复以上步骤，直到分解出第一个本征模态函数（intrinsic mode function，IMF）。

$$x(t)-\eta_1(t)=r(t) \tag{8.4}$$

将残余振动响应 $r(t)$ 作为新的数据序列，按照以上步骤，依次提取剩余的响应分量。

直接利用式（8.2）~式（8.4）进行 EMD 的结果将出现模式混淆和端点飞翼等现象。一方面，可通过间断频率判别、调频技术和带宽限制等方法减缓模态混淆效应，并在原振动响应信号的基础上叠加高斯白噪声进行分解，将多次分解的结果进行平均化处理；另一方面，可对原振动响应信号进行端点延拓处理，以减缓端点飞翼效应。

8.1.2　希尔伯特变换瞬时特征分析

进行非线性、非平稳振动响应信号的时频分析时，往往需要将实信号转变为复信号，最简单的方法是希尔伯特变换。在 EMD 的基础上，可利用希尔伯特变换对每个响应分量进行分析，提取瞬时的动力学特征，即

$$\psi_m(t)=\eta_m(t)+\mathcal{H}[\eta_m(t)]\cdot \mathrm{i} \tag{8.5}$$

式中：ψ 为复域的响应分量；$\mathcal{H}[\cdot]$ 为希尔伯特变换算子。

利用瞬时动力学特征信息表示原振动响应信号。

$$x(t)=\Re\left[\sum_m a_m(t)\cdot \exp^{\theta_m(t)\cdot \mathrm{i}}\right] \tag{8.6}$$

式中：a_m 为瞬时幅值；θ_m 为瞬时相位特征信息。

$$a_m(t)=[\eta_m^2+\mathcal{H}^2(\eta_m)]^{1/2} \tag{8.7}$$

$$\theta_m(t)=\arctan[\mathcal{H}(\eta_m)/\eta_m] \tag{8.8}$$

希尔伯特变换强调振动响应的局部特征，幅值和相位都是随时间变化的，根据瞬时频率的定义可得

$$\omega_m(t)=\frac{\partial\theta_m(t)}{\partial t} \tag{8.9}$$

由式（8.7）和式（8.9）可知，利用三维图可表示幅值 a_m 与频率 ω_m 随时间 t 变化的关系，或者在频率-时间二维图中用灰度表示振幅。

因此，由式（8.2）~式（8.9）可知，利用 EMD 和希尔伯特变换可以获得各个振动响应分量的瞬时动力学特征信息。然而，基于短时傅里叶变换（short-time Fourier transform，STFT）的谱分析也能达到同样的效果。

8.2　二自由度线性质量弹簧振子系统算例

以二自由度线性质量弹簧振子系统为研究对象，如图 8.2 所示，瞬时脉冲激励载荷作用在质量块 m_1 上。

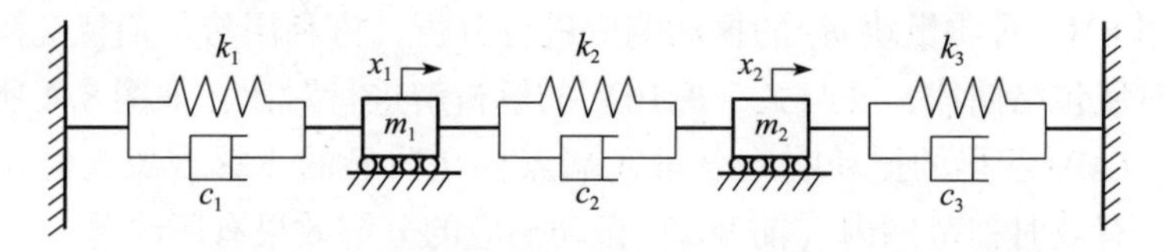

图 8.2　二自由度线性质量弹簧振子系统

当仿真参数取 $k_1=k_3=1, k_2=4, m_1=m_2=1$，瑞利阻尼系数 $\alpha=0.015$，$\beta=0.001$，激励［$5D(0)\ 0$］时，质量块 m_1 上振动响应的两个分量的理论解为

$$\eta_1(t)=\frac{1}{\sqrt{2}}\mathrm{e}^{-3\zeta_1 t}\sin(3t),\quad \eta_2(t)=\frac{6}{\sqrt{2}}\mathrm{e}^{-\zeta_2 t}\sin(t) \tag{8.10}$$

式中：$\zeta_1=0.004$；$\zeta_2=0.008$；$D(\cdot)$ 为 Dirac 函数。各分量的时程响应、瞬时频率特征如图 8.3 所示。

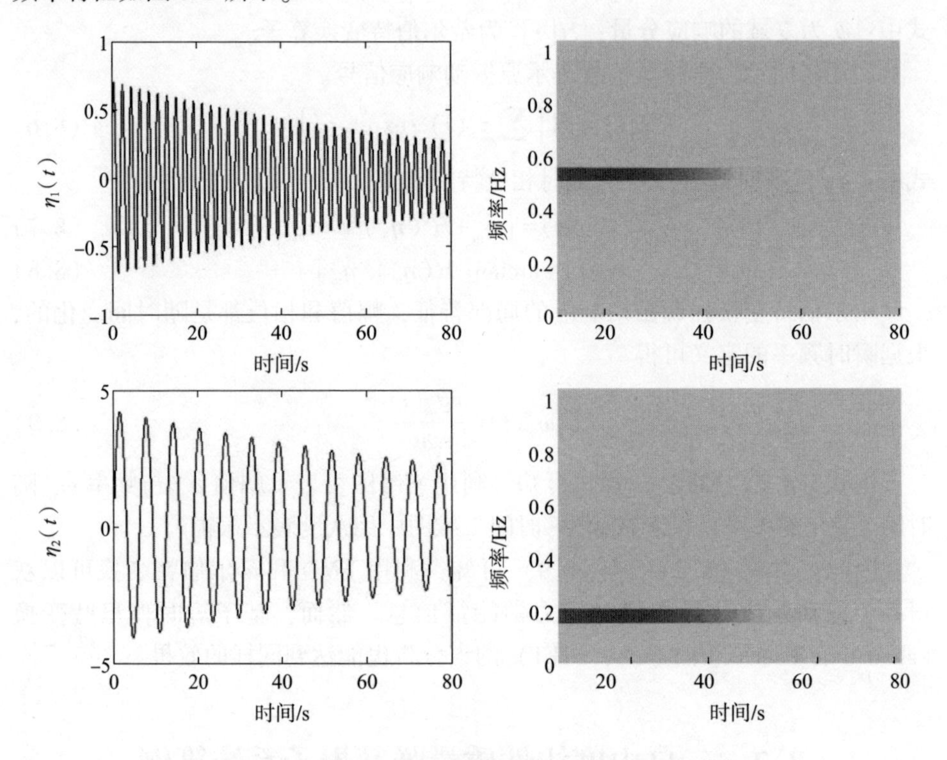

图 8.3　二自由度线性质量弹簧振子系统瞬时动力学特征

图 8.3 给出了质量块 m_1 的两个振动响应分量。其中，包络线的衰减趋势能够表征系统的阻尼特性，瞬时频率能够表征系统的刚度特性，颜色的灰度变化也可以表示系统的阻尼特性。

利用 EMD 对质量块 m_1 的振动响应进行分析，再利用希尔伯特变换获得各分量的时域包络曲线，并与式（8.10）的解析解进行对比，如图 8.4 所示。由此可见，EMD 获得的振动响应分量在端点存在明显的飞翼现象，经端点延拓处理后，有效时程范围内（前 80s）振动响应的分解效果有所改善。

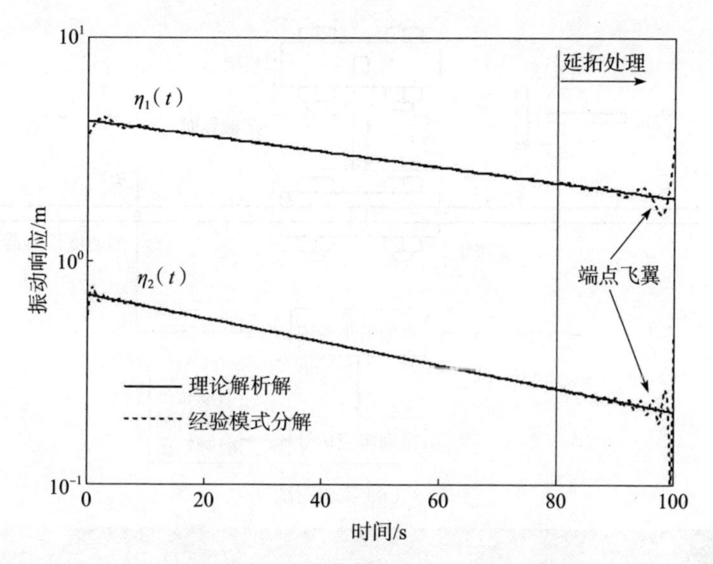

图 8.4　振动响应各分量的时域包络曲线

8.3　螺栓连接梁结构的应用

8.3.1　实验设置

螺栓连接梁结构与 4.5 节的动力学仿真模型相同，由两块单梁（250mm×25mm×8mm）通过搭接板（88mm×25mm×8mm）预紧而成，中部利用两个 M8 的螺栓预紧，试件材料为 45 钢，具体尺寸见图 4.12。同时，设计整梁结构进行对比，整梁的几何尺寸、材料与螺栓连接梁一致，整体加工而成无连接界面，如图 8.5（a）所示。

开展瞬态激励实验时，分别将试件两端用橡胶绳悬挂，以模拟近似自由的状态，如图 8.5 所示。在 A 点处施加冲击载荷，在 B 点处安装加速度传感器，采集试验件 A 点的脉冲激励力和 B 点的加速度响应。

8.3.2　振动响应整体时频分析

由第 4 章的动力学仿真结果可知，外激励载荷幅值对连接结构的振动响应有重要影响，针对螺栓连接梁和整梁两种结构，施加在试件 A 点的脉冲激励力应尽量相等（峰值约 750N），之后分别采集试件 B 点的加速度响应进行时频分析，如图 8.6 和图 8.7 所示。

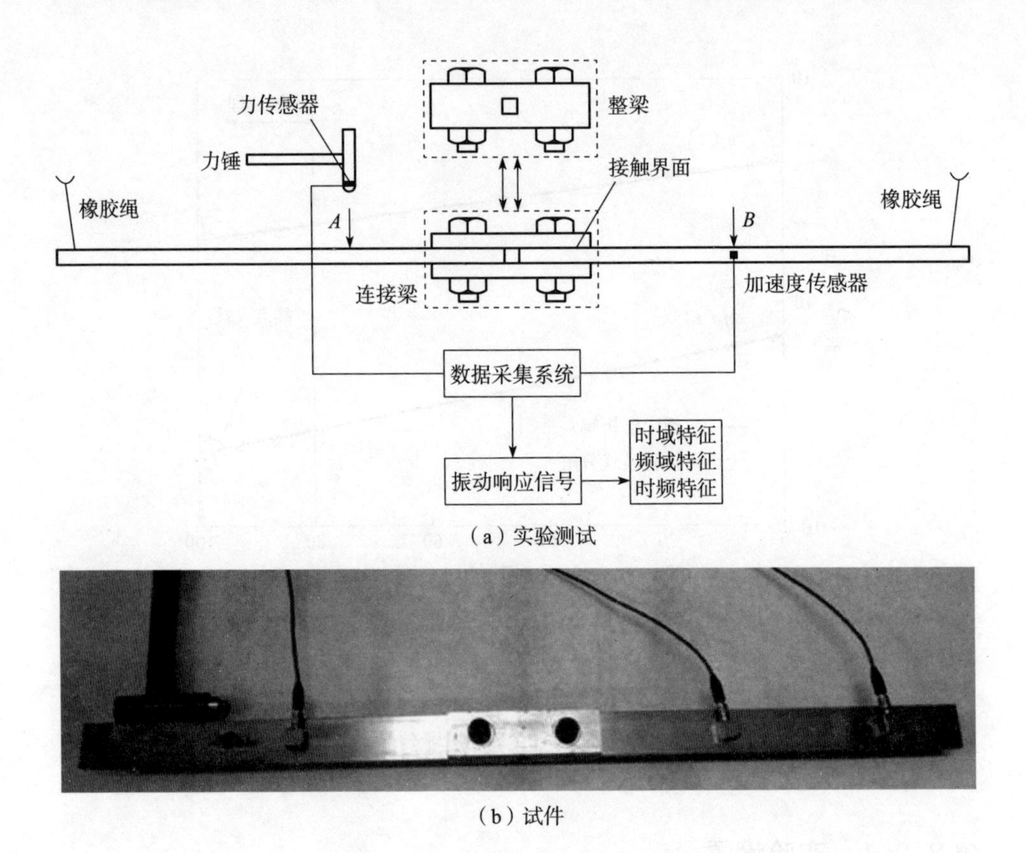

（a）实验测试

（b）试件

图 8.5　螺栓连接梁结构的实验设置

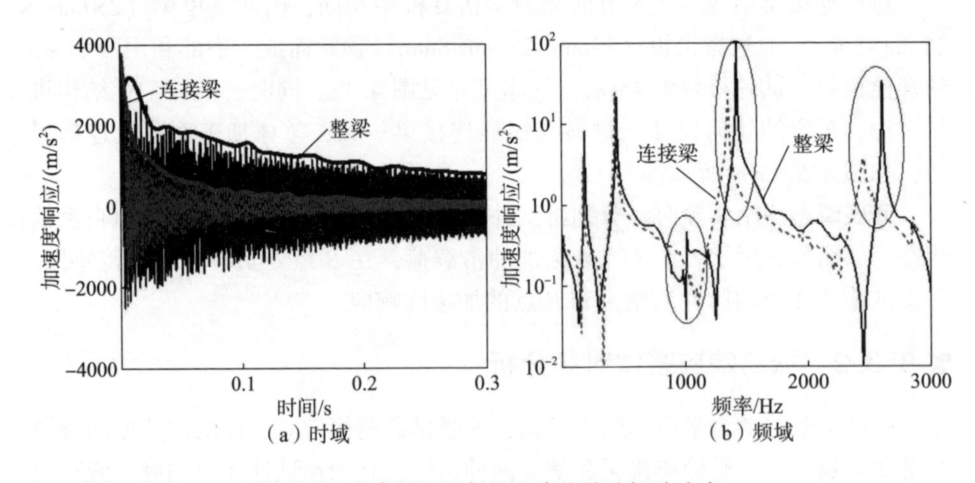

（a）时域　　（b）频域

图 8.6　脉冲激励下整梁和连接梁的振动响应

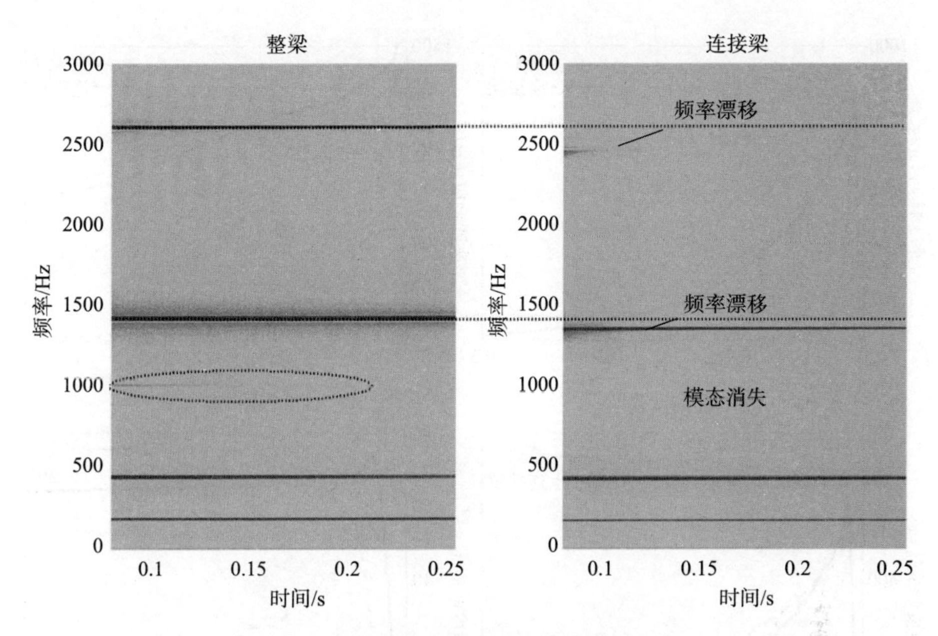

图 8.7　螺栓连接界面对瞬时频率特征的影响

由图 8.6（a）可知，与整梁结构的振动响应相比，螺栓连接梁的阻尼更大，加速度衰减更快。图 8.6（b）中两种频响函数在 1000Hz 以下具有较好的一致性，但高频阶段的差异明显。并且，螺栓连接梁的频响函数相较于整梁向左偏移，尤其是高频部分，表明连接界面的存在造成整体刚度的下降。因此，连接界面的存在将引起整体结构刚度软化，也是结构无源阻尼的主要来源。

由图 8.7 可知，相比于整梁结构，螺栓连接梁结构振动响应 1000Hz 的分量缺失，各个响应分量瞬时频率有所减小，色带灰度衰减速率更快，表现出较小的整体刚度和较大的阻尼特性，与图 8.6 的结论一致。

8.3.3　振动响应分量时频分析

采用 EMD 对整梁和螺栓连接梁的振动响应进行分析，获得各个响应分量，利用希尔伯特变换提取响应分量的包络曲线和瞬时频率特征，结果如图 8.8~图 8.12 所示。

由图 8.8 中加速度包络曲线的对比结果可知，连接界面的存在使第 1 个、第 2 个和第 4 个振动响应分量衰减更快，表现出较大的阻尼效应，但第 3 个响应分量却呈现相反的趋势。

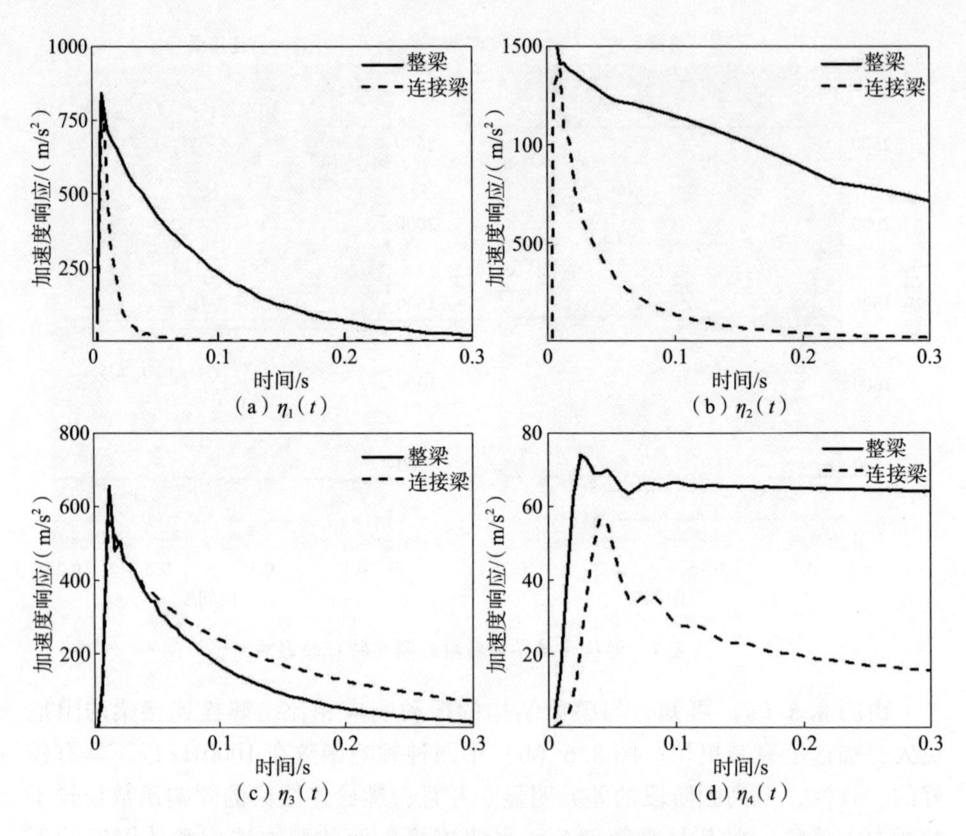

图 8.8 振动响应各分量的包络曲线

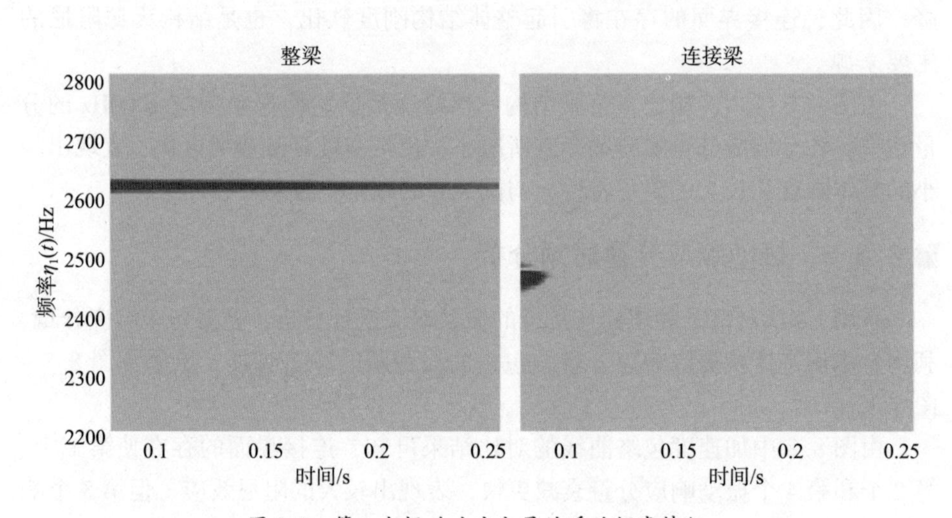

图 8.9 第 1 个振动响应分量的瞬时频率特征

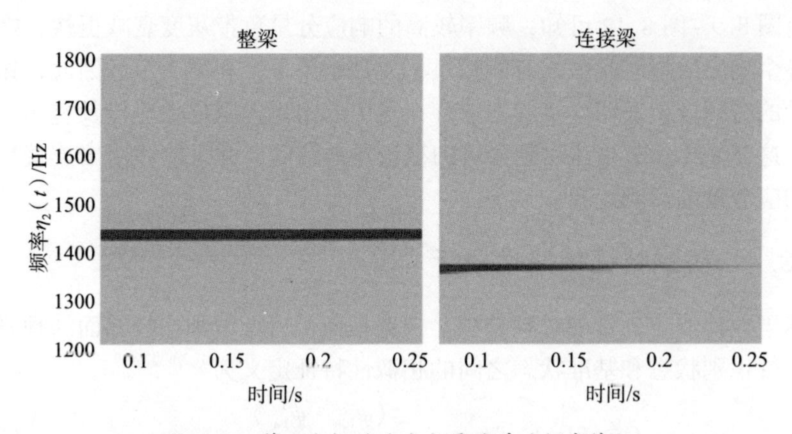

图 8.10　第 2 个振动响应分量的瞬时频率特征

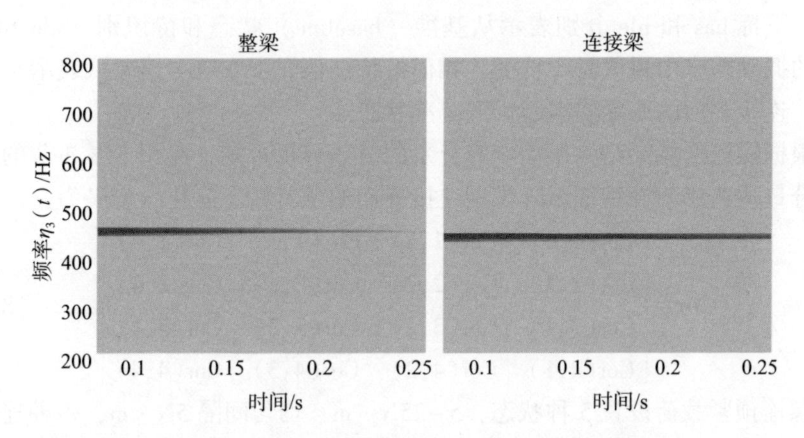

图 8.11　第 3 个振动响应分量的瞬时频率特征

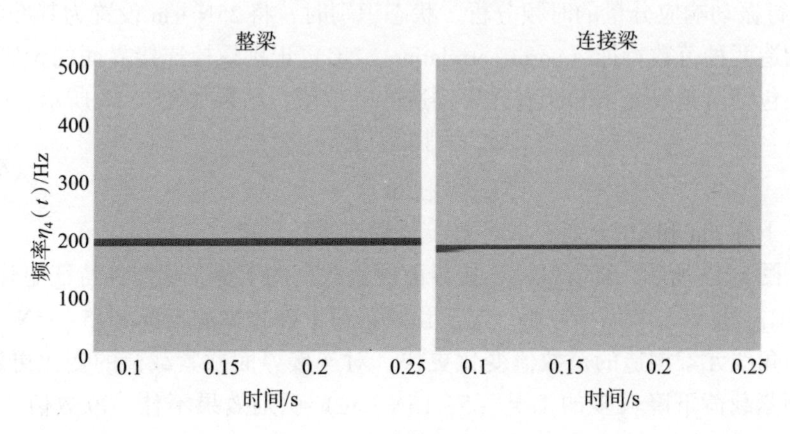

图 8.12　第 4 个振动响应分量的瞬时频率特征

由图 8.9~图 8.12 可知，频率较高的响应分量色带灰度衰减更快，螺栓连接梁各个响应的瞬时频率均有所减小，尤其是第 1 个和第 2 个。因此，振动响应分量的时频分析表明连接界面的存在将引起附加的阻尼效应以及整体刚度的下降，这与 8.3.2 节整体时频分析的结论是一致的，并且能够给出连接界面对各个响应分量的影响差异。

8.3.4 时频特征相似性分析

基于振动响应分量的时频分析，构造相似性特征识别连接界面的预紧状态变化，待识别状态和基准状态之间的相似性特征定义为

$$\mathrm{Cor}(\mathrm{ide},\mathrm{bas})=\frac{(\psi_{\mathrm{ide}}\cdot\psi_{\mathrm{bas}}^{\mathrm{T}})^2}{(\psi_{\mathrm{ide}}\cdot\psi_{\mathrm{ide}}^{\mathrm{T}})\cdot(\psi_{\mathrm{bas}}\cdot\psi_{\mathrm{bas}}^{\mathrm{T}})} \tag{8.11}$$

式中：下标 bas 和 ide 分别表示从基准（baseline）状态和待识别（identified）状态的振动响应中提取时频特征。相似性特征值介于 0~1，值越低表示相似性越差，连接界面的预紧状态越偏离基准状态。

根据螺栓连接梁结构振动响应分量的时频分析可知，利用 8.3.3 节的 4 个响应分量构造相似性特征矩阵识别连接界面的预紧状态变化，定义为

$$\mathbf{Cor}=\begin{bmatrix}\mathrm{Cor}(1,1) & \mathrm{Cor}(1,2) & \mathrm{Cor}(1,3) & \mathrm{Cor}(1,4)\\ \mathrm{Cor}(2,1) & \mathrm{Cor}(2,2) & \mathrm{Cor}(2,3) & \mathrm{Cor}(2,4)\\ \mathrm{Cor}(3,1) & \mathrm{Cor}(3,2) & \mathrm{Cor}(3,3) & \mathrm{Cor}(3,4)\\ \mathrm{Cor}(4,1) & \mathrm{Cor}(4,2) & \mathrm{Cor}(4,3) & \mathrm{Cor}(4,4)\end{bmatrix} \tag{8.12}$$

螺栓预紧载荷设置 5 种状态：5~25N·m，均匀间隔 5N·m，每种连接状态重复实验 10 次，并对施加的脉冲激励力进行控制，挑选激励力差异较小的 5 次进行振动响应分量的时频分析。状态识别时，将 25N·m 设置为基准状态。

构造两种范数特征（norm correlation，NC）识别螺栓连接界面的预紧状态变化，包括对角线元素和所有元素构造的范数值，结果如图 8.13 所示。

$$\begin{cases}\mathrm{NC}_{\mathrm{dia}}=\|\mathrm{diag}(\mathbf{Cor})\|_2\\ \mathrm{NC}_{\mathrm{all}}=\|\mathbf{Cor}\|_2\end{cases} \tag{8.13}$$

式中：下标 dia 和 all 分别表示对角线元素和所有元素。

如图 8.13 所示，随着螺栓连接界面预紧载荷的下降，相似性特征矩阵的范数值 $\mathrm{NC}_{\mathrm{dia}}$ 和 $\mathrm{NC}_{\mathrm{all}}$ 均有所减小。对于预紧载荷下降较少的工况（15~25N·m），利用对角线元素构造的范数值变化更快，对连接界面预紧载荷的变化更敏感，但对预紧载荷下降较多的工况（5~15N·m）识别效果不佳，范数值变化细微。然而，利用所有元素构造的范数值能够有效地识别 5~20N·m 的变化。

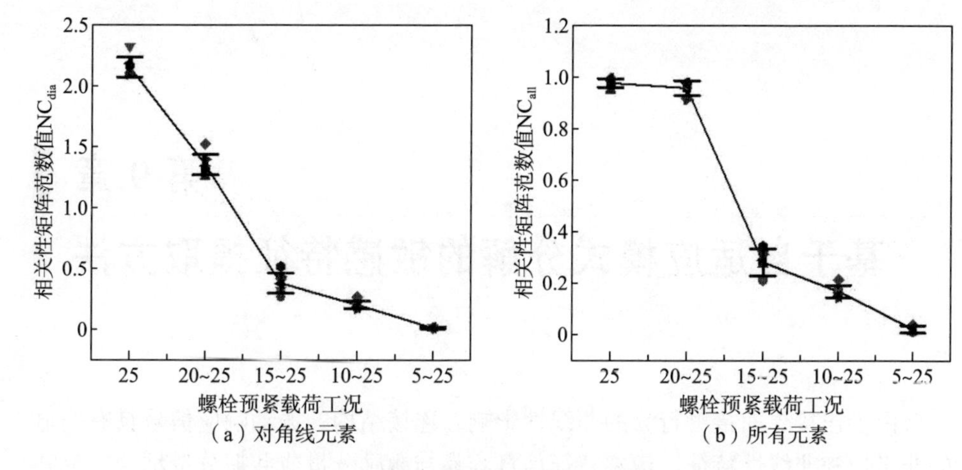

（a）对角线元素　　（b）所有元素

图 8.13　不同预紧状态下相似性特征矩阵的范数值

8.4　小结

本章介绍了基于经验模式分解 EMD 和希尔伯特变换的时频分析方法。利用 EMD 获得振动响应信号的各个响应分量，并利用希尔伯特变换获得各个响应分量的包络曲线和瞬时频率特征，表征整体结构的阻尼特性和刚度特性，利用二自由度质量弹簧振子系统进行算例演示。将时频分析方法应用于螺栓连接梁结构的振动响应分析，利用响应分量的时频特征构造了相似性特征，用来识别螺栓连接界面预紧状态的变化。研究结果表明：

（1）连接界面的存在将引起整体结构的刚度软化，也是结构无源阻尼的主要来源。

（2）构造的相似性特征能够有效地识别螺栓连接界面预紧状态的变化。

第 9 章 基于自适应模式分解的敏感特征提取方法

由于连接界面接触行为的非线性影响，连接结构的振动响应信号具有明显的非平稳和非线性特征，敏感特征信息容易与激励分量或共振分量耦合，反映连接状态变化的敏感特征具有耦合性和微弱性的特点。如何从整体结构的振动响应信号中提取敏感特征来识别连接界面的预紧状态变化是一个颇具挑战的问题。其中，以数据驱动为核心的自适应模式分解方法可以有效地提取振动响应的隐藏特征分量，变分模式分解（variational mode decomposition，VMD）是其中较为完善的算法之一[192]。

本章介绍一种广义的变分模式分解（generalized VMD，GVMD）[183] 算法，改善 VMD 算法对振动响应的分解性能，构造两种敏感特征进行连接状态的辨识，并利用螺栓连接梁结构的脉冲载荷激励和随机振动激励实验进行验证。

9.1 广义的变分模式分解（GVMD）振动信号

VMD 算法利用振动响应的多分量窄带特征，通过构建和求解含约束条件的优化问题，非递归地将振动响应信号分解为多个变分模式分量，并且获得各个模式分量的质心频率、差分能量特征等。但是，VMD 算法是一种设计参数依赖较强的数据驱动方法，如何优化分解过程获得理想的多尺度分量，是亟待解决的挑战问题。

9.1.1 变分模式分解（VMD）的基本原理

VMD 算法的核心在于变分约束优化问题的构建与求解。对于一维振动响应信号 $x(t)$，假设它由 K 个模式分量 $u_k(k=1,2,\cdots,K)$ 构成，利用希尔伯特变换将其转化为解析信号，以所有分量的总带宽为目标函数，构建变分约束优

化问题。每个分量的带宽表示为

$$\Delta_k = \left\| \frac{\partial\left[\left(D(t)+\frac{i}{\pi t}\right)\cdot u_k(t)\right]}{\partial t} \mathrm{e}^{-\omega_k t\cdot \mathrm{i}} \right\|_2^2 \tag{9.1}$$

式中：ω_k 为第 k 个模式分量的中心频率；$D(\cdot)$ 为 Dirac 函数表达式。

构建含变分约束条件的优化方程，即

$$\begin{aligned} &\text{目标：} \min_{\{u_k\},\{\omega_k\}} \sum_{k=1}^{K} \Delta_k \\ &\text{约束：} \sum_{k=1}^{K} u_k(t) = x(t) \end{aligned} \tag{9.2}$$

引入拉格朗日（Lagrange）乘子之后，式（9.2）可转化为一个无约束的优化问题：

$$L(\{u_k\},\{\omega_k\},\lambda) = \alpha\sum_{k=1}^{K}\Delta_k + \left\langle \lambda(t), x(t) - \sum_{k=1}^{K}u_k(t) \right\rangle + \left\| x(t) - \sum_{k=1}^{K}u_k(t) \right\|_2^2 \tag{9.3}$$

式中：α 为尺度参数；$\lambda(t)$ 为拉格朗日乘子。

在增广拉格朗日函数 L 中，第一项为带宽约束项，第二项为乘子项，第三项为正则化惩罚项。乘子项的作用是通过平衡响应信号的重构性能来完成近似求解，保证函数的收敛性能。尺度参数的目的是平衡带宽约束项和惩罚项对于尺度分解的限制，影响着信号分解的效果。如果目标函数中保留乘子项，分解获得的所有窄带分量可以完全重构原信号，算法实现可完全重构分解；反之，目标函数将转化为单独优化算法，分解结果需要在最小二乘拟合条件下重构原信号，不可完全重构分解，但这种分解方式有助于滤除噪声。

无约束优化问题的增广拉格朗日函数 L 可以通过交替方向乘子法（alternating direction method of multipliers，ADMM）进行求解[207]，其鞍点为原始问题的解。ADMM 对所有待求变量（信号分量、中心频率和对偶拉格朗日乘子）进行交替迭代优化，当满足预设的停止条件时，结束求解过程，获得所有 VMF 及对应的中心频率，具体求解过程如图 9.1 所示。

其中，L 对各模式分量 u_k 的极小化问题的解为

$$\bar{u}_k^{n+1}(\omega) = \frac{\bar{x}(\omega) - \sum\limits_{i=1,i\neq k}^{K}\bar{u}_i(\omega) + \frac{\bar{\lambda}(\omega)}{2}}{1+2\alpha(\omega-\omega_k^n)^2} \tag{9.4}$$

L 对中心频率 ω_k 的极小化问题的解为

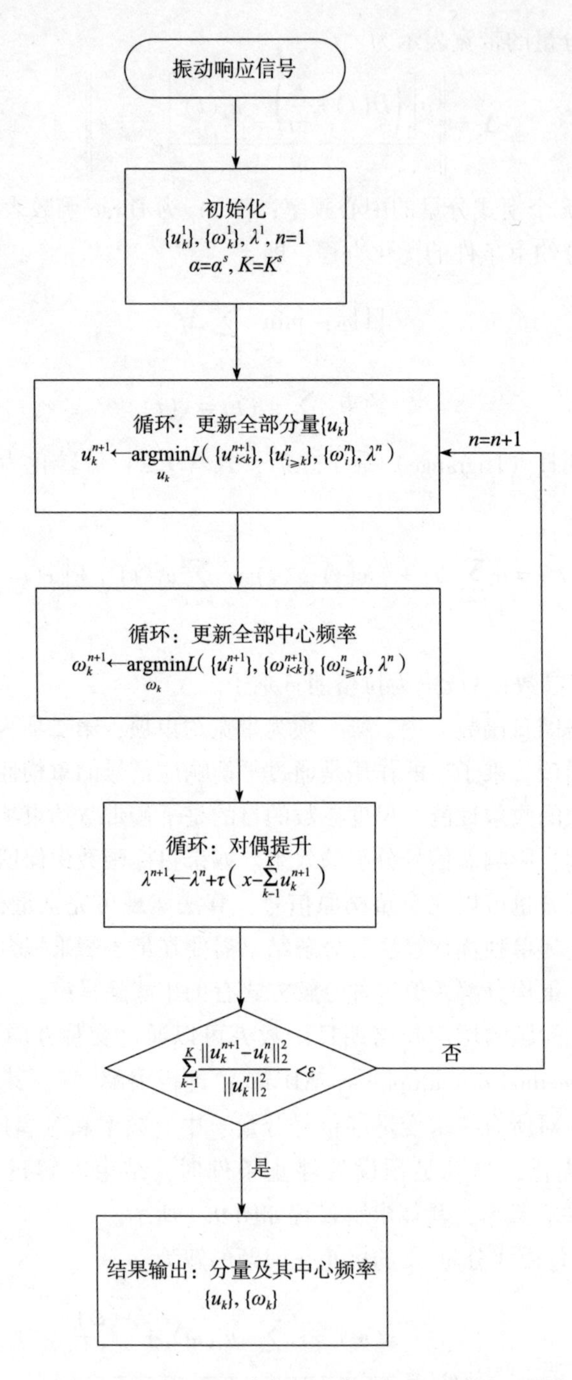

图 9.1 ADMM 方法求解无约束优化问题的流程图

$$\omega_k^{n+1} = \frac{\int_0^{\infty} \omega \cdot |\bar{u}_k(\omega)|^2 \mathrm{d}\omega}{\int_0^{\infty} |\bar{u}(\omega)|^2 \mathrm{d}\omega} \tag{9.5}$$

在变分原理框架下，变分模式分量与中心频率互为基础，交替迭代逼近最优解。与EMD算法相比，VMD算法理论基础扎实，且内嵌维纳滤波器，噪声鲁棒性较强，是一种非递归的分解算法。与小波变换相比，VMD算法属于一种自适应分解算法，根据原始振动响应信号的频谱特点划分频带，不需要假设基函数。

VMD算法将信号分解问题转化为变分约束优化问题，数学原理完备且鲁棒性强。但是，VMD算法需要预先定义模式数K和尺度参数α，且参数的选取对分解结果影响较大。并且，VMD是一种单尺度非定频分解方法，在提取微弱分量和多分量信号时不够灵活。

9.1.2 广义的变分模式分解（GVMD）的基本原理

为了提高VMD算法的分解性能，改善提取微弱特征分量的能力，GVMD算法重新构建了频域多尺度分解模型，引入振动响应中心频率和带宽的先验信息，可以灵活地控制分解的频谱位置和分解尺度。与VMD算法不同，GVMD算法的核心思想在于为每个待求的模式分量单独构建约束优化问题，形成一组变分约束优化子问题，在兼顾振动响应整体性的同时更加强调信号的局部性，有

$$\text{目标：} \min_{\{u_k\},\{\omega_k\}} \Delta_k \tag{9.6}$$

GVMD算法将每个约束优化子问题转化为无约束优化子问题，

$$L(u_k,\omega_k,\lambda_k) = \alpha_k\Delta_k + \left\langle \lambda_k(t), x(t) - \sum_{k=1}^{K} u_k(t) \right\rangle + \left\| x(t) - \sum_{k=1}^{K} u_k(t) \right\|_2^2 \tag{9.7}$$

与VMD算法不同，GVMD为每个单独约束项提供了不同的尺度参数，差异化地设置参数可以灵活地控制每个待求分量的分解尺度。GVMD算法可以根据先验知识获得一组独立调整带宽的维纳滤波器，自适应地获取具有不同频率分布特性的模式分量。同时，在给定先验的中心频率后，GVMD算法可以简化迭代求解过程，实现特定频率分量的准确提取。

9.1.3 数值算例对比

为了对比VMD和GVD两种算法的分解效果，构造多分量振动响应信号$x(t)$：

$$\begin{cases} x_1(t) = 30\cos(60\pi t) + 5\cos(120\pi t) + \cos(180\pi t) \\ x_2(t) = 10\cos(20\pi t) + 6\cos(86\pi t) + \cos(300\pi t) \\ x(t) = x_1(t) + x_2(t) \end{cases} \tag{9.8}$$

$x(t)$ 由 6 个谐波分量构成，其中，30Hz、60Hz 和 90Hz 三个谐波分量用来表征有意义的响应信号成分，10Hz、43Hz 和 150Hz 三个谐波分量用于表征干扰成分，有用成分与干扰分量的频率相近且交错分布，有用成分不仅包含能量较强的分量，而且包含能量较弱的分量，振动响应信号的时域波形和频域幅值谱如图 9.2 所示。采用 VMD 算法分解原信号，参数设置为 $K=6$ 和 $\alpha=5000$，分解结果如图 9.3 所示。

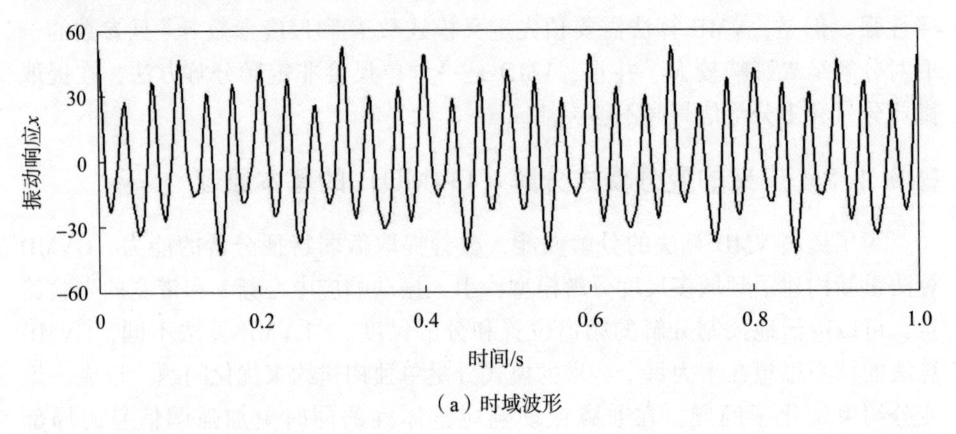

（a）时域波形

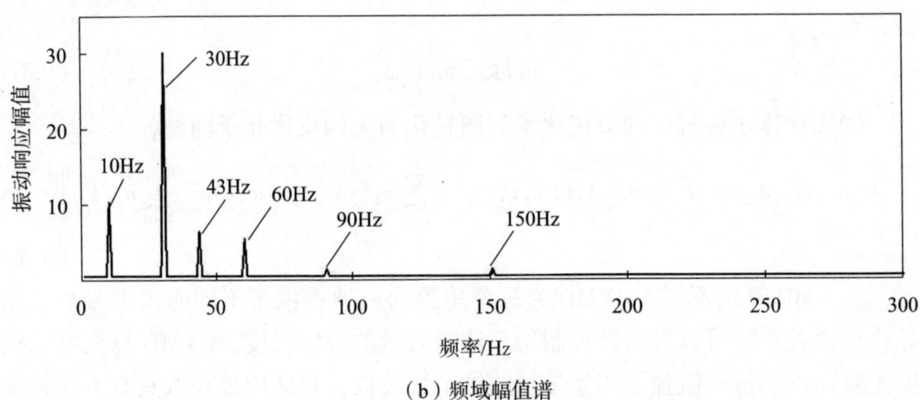

（b）频域幅值谱

图 9.2　合成的振动响应的时域波形与频域幅值谱

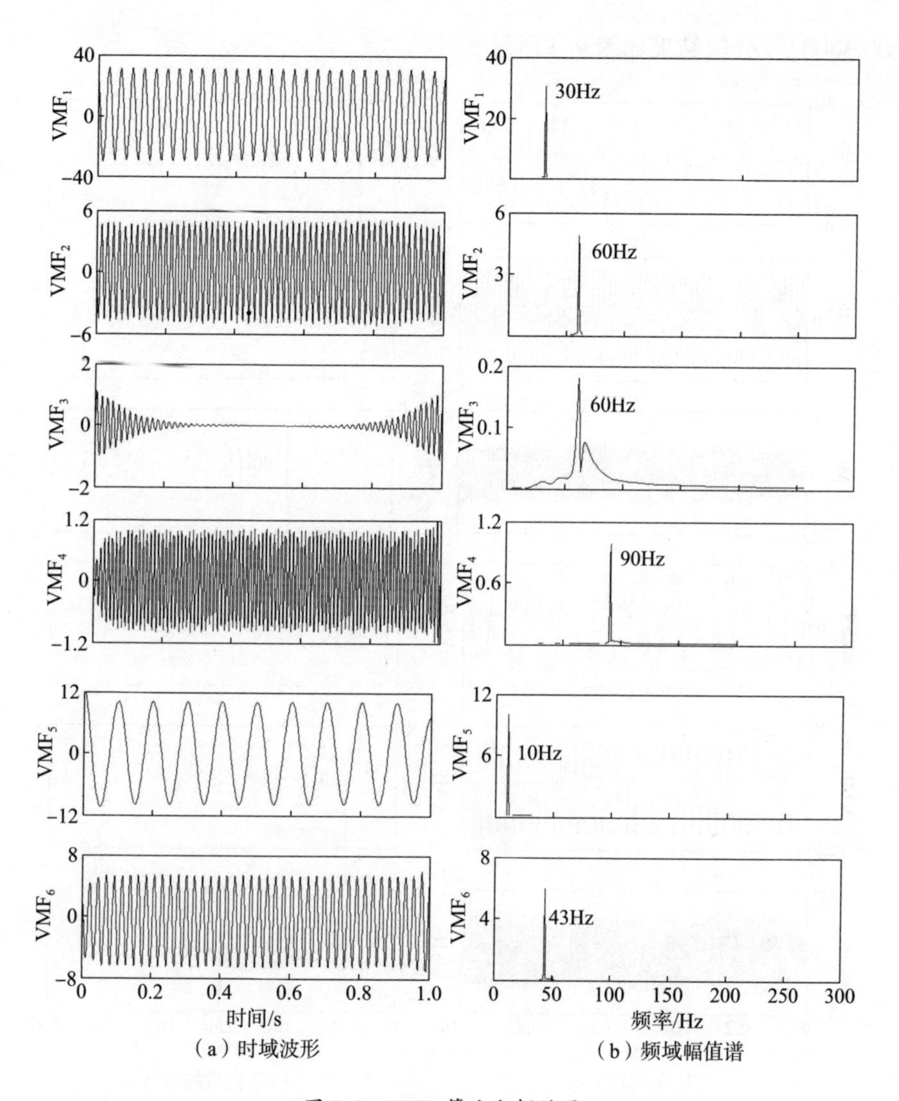

图 9.3　VMD 算法分解结果

由图 9.3 可知，对于关注的谐波分量，第二个、第三个混叠的模式分量均为 60Hz 成分；对于干扰分量，高频 150Hz 的微弱分量发生了信息丢失。因此，完全依靠自适应算法进行频域多尺度分解，VMD 算法会优先获得能量较大的主分量，而微弱的谐波分量容易被忽略，不合理的参数设置将造成微弱特征信息的损失。

采用 GVMD 算法对合成信号进行全分量分解，设置模式数 $K=6$，为提取高频微弱分量，给定先验中心频率为 $f=$[60Hz 90Hz 150Hz]，为相对微弱的窄带模式分量设置较大的尺度参数，设置尺度参数 $\alpha=$[5000 5000 5000 3000

3000 3000]，分解结果如图 9.4 所示。

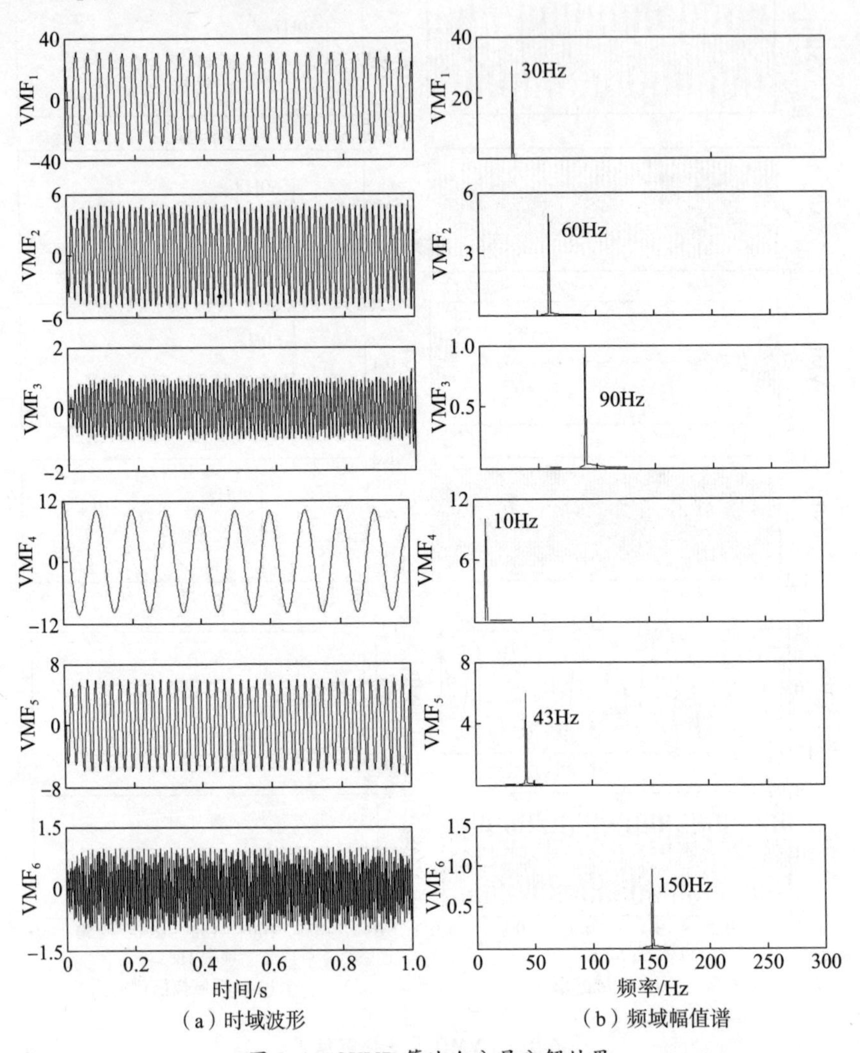

图 9.4 GVMD 算法全分量分解结果

对比图 9.3 和图 9.4 可知，GVMD 算法具有频域多尺度的定频分解属性，能够准确提取 6 个模式分量，分解结果没有出现模式混淆和模式丢失现象。

除了把所有模式分量按不同尺度分解出来的全分量模式外，GVMD 算法也可以实现按需提取感兴趣的信号分量。设置 f=[30Hz 60Hz 90Hz] 以提取有用的模式分量，指定较大的尺度参数以完成窄带信息提取，为其他所有的干扰分量设定较小的尺度参数，并作为一个模式分量进行提取。设置 $K=4$，$\alpha=$[5000 5000 5000 100]，分解结果如图 9.5 所示。

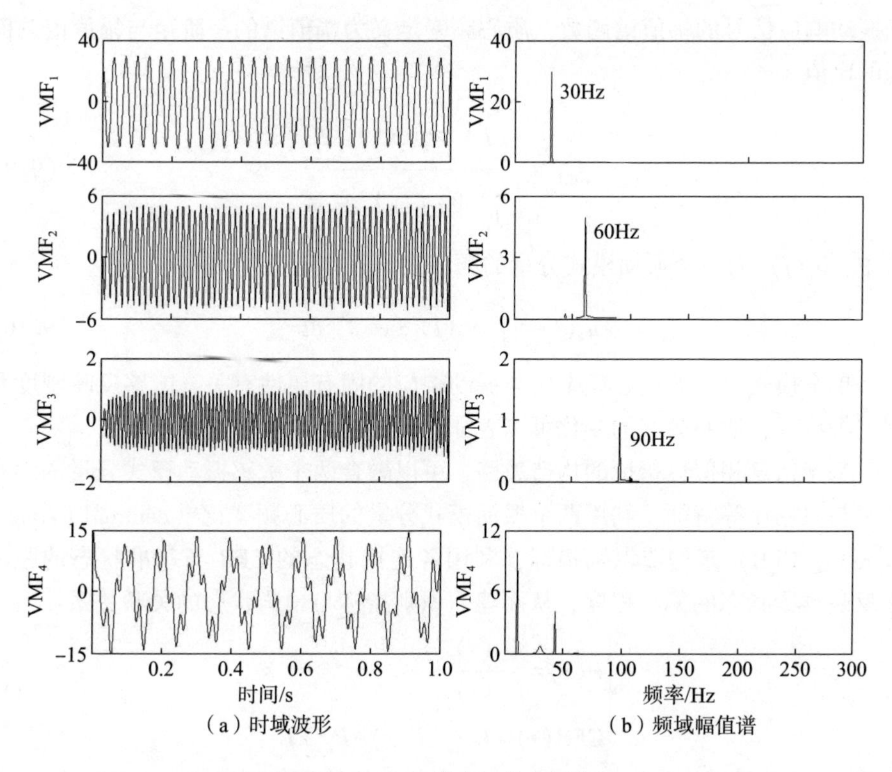

（a）时域波形　　（b）频域幅值谱

图 9.5　GVMD 算法按需分解结果

由图 9.4 和图 9.5 可知，通过引入振动响应中心频率和带宽的先验信息，GVMD 算法可以在给定的中心频率附近完成频域多尺度分解，获得 3 个有意义的窄带模式分量，将干扰分量作为信号余量；并且，在给定中心频率后，GVMD 算法的分解效率相对于 VMD 有较大提升。通过提取感兴趣的微弱模式分量，GVMD 算法可为振动响应的敏感特征提取提供基础。

9.2　振动响应敏感特征提取

获得振动响应信号的 VMF 后，可以提取反映连接结构预紧状态变化的敏感特征，包括时域和频域统计特征、能量特征和相似度特征等。

9.2.1　质心频率比的相似性指标构造

频域幅值谱函数能够反映振动响应的幅值和频率分布特性。振动响应经过归一化处理之后，连接结构的预紧状态变化可直接反映在幅值谱的变化中。基于振动响应信号的幅值谱函数，质心频率定义为幅值谱的一阶矩与幅值谱总面积的比值。

$$f_{c,k}=\frac{\int_0^{\infty} f\cdot |\bar{u}_k(f)|^2\mathrm{d}f}{\int_0^{\infty} |\bar{u}_k(f)|^2\mathrm{d}f} \tag{9.9}$$

式中：$\bar{u}_k(f)$ 为单个振动模式分量的频域幅值谱，定义为

$$\bar{u}_k(f)=\int_0^{\infty} u_k(t)\cdot \mathrm{e}^{-\mathrm{i}\cdot 2\pi ft}\mathrm{d}t \tag{9.10}$$

单个模式分量的质心频率仅与振动响应的固有属性有关，能够反映刚度和阻尼等特征，质心频率的变化可以表征连接结构的预紧状态变化。

基于信息相似性指标的构造思路，可以融合两个敏感振动模式分量的固有频率与阻尼比等特征。利用两个振动模式分量的质心频率比（centroid frequency ratio，CFR）来构造识别指标，利用各连接状态的 CFR 与基准状态的距离来反映预紧状态的偏离程度，从而建立识别指标与预紧状态的关联关系：

$$\begin{cases} P(r)=\dfrac{f_{c,1}(r)}{f_{c,2}(r)} \\ \mathrm{CFR}(r)=C\cdot |P(r)-P_0(r)| \end{cases} \tag{9.11}$$

式中：r 为连接状态序号；$P_0(r)$ 为基准状态下的质心频率比；C 为放大常数，取 10000。

CFR 反映了不同振动模式分量的质心频率对连接结构状态变化的敏感程度。CFR 识别指标度量了辨识状态与基准状态的距离，CFR 指标越小说明连接结构状态越接近基准状态，反之则两种状态的差异越大。

9.2.2 差分振动模式的频带能量特征构造

连接结构在实际应用中一般采用对称排布方式，不同位置的预紧状态改变将导致振动信号响应产生差异，主要体现为相位、幅值或频率的不同。差分信号能够反映结构振动响应在不同位置的差异，可以用来捕捉连接状态的变化信息。将差分信号进行多模式处理之后，每个模式都存在一定的差异性，从中选取对连接状态敏感的差分信息可以实现状态辨识。

当连接结构的预紧状态发生变化时，各差分振动模式的能量变化趋势有所不同，选择能量变化趋势相反的差分振动模式分量来构造能量比识别指标，能够提高指标对连接状态变化的敏感度。在选择敏感的差分振动模式分量时，为了减小外激励载荷对选择结果的影响，首先对各差分振动模式的能量进行归一化处

理，然后选择能量随连接结构状态变化趋势相反的差分振动模式构造识别指标。

$$p_k = \frac{E_k}{\sum_{k=1}^{K} E_k} \tag{9.12}$$

式中：E_k 为单个差分振动模式分量的能量，定义为

$$E_k = \int_{-\infty}^{\infty} |u_k(t)|^2 \mathrm{d}t \tag{9.13}$$

为反映连接结构差分振动响应信号敏感频带能量的变化，将两个敏感差分振动模式的能量比定义为识别指标，识别指标 DI 表示为

$$\mathrm{DI} = p_i / p_j \tag{9.14}$$

识别指标 DI 融合了不同位置振动响应信号的幅值与相位的差分信息，属于无量纲指标，能够捕捉微弱分量的变化，一般适用于随机激励载荷作用的连接状态辨识问题。

9.3　螺栓连接梁结构的应用

CFR 识别指标的核心是反映振动响应中心频率的变化，通过对比频域信息的变化，适用于脉冲激励载荷作用的场景。DI 识别指标是基于差分振动响应的时域统计特征构造的，通过对比时域信息的变化，适于分析多个连接结构的预紧状态变化。

为验证 GVMD 算法和两类特征指标的有效性，以双螺栓连接梁结构为研究对象，分别开展随机激励和脉冲激励载荷作用的连接状态辨识研究，主要步骤如下：

（1）采集连接结构在不同预紧状态和不同载荷工况的振动响应加速度信号。

（2）基于先验知识和初步分析结果，利用 GVMD 算法准确提取各振动模式分量。

（3）利用各个振动模式分量构造相应的 CFR 或 DI 识别指标，建立敏感特征与连接状态变化的对应关系，实现连接结构预紧状态的辨识。

9.3.1　脉冲载荷激励

9.3.1.1　实验设置

利用脉冲载荷激励实验研究 CFR 识别指标的状态辨识效果。连接梁结构

的搭接区域为 60mm×60mm，两个 M8 螺栓安置于中央，悬臂端尺寸为 350mm×60mm×15mm。利用压电加速度传感器获得振动响应信号，测点为 S_1 ~ S_5，如图 7.9 所示。实验时，利用力矩扳手控制螺栓连接的预紧载荷，两个螺栓施加相同的预紧载荷，共设置 9 种连接状态，如表 9.1 所示。将拧紧力矩 20N·m 作为正常状态，即 L0。

表 9.1 连接状态与螺栓拧紧力矩

连接状态	L0	L1	L2	L3	L4	L5	L6	L7	L8
拧紧力矩/(N·m)	20	18	16	14	12	10	8	6	4

螺栓连接梁的实验结构如图 9.6 所示，采用力锤施加脉冲激励载荷，每种连接状态重复 10 次实验。利用 LMS 系统采集加速度响应，采样频率 10240.0Hz，采样时长 7s，共 90 组实验数据。

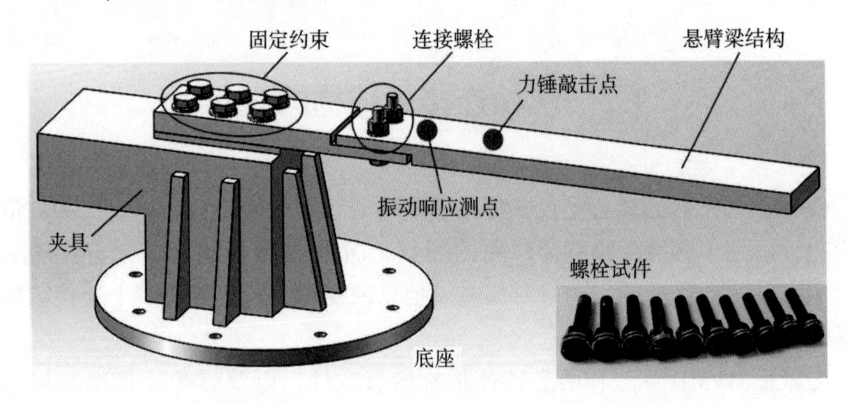

图 9.6 螺栓连接梁的实验结构

9.3.1.2 振动信号分解

以连接状态 L4 测点 S_2 的脉冲响应信号为例进行说明，并对原始振动响应信号进行截取，时域波形和频域幅值谱如图 9.7 所示。

由图 9.7（b）可知，实验观测的加速度响应信号主要包含四种振动模式，其中，振动模式 1 相对微弱，振动模式 2 和振动模式 3 较强；振动模式 1~4 的峰值频率分别约为 56.5Hz、507.3Hz、1316.5Hz 和 4589.0Hz。将振动模式 1~3 均视为窄带模式，将振动模式 4 视为宽带模式，利用振动模式 1~4 的峰值频率设置 GVMD 算法的先验中心频率参数，对振动模式 1~3 采取频域小尺度定频分解，GVMD 算法的参数设置为 $K=4$、$\alpha=[1000\ 1000\ 1000\ 50]$ 和 $f=[56.5\text{Hz}\ 507.3\text{Hz}\ 1316.5\text{Hz}]$，分解结果如图 9.8 所示。

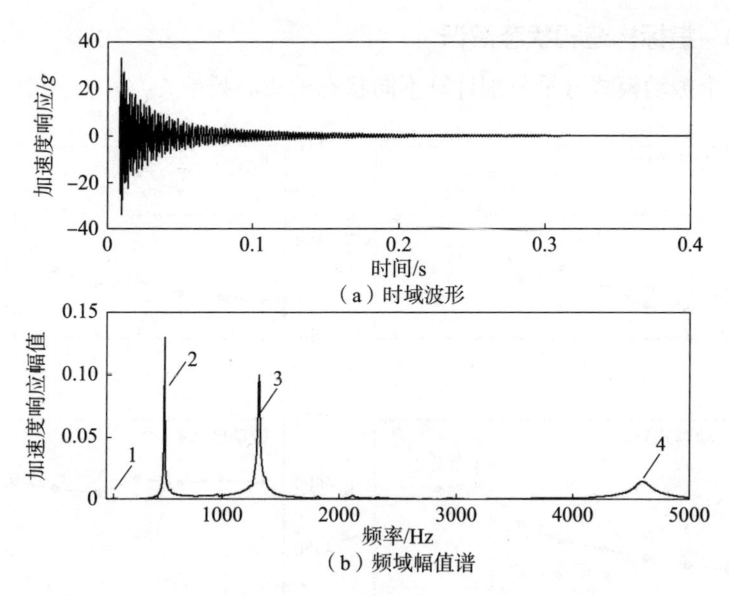

图 9.7　连接状态 L4 测点 S_2 脉冲响应信号

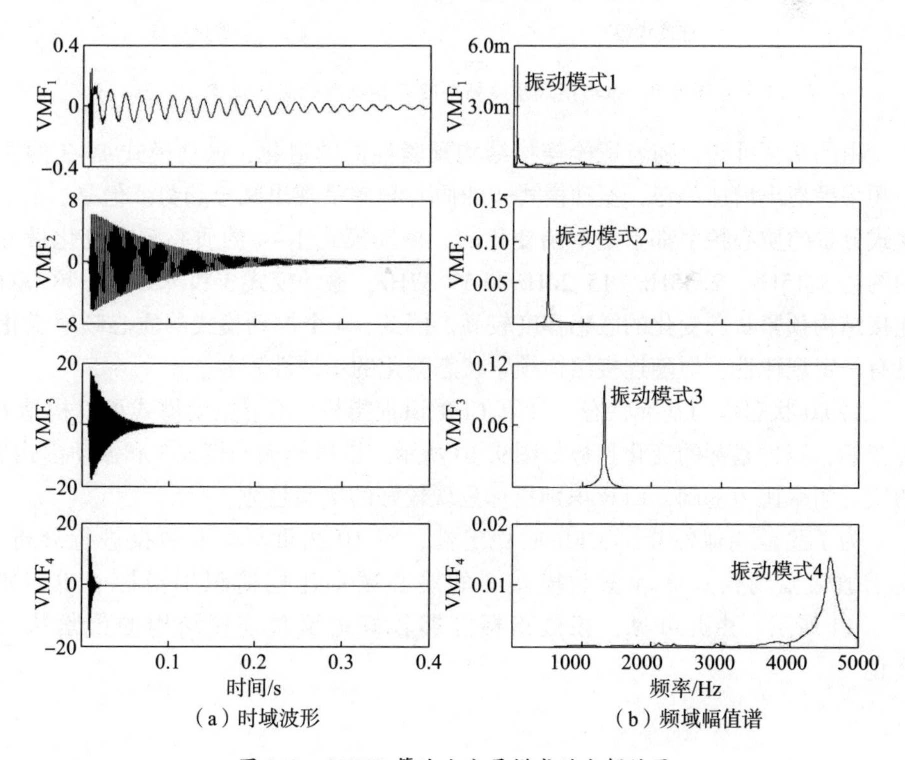

图 9.8　GVMD 算法全分量模式的分解结果

9.3.1.3 指标构造和状态辨识

对 4 个振动模式分量分别计算不同状态的质心频率 $f_{c,1} \sim f_{c,4}$，如图 9.9 示。

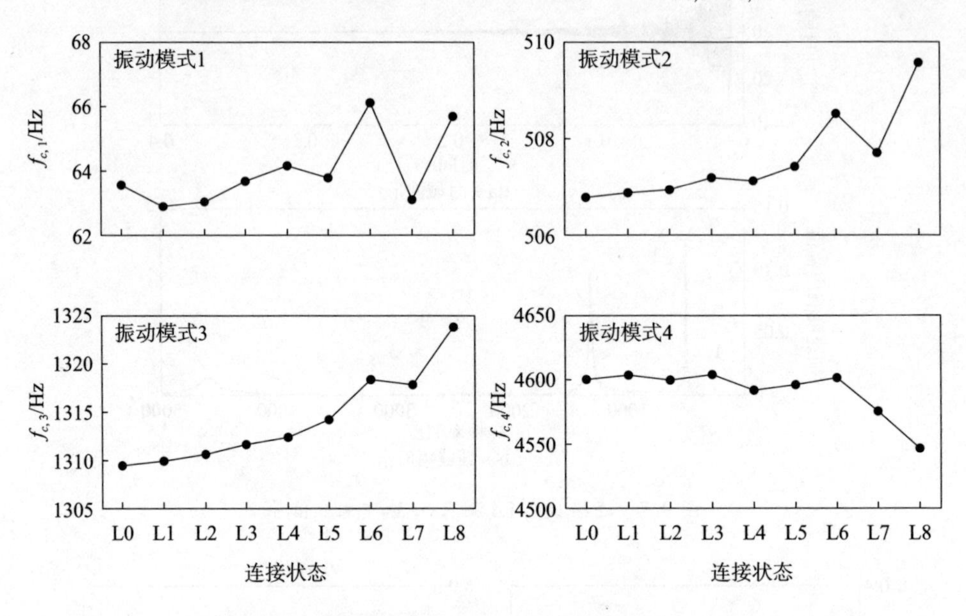

图 9.9 振动模式质心频率随连接状态的变化规律

由图 9.9 可知，随着螺栓连接结构预紧性能的退化，振动模式 1~3 的质心频率呈现出增加趋势，振动模式 4 的质心频率呈现出减小趋势。但是，4 个模式分量的质心频率都不是单调变化的，振动模式 1~4 的质心频率变化量分别约为 3.15Hz、2.55Hz、15.20Hz 和 59.37Hz，振动模式 3 和 4 的质心频率对连接结构预紧状态变化的敏感程度较高。因此，4 个振动模式的质心频率变化具有一定规律性，但随连接结构预紧状态变化的单调性较差。

将 L0 状态作为基准状态，计算 CFR 识别指标，4 个振动模式可以构造 6 种指标，每种指标的变化趋势如图 9.10 所示。以敏感振动模式 3 和振动模式 2 的质心频率比为基础，CFR 识别指标呈现较好的单调趋势。

为了验证相似性指标 CFR 的稳定性，对 10 次重复实验数据进行分析，基于敏感振动模式 3 和振动模式 2 的质心频率比构造识别指标 CFR，如图 9.11 所示。由此可见，相似指标能够较好地反映连接结构的预紧状态变化。

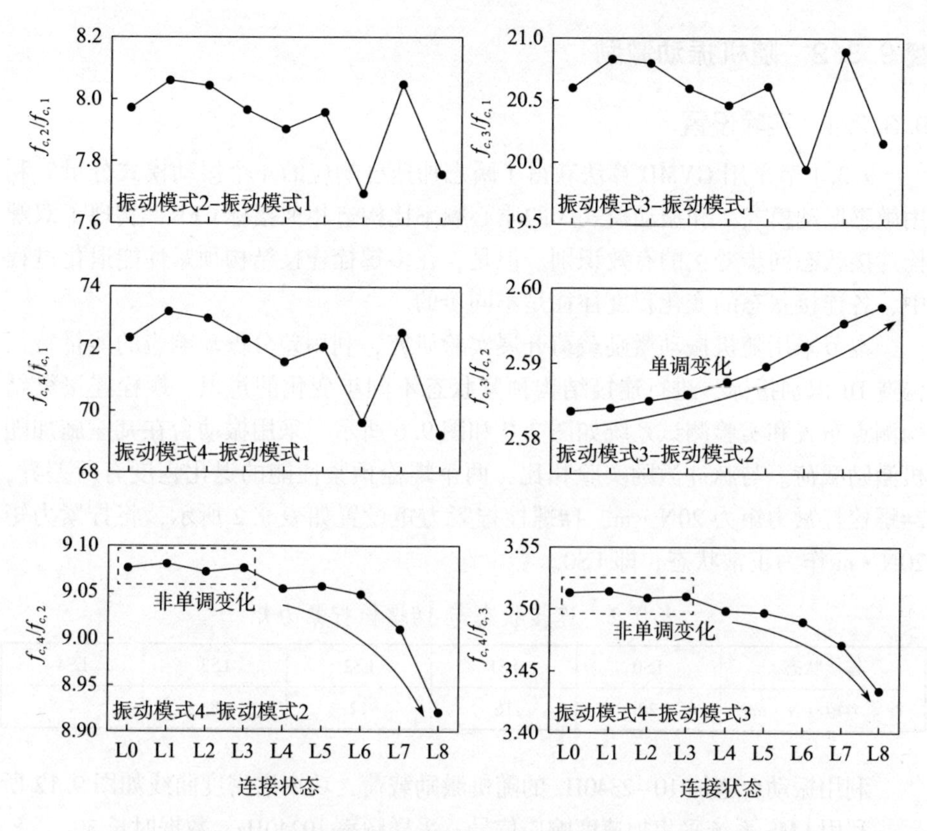

图 9.10　振动模式质心频率比随连接状态的变化规律

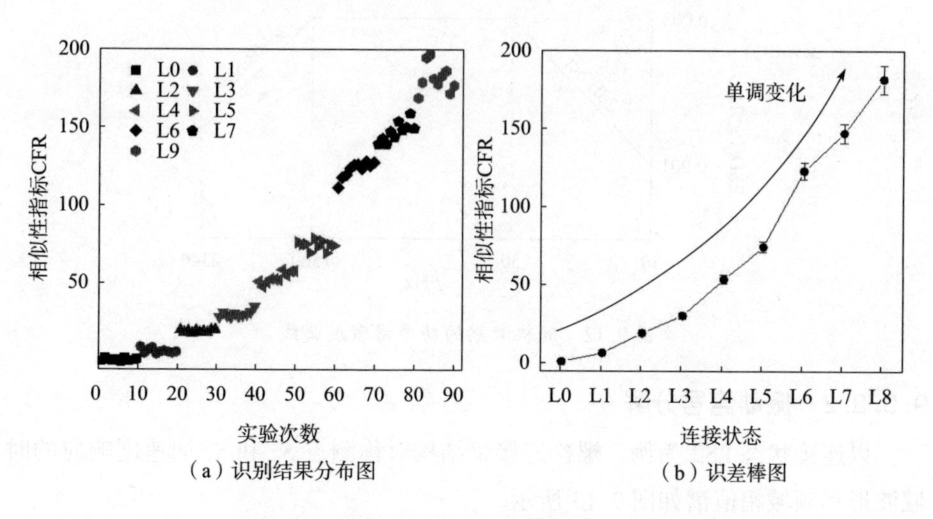

（a）识别结果分布图　　（b）识差棒图

图 9.11　重复实验下相似性指标的识别结果

9.3.2 随机振动激励

9.3.2.1 实验设置

9.3.1 节采用 GVMD 算法获得了瞬态加速度响应的 4 个振动模式分量，利用敏感振动模式 2 和振动模式 3 的质心频率比构造相似指标 CFR，实现了双螺栓连接状态同步变化的有效识别。但是，在多螺栓连接结构预紧性能退化过程中，各连接状态的变化程度往往是不同步的。

本节采用随机振动激励载荷开展实验研究，利用差分振动响应的能量特征构造 DI 识别指标，进行连接结构预紧状态不同步变化的辨识。螺栓连接梁结构测点布置和实验测试系统如图 7.9 和图 9.6 所示，采用振动台在基座施加随机激励载荷。与脉冲激励实验相比，两个螺栓预紧性能的退化程度有所差异，2#螺栓拧紧力矩为 20N · m，1#螺栓拧紧力矩设置如表 9.2 所示，将拧紧力矩 20N · m 作为正常状态，即 LS0。

表 9.2 连接状态与 1#螺栓拧紧力矩

连接状态	LS0	LS1	LS2	LS3	LS4
拧紧力矩/(N · m)	20	16	12	8	4

利用振动台施加 10~2340Hz 的随机激励载荷，功率谱密度曲线如图 9.12 所示。利用 LMS 系统采集加速度响应信号，采样频率 10240Hz，数据时长 30s。

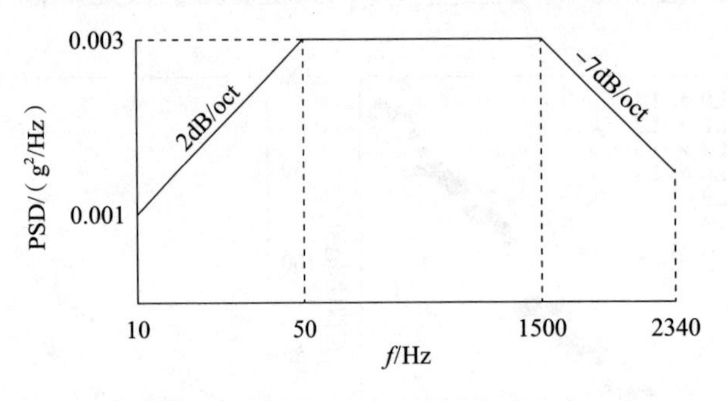

图 9.12 随机激励的功率谱密度曲线

9.3.2.2 振动信号分解

以连接状态 LS2 为例，螺栓连接梁结构对称测点 S_2 和 S_3 加速度响应的时域波形和频域幅值谱如图 9.13 所示。

由图 9.13 可知，加速度响应主要由 4 个振动模式构成，峰值频率分别为

51.25Hz、487Hz、1257Hz 和 2022Hz，其中振动模式 2 能量相对较大，振动模式 1 和 4 相对微弱，振动模式 3 能量强度适中。

通过对比图 9.7 和图 9.13 可知，两种实验模式下，前 3 个振动模式的峰值频率相差较小，但随机激励的峰值频率略低于脉冲激励，这是由于随机激励的振动能量输入高于脉冲激励，导致螺栓连接结构整体刚度有所降低，体现了连接结构的非线性软化刚度特征，这与第 4 章仿真结果的规律一致。

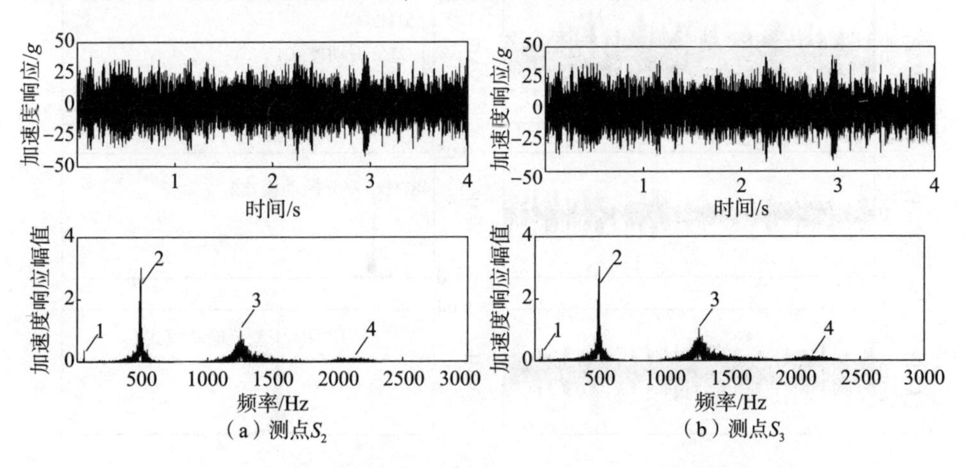

（a）测点S_2　（b）测点S_3

图 9.13　连接状态 LS2 对称测点 S_2 和 S_3 的加速度响应

为了体现对称测点振动响应的差异性，抑制原始信号中的无关信息，利用 S_2 和 S_3 测点的差分振动信号构造相似指标，如图 9.14 所示。

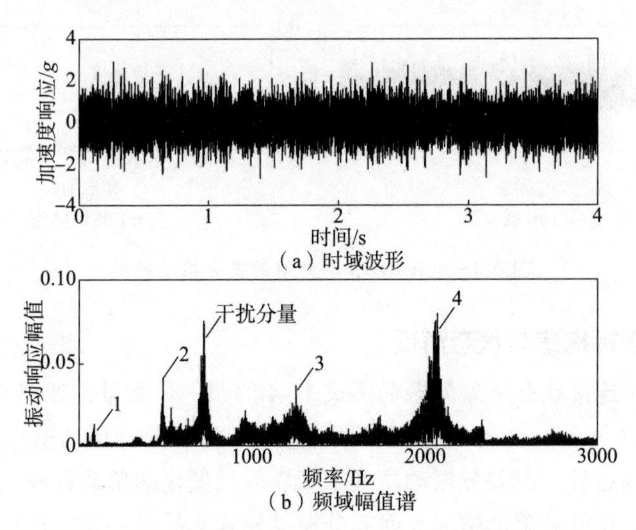

（a）时域波形

（b）频域幅值谱

图 9.14　对称测点 S_2 和 S_3 的差分振动响应信号

由图 9.14 可知，在差分振动信号中，除振动模式 1~4 之外，还存在其他频段的微弱振动模式，为减小外界干扰影响，主要研究差分振动模式 1~4。利用 GVMD 算法将差分振动信号分解为不同频带振动模式，GVMD 算法的参数设置为 $K=5$、$f=[51.25\text{Hz}\ 487\text{Hz}\ 1257\text{Hz}\ 2069\text{Hz}]$ 和 $\alpha=[10000\ 5000\ 5000\ 5000\ 100]$，分解结果如图 9.15 所示。

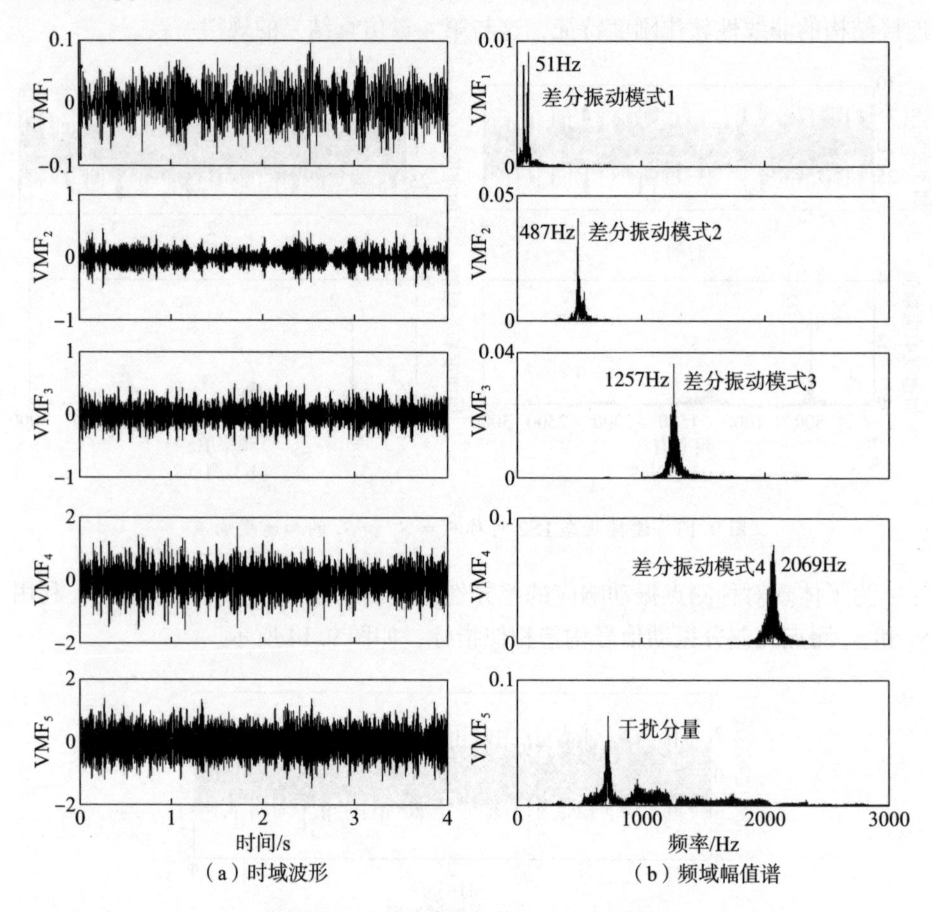

图 9.15 GVMD 算法分解的差分振动模式

9.3.2.3 指标构造与状态辨识

计算 5 种连接状态下差分振动模式 1~4 的归一化能量，如图 9.16 所示。

由图 9.16 可知，随着 1#螺栓拧紧力矩的下降，差分振动模式 1~3 的归一化能量呈增加趋势，但差分振动模式 1 和 3 能量变化的单调性较差，差分振动模式 2 的归一化能量单调增加，而差分振动模式 4 的归一化能量单调减少。因此，选择位于 487Hz 附近的差分振动模式 2 和位于 2069Hz 附近的差分振动模

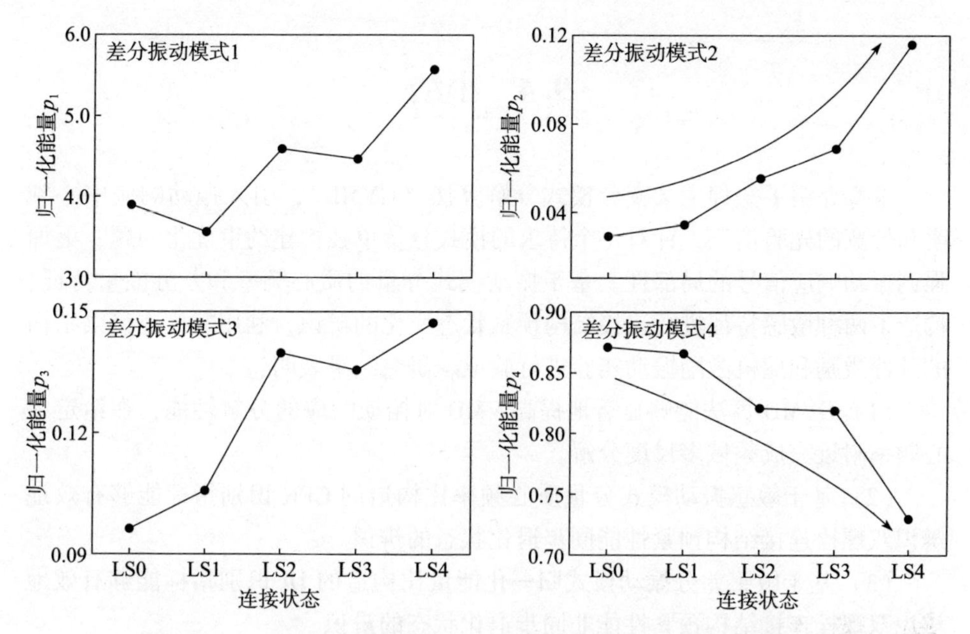

图 9.16　差分振动模式归一化能量随连接状态的变化规律

式 4 作为敏感差分振动模式。采用差分振动模式 4 与差分振动模式 2 的归一化能量比，构造连接结构预紧状态变化的识别指标 DI，表征 2069Hz 附近和 487Hz 附近两个敏感差分振动模式能量的相对大小，如图 9.17 所示。

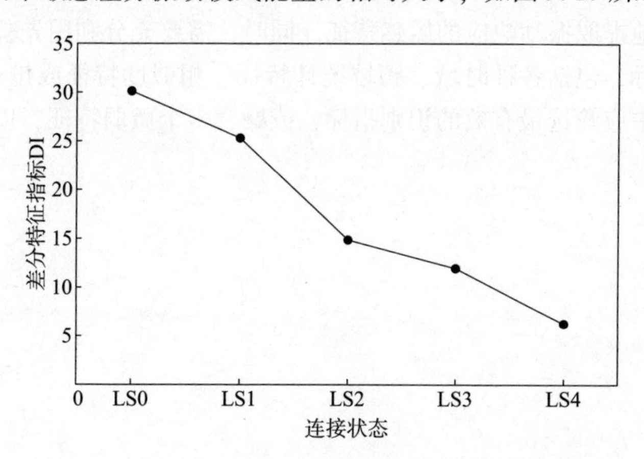

图 9.17　基于 GVMD 算法和 DI 指标的状态识别结果

由图 9.17 可知，识别指标 DI 随着 1#螺栓连接预紧性能的退化逐渐减小，具有较好的辨识效果。

9.4 小结

本章介绍了一种广义变分模式分解算法（GVMD），引入振动响应中心频率和带宽的先验信息，针对每个待求的模式分量单独构建约束优化问题，更加强调振动响应信号的局部性。基于振动模式分量的质心频率和差分能量特征，构造了两种敏感特征进行连接结构预紧状态变化的辨识，利用螺栓连接梁结构的脉冲激励和随机激励振动实验进行验证。研究结果表明：

（1）GVMD 算法能够显著地提高 VMD 对振动响应的分解性能，在给定中心频率附近完成频域多尺度分解。

（2）基于敏感振动模式分量质心频率比构造的 CFR 识别指标能够有效地辨识双螺栓连接结构预紧性能同步退化状态的辨识。

（3）基于敏感差分振动模式归一化能量比构造的 DI 识别指标能够有效地辨识双螺栓连接结构预紧性能非同步退化状态的辨识。

然而，针对不同载荷工况的连接结构，构造的识别指标不一定完全适用，或者对预紧性能退化状态不敏感。但是，基于振动响应构造敏感特征指标进行状态辨识的思路是相似的，相比于自适应模式分解方法，基于小波变换的多分辨分析（multi-resolution analysis，MRA）和基于稀疏表示的谐波字典分析等方法也能较好地提取振动响应的敏感特征。同时，需要充分利用先验动力学知识构造识别指标，包括各种时域、频域统计特征、相似度特征或排列熵特征等，在实际应用中应筛选最有效的识别指标，或融合多个微弱特征，以达到期望的辨识效果。

第10章 基于状态信息相似性的连接预紧性能定量评估方法

连接结构预紧状态的定量评估对装备结构的健康监测具有重要的工程指导价值，如何利用振动响应信息确定连接结构预紧性能的退化程度是研究的重点。对于简单连接结构（如第7章~第9章的螺栓连接梁结构），可以通过构造敏感特征进行状态识别，对连接预紧性能进行准确判断。但是，对于工程装备结构，连接数目、类别较多，且工况相对复杂，准确地识别连接结构的预紧状态往往比较困难。

连接结构从正常状态到失效是一个连续变化的过程，为了准确地监测连接结构的健康状况，需要构造有效、敏感和稳定的评估指标来描述预紧性能的退化程度，以实现连接状态的定量评估。在连接结构预紧性能退化过程中，工作状态逐渐偏离正常状态，导致两者的相似性不断减弱。因此，连接结构预紧性能退化程度的定量评估就转化为不同预紧状态的相似性度量问题，可通过计算不同连接状态的距离相似性来构造定量评估指标。

本章介绍一种基于状态信息相似性分析的连接结构预紧性能退化程度的定量评估方法。其中，基于线性判别分析（linear discriminant analysis，LDA）方法，利用比迹（ratio trace，TR）准则实现特征状态子空间的提取；基于支持向量数据描述（support vector data description，SVDD）构建基准状态的超球体模型。并且，本章利用不同连接状态与基准状态超球体之间的距离构造指标，评估连接结构预紧性能的退化程度。

10.1 振动响应的敏感特征提取

第9章基于信号自适应分解方法GVMD，提取了振动响应的微弱、耦合特征分量，构造了有效的识别指标，但根据先验动力学知识有针对性地设计和构造辨识特征是十分困难的。对振动响应进行时频 MRA 是理解信号特征的通用方法之一，通过在各个尺度上对信号进行分析，可以得到不同频段的特征信息分布，增加特征的维度和深度。特征提取的本质是对振动响应信号进行前端处理，尽可能地提取丰富的结构状态信息，保证特征信息的完备性，为建立识别与评估模型提供敏感特征向量输入。为此，需要从众多特征中筛选敏感特征，尽可能地保留结构状态变化的特征信息，提高识别和评估的准确度。

针对非平稳、非线性振动响应信号的处理，基于双树复小波变换（dual tree complex wavelet transform，DTCWT）[186] 发展的近似解析小波包变换（quasi-analytic wavelet packet transform，QAWPT）算法[208]，实现振动响应在全频带的 MRA，可有效地减少特征信息的损失。为了尽可能地保证特征信息的完备性，提取振动响应的时域、频域统计特征和基于近似解析小波包变换的排列熵（permutation entropy，PE）特征[209]，并利用类内、类间距离的评估技术（distance evaluation technique，DET）对敏感特征进行筛选[210]。

10.1.1 基于双树复小波变换（DTCWT）基本原理

DTCWT 需要引入两个相互平行的经典小波变换，两个小波变换过程分别使用满足希尔伯特变换关系的低通滤波器组和高通滤波器组，基于有限的数据冗余度获得近似平移不变、精确线性相位等特性。为了直观地表示 DTCWT 的分解和重构过程，将二叉树展开为“实部分支”和“虚部分支”，如图 10.1

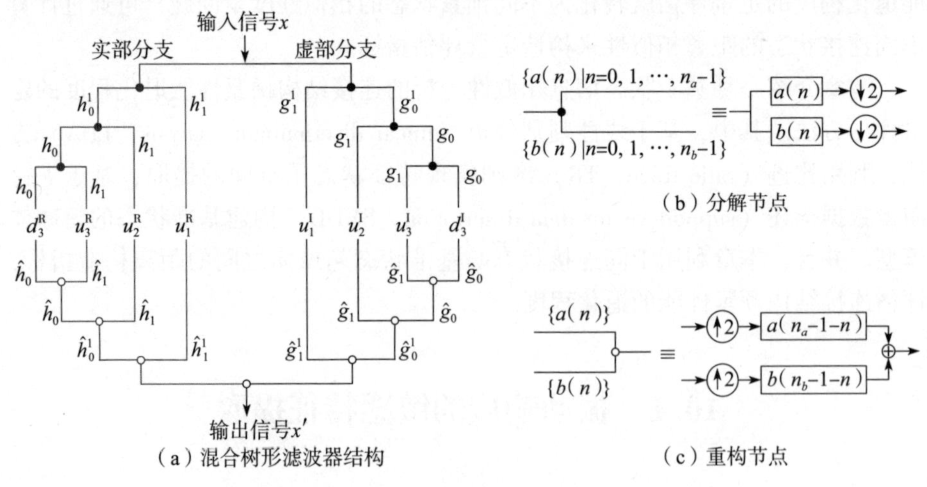

(a) 混合树形滤波器结构

(b) 分解节点

(c) 重构节点

图 10.1　DTCWT 分解及重构的示意图（3 层）

所示。图 10.1（a）中，h_0 和 h_1 分别为实部分支的低通滤波和高通滤波器，g_0 和 g_1 分别为虚部分支的低通滤波器和高通滤波器，两个分支的低通滤波器应近似满足半采样延迟条件，即 $g_0(n)=h_0(n-0.5)$，u 和 d 分别为内积运算的高频系数和低频系数，上标 R 表示实部，I 表示虚部。图 10.1（b）和（c）分别为分解节点和重构节点示意图。

为了验证 DTCWT 的近似平移不变性，分别利用 DTCWT 和经典小波变换对一组连续平移的阶跃信号进行分解，分解得到的各尺度重构信号如图 10.2 所示。

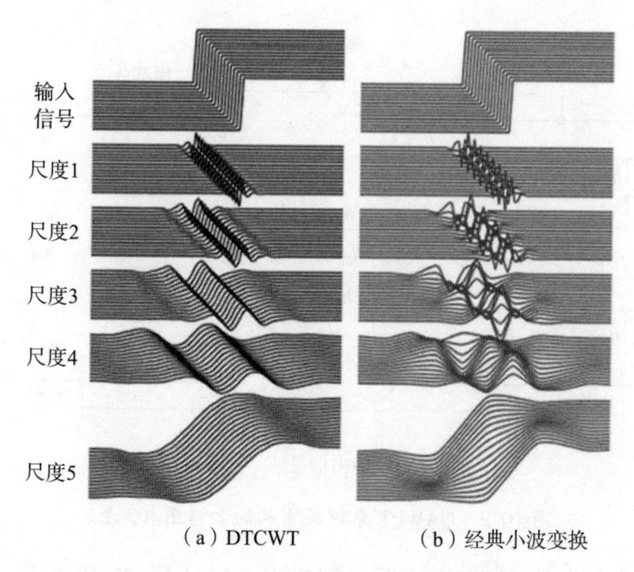

图 10.2　重构信号平移不变性的对比结果

由图 10.2 可知，DTCWT 的分解结果更为平滑，且波形基本保持一致。但是，经典小波变换的部分尺度分量出现了振荡，且波形无法保持一致。因此，DTCWT 的平移不变性明显优于经典小波变换。

与经典小波变换类似，DTCWT 的高频信号也可以继续分解，扩展为双树复小波包变换。但是，直接对树形结构进行扩展，无法保持高频分量的近似平移不变性，容易造成频带混叠和能量泄漏，采用多小波基融合的 QAWPT 可以改善这种情况。

10.1.2　近似解析小波包变换（QAWPT）基本原理

QAWPT 可以将 DTCWT 中未分解的高频段成分进一步细分，挖掘出隐藏在信号高频段的特征信息。采用混合树型滤波器进行信号分解，可以使不同尺度的频带相互正交，有效地保留了非平稳信号的原始特征信息。因此，相比于DTCWT，QAWPT 可以提取非平稳信号的更多敏感特征。

QAWPT 的混合树形滤波器结构如图 10.3 所示。其中，QAWPT 由两个滤波分支组成，滤波器组是由单一的双树复小波基扩展为多个小波基融合的混合树形结构。因此，QAWPT 继承了 DTCWT 的近似平移不变性和线性相位等特性。QAWPT 混合树形滤波器主要包括三部分：①采用消失矩阶数为 14 的“db14”规范正交基作为第一尺度分解滤波器组；②采用频域能量最小化构造的“Q-Shift14”双树复小波滤波器组；③扩展解析小波滤波器组。

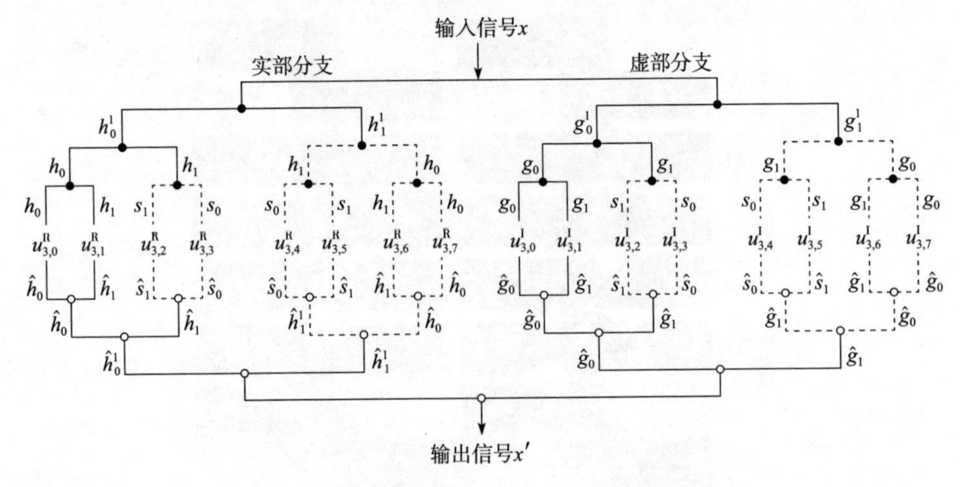

图 10.3　QAWPT 分解及重构的示意图（3 层）

为了直观地说明 QAWPT 的近似解析性，以 3 层 DTCWT 和 QAWPT 分解为例，8 个小波尺度的频响函数如图 10.4 所示。

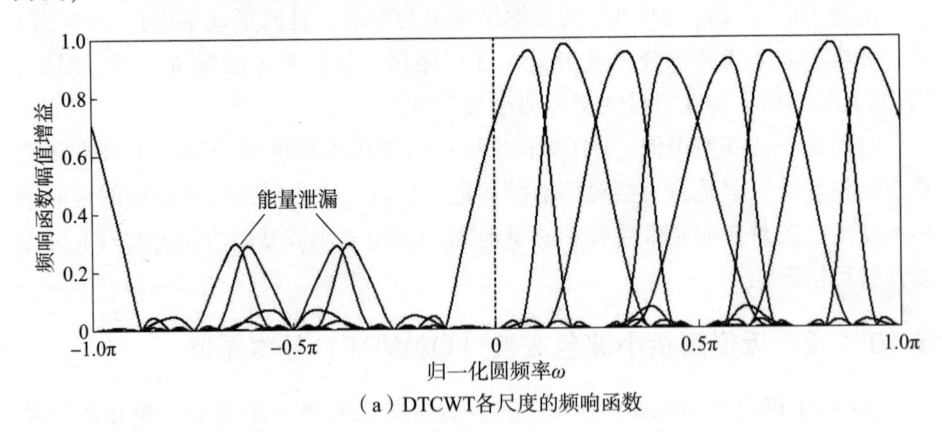

（a）DTCWT各尺度的频响函数

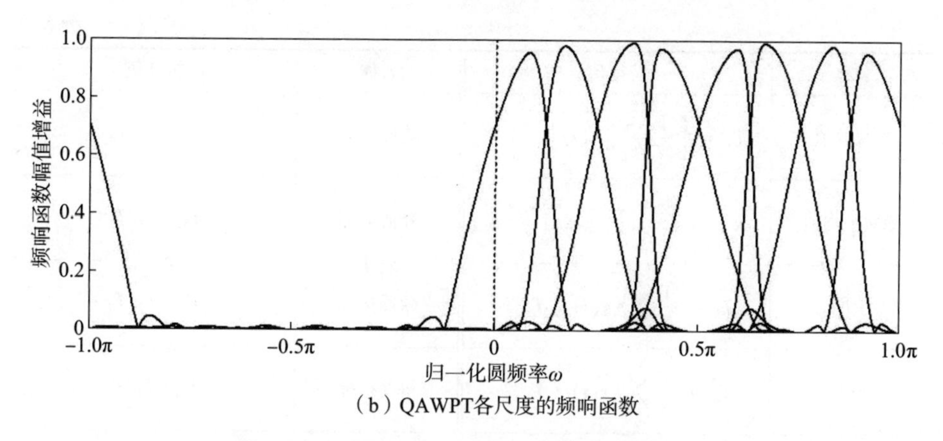

（b）QAWPT各尺度的频响函数

图 10.4　QAWPT 和 DTCWT 的近似解析性对比

由图 10.4 可知，QAWPT 各尺度的频响函数除第一层分解外均在正半轴单侧区域，在负半轴区域的能量泄漏较小，而 DTCWT 各尺度的频响函数在负半轴区域出现较多的能量泄漏。因此，QAWPT 近似解析性要优于 DTCWT。在滤波器平移过程中，负频率通带容易发生能量泄漏，造成频带混叠。QAWPT 在负半轴区域的能量泄漏远远小于 DTCWT，能够获得更好的频带混叠抑制效果，提高特征信息的真实性，更加准确地提取振动响应的敏感特征信息。

10.1.3　DET 状态敏感特征提取

利用 QAWPT 对连接结构振动响应进行时频 MRA，分别从时域和频域中提取反映连接结构预紧性能变化的特征信息来构造多域特征集，特征提取方法见表 10.1 和表 10.2。多域特征提取能够保证特征信息的完备性，避免有效特征信息的丢失。然而，构造的多域特征集中往往存在冗余特征，对连接结构预紧状态的变化不敏感，与预紧性能的退化程度相关性较低，不仅无法提升连接状态识别与评估的准确度，反而会增加额外的计算量。因此，需要利用类内、类间距离的特征评估技术，筛选出对连接结构预紧状态识别与评估的有效敏感特征。

表 10.1　时域统计特征

名称	特征值	名称	特征值
均值	$T_1 = \frac{1}{N}\sum_{i=1}^{N} x(i)$	峰峰值	$T_9 = T_7 - T_8$
均方根值	$T_2 = \left[\frac{1}{N}\sum_{i=1}^{N} x^2(i)\right]^{1/2}$	方差	$T_{10} = \frac{1}{N-1}\sum_{i=1}^{N}[x(i) - T_1]^2$

续表

名称	特征值	名称	特征值
方根幅值	$T_3 = \left[\frac{1}{N}\sum_{i=1}^{N} \lvert x(i) \rvert^{1/2}\right]^2$	波形指标	$T_{11} = T_2/T_4$
绝对平均值	$T_4 = \frac{1}{N}\sum_{i=1}^{N} \lvert x(i) \rvert$	峰值指标	$T_{12} = T_7/T_2$
歪度	$T_5 = \frac{1}{N}\sum_{i=1}^{N} [x(i) - T_1]^3$	脉冲指标	$T_{13} = T_7/T_4$
峭度	$T_6 = \frac{1}{N}\sum_{i=1}^{N} [x(i) - T_1]^4$	裕度指标	$T_{14} = T_7/T_3$
最大值	$T_7 = \max[x(i)]$	歪度指标	$T_{15} = \frac{T_{10}^{-3/2}}{N-1}\sum_{i=1}^{N} [x(i) - T_1]^3$
最小值	$T_8 = \min[x(i)]$	峭度指标	$T_{16} = \frac{T_{10}^{-2}}{N-1}\sum_{i=1}^{N} [x(i) - T_1]^4$

注：T_i 表示时域统计特征，$x(i)$ 表示时域信号序列，N 表示数据样本点数。

表 10.2　频域统计特征

名称	特征值	名称	特征值
均值	$F_1 = \frac{1}{M}\sum_{j=1}^{M} y(j)$	综合特征	$F_7 = \left\{\sum_{j=1}^{M} [f_j^2 \cdot y(j)] / \sum_{j=1}^{M} y(j)\right\}^{1/2}$
方差	$F_2 = \frac{1}{M-1}\sum_{j=1}^{M} [y(j) - F_1]^2$		$F_8 = \left\{\sum_{j=1}^{M} [f_j^4 \cdot y(j)] / \sum_{j=1}^{M} [f_j^2 \cdot y(j)]\right\}^{1/2}$
歪度	$F_3 = \frac{F_2^{-1/3}}{M-1}\sum_{j=1}^{M} [y(j) - F_1]^3$		$F_9 = \frac{\sum_{j=1}^{M} [f_j^2 \cdot y(j)]}{\left\{\sum_{j=1}^{M} y(j) \cdot \sum_{j=1}^{M} [f_j^4 \cdot y(j)]\right\}^{1/2}}$
峭度	$F_4 = \frac{F_2^{-2}}{M-1}\sum_{j=1}^{M} [y(j) - F_1]^4$		$F_{10} = F_6/F_5$
频率均值	$F_5 = \sum_{j=1}^{M} [f_j \cdot y(j)] / \sum_{j=1}^{M} y(j)$		$F_{11} = \frac{F_6^{-3}}{M}\sum_{j=1}^{M} [(f_j - F_5)^3 \cdot y(j)]$
频率均方根	$F_6 = \left\{\frac{1}{M}\sum_{j=1}^{M} [(f_j - F_5)^2 \cdot y(j)]\right\}^{1/2}$		$F_{12} = \frac{F_6^{-4}}{M}\sum_{j=1}^{M} [(f_j - F_5)^4 \cdot y(j)]$
			$F_{13} = \frac{F_6^{-1/2}}{M}\sum_{j=1}^{M} [(f_j - F_5)^{1/2} \cdot y(j)]$

注：F_i 表示频域统计特征，f_j 表示频谱中的频率成分，$y(j)$ 表示与 f_j 对应的幅值，M 表示频谱中的谱线个数。

除了上述时域、频域统计特征外，利用 QAWPT 进行时频 MRA，能够提取重构信号每个尺度的排列熵特征。排列熵是一种衡量信号序列复杂度的非线性特征参数，对响应信号的微弱变化具有较高的敏感性，且抗噪声能力强。

以连接结构振动响应构成的时间序列 $x(i)$ 为研究对象，计算其排列熵值。将一维时间序列进行相空间重构：

$$\boldsymbol{y}=\begin{bmatrix} x(1) & x(1+\tau) & \cdots & x(1+m\tau-\tau) \\ x(2) & x(2+\tau) & \cdots & x(2+m\tau-\tau) \\ \vdots & \vdots & \ddots & \vdots \\ x(d) & x(d+\tau) & \cdots & x(d+m\tau-\tau) \end{bmatrix} \tag{10.1}$$

式中：m 为嵌入维数；τ 为延迟时间间隔；d 为相空间重构的维数，$d=N-m\tau+\tau$。

将重构矩阵 $\boldsymbol{y}$ 的每一行作为一个重构分量，对每个重构分量中的元素按其数值大小进行升序排列。提取每个元素在排序前重构分量中所在列的索引，组成一个符号序列 S_k。对于重构的 m 维列向量，可能出现的符号序列共有 $m!$ 种，计算第 k 种排列形式出现的概率 p_k，该时间序列的排列熵定义为

$$P=-\sum_{k=1}^{d}(p_k\cdot\ln p_k) \tag{10.2}$$

对排列熵进行归一化处理，可得

$$P=\frac{P}{\ln(m!)}\in[0,1] \tag{10.3}$$

排列熵表示时间序列的复杂程度，P 值越小，时间序列越规则，反之时间序列越复杂。P 值的变化可以有效地表征响应信号的复杂度变化。排列熵值与嵌入维数 m、延迟时间 τ 和数据长度 N 有关，当 m 介于3~7时，τ 取值1~5，$N>256$ 个点，可以获得稳定、有效的排列熵值，实现振动响应信号复杂程度的有效描述。

基于类内、类间距离的特征评估技术是一种常用的敏感特征优选方法，通过计算各特征的类间距离和类内距离的比值构造评估因子，实现特征敏感度的有效评估。基于类内、类间距离的特征评估方法具体实现如下：

（1）计算第 j 个特征 C 个类的类内距离的平均值 $S_{w,j}$。

$$\begin{cases} S_{w,j}=\dfrac{1}{C}\sum\limits_{c=1}^{C}\dfrac{1}{n_c\times(n_c-1)}\sum\limits_{l,i=1}^{n_c}|\lambda_{i,c,j}-\lambda_{l,c,j}| \\ l,i=1,2,\cdots,n_c \quad (l\neq i) \\ j=1,2,\cdots,J \\ c=1,2,\cdots,C \end{cases} \tag{10.4}$$

式中：n_c 为第 c 类数据样本个数；J 为特征个数；C 为类别个数；$\lambda_{i,c,j}$ 为第 c

类第 i 个样本第 j 个特征值；$\lambda_{l,c,j}$ 为第 c 类第 l 个样本第 j 个特征的特征值。

（2）计算第 j 个特征 C 个类的类间距离的平均值 $S_{b,j}$。

$$\begin{cases} S_{b,j} = \dfrac{1}{C \times (C-1)} \displaystyle\sum_{c,e=1}^{C} \left| \dfrac{1}{n_e} \sum_{i=1}^{n_e} \lambda_{i,e,j} - \dfrac{1}{n_c} \sum_{i=1}^{n_c} \lambda_{i,c,j} \right| \\ c,e = 1,2,\cdots,C \quad (c \neq e) \end{cases} \tag{10.5}$$

式中：n_e 为第 e 类样本个数；$\lambda_{i,e,j}$ 为第 e 类第 i 个样本第 j 个特征值。

（3）计算第 j 个特征的评估因子。

$$\alpha_j = \frac{S_{b,j}}{S_{w,j}} \tag{10.6}$$

评估因子 α_j 值的大小反映了该特征的敏感程度，值越大，特征越敏感，越能反映连接结构预紧状态的变化。基于 DET 进行敏感特征优选，具体实现步骤如下：

（1）利用 QAWPT 从振动响应信号样本中提取排列熵特征，结合信号样本的时域、频域统计特征组成多域特征集。

（2）基于类内、类间距离的特征评估技术对多域特征集进行分析，获得评估因子。

（3）根据评估因子值对特征敏感度进行降序排列，值越大，特征越敏感。

（4）选取评估因子值较大的特征构造敏感特征集。

10.1.4 算例演示

为了验证敏感特征优选技术的有效性，采用双螺栓连接梁结构的随机振动响应进行分析，如图 9.6 所示，与 9.3.2 节有所不同，本节两个螺栓连接的预紧性能同步退化，共设 7 种连接工况：2N · m、4N · m、6N · m、8N · m、12N · m、16N · m、20N · m。如图 7.9 所示，利用螺栓连接梁结构悬臂末端测点 S_5 的振动响应进行分析。采样频率 5120Hz，采样时长 120s，每 1s 数据作为一个信号样本。

按照表 10.1 和表 10.2 从每个信号样本中提取 16 个时域统计特征 $T_1 \sim T_{16}$ 和 13 个频域统计特征 $F_1 \sim F_{13}$，利用 QAWPT 对各信号样本进行 3 层分解，计算各频段的排列熵得到 8 个排列熵特征 $P_1 \sim P_8$。将时域统计特征、频域统计特征和排列熵特征组成多域特征集，基于 DET 对特征集进行分析，得到评估因子 α_j 的变化曲线，如图 10.5 和表 10.3 所示。由此可见，评估因子 α_j 较大的特征多为频域统计特征和排列熵特征，说明频域统计特征和排列熵特征更为敏感，能够更加准确地描述螺栓连接结构预紧性能的变化。

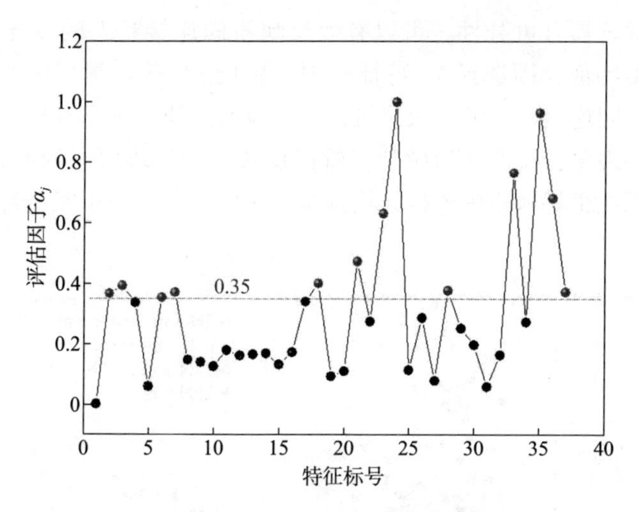

图 10.5　特征评估因子的变化曲线

表 10.3　特征评估因子的具体值

序号	特征	α_j	序号	特征	α_j	序号	特征	α_j
1	24(F_8)	1.0000	14	4(T_4)	0.3468	27	8(T_8)	0.1469
2	35(P_6)	0.9645	15	17(F_1)	0.3397	28	9(T_9)	0.1394
3	33(P_4)	0.7655	16	26(F_{10})	0.2859	29	15(T_{15})	0.1317
4	36(P_7)	0.6811	17	22(F_6)	0.2735	30	10(T_{10})	0.1259
5	23(F_7)	0.6309	18	34(P_5)	0.2717	31	25(F_9)	0.1139
6	21(F_5)	0.4726	19	29(F_{13})	0.2507	32	20(F_4)	0.1102
7	18(F_2)	0.4004	20	30(P_1)	0.1970	33	19(F_3)	0.0935
8	3(T_3)	0.3939	21	11(T_{11})	0.1795	34	27(F_{11})	0.0784
9	28(F_{12})	0.3772	22	16(T_{16})	0.1721	35	5(T_5)	0.0604
10	37(P_8)	0.3725	23	14(T_{14})	0.1682	36	31 (P_2)	0.0593
11	7(T_7)	0.3711	24	13(T_{13})	0.1656	37	1(T_1)	0.0030
12	2(T_2)	0.3674	25	32(P_3)	0.1633			
13	6(T_6)	0.3518	26	12(T_{12})	0.1620			

注：特征标号 1~16 分别对应时域统计特征，特征标号 17~29 分别对应频域统计特征，特征标号 30~37 分别对应 QAPWT 分解后 8 个排列熵特征。

为了直观地体现敏感特征优选技术的有效性，选择 α_j 值最大的两类特征，即选择 24(F_8) 特征和 35(P_6) 特征绘制散点图，见图 10.6（a）。可以看出，不同连接状态的敏感特征分布区域较集中，具有明显的聚类性，说明敏感特征对不同连接状态具有可分性，可以有效反映不同连接状态的差异性。选择 α_j 值最小的两类特征，即选择 T_1 特征和 P_2 特征绘制散点图，见图 10.6（b）。可以看出，不同连接状态的非敏感特征分布没有规律，不具有聚类性，并出现了严重的混叠现象，说明非敏感特征难以反映不同连接状态的差异性。因此，非敏感特征不能很好地刻画连接结构预紧状态的变化，属于冗余特征，应该予以剔除。

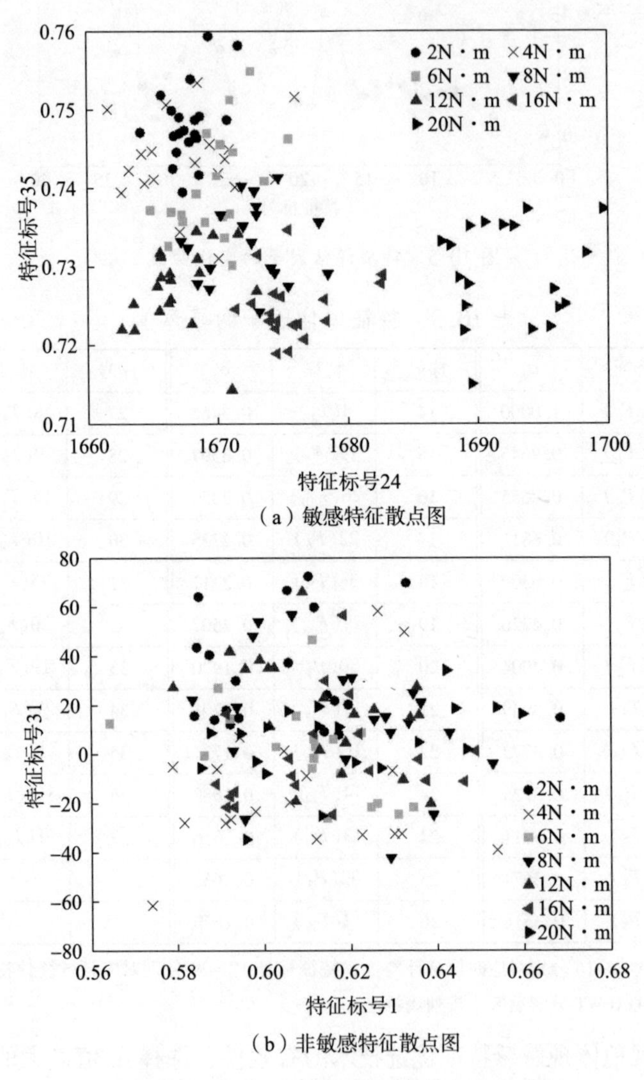

（a）敏感特征散点图

（b）非敏感特征散点图

图 10.6　类内、类间距离评估特征散点图

10.2　状态信息相似性分析

当连接结构的预紧性能出现退化时，其状态特征信息也相应地发生改变。基于 LDA 获得状态子空间，构造投影矩阵描述连接状态信息的相似性。

10.2.1　基于比迹的线性判别分析（TR-LDA）基本原理

LDA 将高维的数据样本投影到维数相对较低的子空间，使同类样本尽可能聚集，不同类样本尽可能分散，达到模式分类和降维的效果。维数的降低并不会改变原始数据间的相对距离，可对子空间的数据样本进行相似性分析，实现连接结构预紧性能退化程度的有效评估。

LDA 是为了寻找线性投影矩阵 $\boldsymbol{W} \in \mathbb{R}^{D\times d}$，将原始数据样本的维数 D 降到 $d(d \ll D)$，使数据样本的类内离散度越小，类间离散度越大。在$\mathbb{R}^D$ 空间，假设有 m 个数据样本，$\boldsymbol{x}=[x_1,x_2,\cdots,x_m]$，每个 x 是一个 D 行的矩阵，每类 x_i 有 n_i 个数据样本，假设整个数据样本可分为 c 类，满足 $n_1+n_2+\cdots+n_i+\cdots+n_c=m$。类间离散度矩阵 $\boldsymbol{S}_b$ 和类内离散度矩阵 $\boldsymbol{S}_W$ 分别定义为

$$\boldsymbol{S}_b = \sum_{i=1}^{c} n_i(\boldsymbol{\mu}_i - \boldsymbol{\mu})(\boldsymbol{\mu}_i - \boldsymbol{\mu})^{\mathrm{T}} \tag{10.7}$$

$$\boldsymbol{S}_W = \sum_{i=1}^{c}\sum_{x_i \in c_i}(x_i - \boldsymbol{\mu})(x_i - \boldsymbol{\mu})^{\mathrm{T}} \tag{10.8}$$

$$\boldsymbol{\mu} = \frac{1}{m}\sum_{i=1}^{m} x_i \tag{10.9}$$

$$\boldsymbol{\mu}_i = \frac{1}{n_i}\sum_{x_i \in c_i} x_i \tag{10.10}$$

式中：u_i 为第 i 类的数据样本的均值；u 为所有数据样本的均值。

若 $\boldsymbol{S}_W$ 为非奇异矩阵，最佳投影矩阵 $\boldsymbol{W}$ 为

$$\boldsymbol{W} = \underset{\boldsymbol{W}}{\mathrm{argmax}} \frac{|\boldsymbol{W}^{\mathrm{T}}\boldsymbol{S}_b\boldsymbol{W}|}{|\boldsymbol{W}^{\mathrm{T}}\boldsymbol{S}_W\boldsymbol{W}|} \tag{10.11}$$

经典 LDA 利用广义特征值分解能够求解得到最佳投影矩阵 $\boldsymbol{W}$，但 $\boldsymbol{W}$ 是非正交的。为了克服此问题，利用 TR 准则对 $\boldsymbol{W}$ 进行求解，可获得正交的最佳投影矩阵 $\boldsymbol{W}$，称为 TR-LDA[211-212]。

$$\boldsymbol{W} = \arg\max_{\boldsymbol{W}^{\mathrm{T}}\boldsymbol{W}=\boldsymbol{1}} \frac{\mathrm{Tr}(\boldsymbol{W}^{\mathrm{T}}\boldsymbol{S}_b\boldsymbol{W})}{\mathrm{Tr}(\boldsymbol{W}^{\mathrm{T}}\boldsymbol{S}_W\boldsymbol{W})} \tag{10.12}$$

TR-LDA 的核心在于使用 ITR-SCORE 算法对 $\boldsymbol{W}$ 进行求解。

$$\boldsymbol{W}=\arg\max_{\boldsymbol{W}^{\mathrm{T}}\boldsymbol{W}=\boldsymbol{1}} \mathrm{Tr}[\boldsymbol{W}^{\mathrm{T}}(\boldsymbol{S}_b-\tau\boldsymbol{S}_W)] \tag{10.13}$$

式中：τ 为迹比系数。

具体计算步骤如下：

（1）初始化迹比系数，$\tau=0$。

（2）计算矩阵（$\boldsymbol{S}_b-\tau\boldsymbol{S}_w$）的特征值和特征向量 $\boldsymbol{w}$。

（3）对于每个特征量，计算指标 $\varepsilon_i=\dfrac{\boldsymbol{w}_i^{\mathrm{T}}\boldsymbol{S}_b\boldsymbol{w}_i}{\boldsymbol{w}_i^{\mathrm{T}}\boldsymbol{S}_w\boldsymbol{w}_i}$。

（4）选取 d 个最大指标 ε 对应的特征向量组成投影矩阵 $\boldsymbol{W}$。

（5）更新迹比系数，$\tau=\dfrac{\boldsymbol{W}^{\mathrm{T}}\boldsymbol{S}_b\boldsymbol{W}}{\boldsymbol{W}^{\mathrm{T}}\boldsymbol{S}_w\boldsymbol{W}}$。

（6）对比步骤（2）和步骤（5）迹比系数的差异，如果小于允许的偏差，输出步骤（4）的投影矩阵 $\boldsymbol{W}$；否则，以步骤（5）的迹比系数作为输入，返回步骤（2）重新计算，直至满足收敛条件，最终得到正交的最佳投影矩阵 $\boldsymbol{W}$。

基于欧氏距离评估不同数据样本之间的相似性时，非正交矩阵可能造成不同投影方向权重系数的差异，进而改变数据样本之间的相似性，而正交投影矩阵可以较好地保留这种相似性。相比而言，TR-LDA 能够更好地计算不同数据样本之间的相似性。

10.2.2 基于比迹的线性判别分析（TR-LDA）的状态子空间投影

通过 TRLDA 可以得到状态投影矩阵,能够将高维数据样本表示为由少量基向量组成的子空间。对状态子空间进行分析，不仅降低了运算量，而且可以更好地描述高维数据的本质模式特征。将投影矩阵 $\boldsymbol{W}$ 标准化之后获得状态子空间 $\boldsymbol{S}$。

$$\boldsymbol{S}=\mathrm{span}[\boldsymbol{s}_1,\boldsymbol{s}_2,\cdots,\boldsymbol{s}_i,\cdots,\boldsymbol{s}_d]=\mathrm{span}\left[\frac{\boldsymbol{W}_1}{\|\boldsymbol{W}_1\|},\frac{\boldsymbol{W}_2}{\|\boldsymbol{W}_2\|},\cdots,\frac{\boldsymbol{W}_i}{\|\boldsymbol{W}_i\|},\cdots,\frac{\boldsymbol{W}_d}{\|\boldsymbol{W}_d\|}\right] \tag{10.14}$$

式中：$\boldsymbol{s}_i$ 为状态子空间的基向量。

将连接结构初始预紧状态进行 TR-LDA 分析，可以获得正常状态子空间 $\boldsymbol{S}_0\in\mathbb{R}^{D\times d}$，即正常状态的投影矩阵。

利用正常状态的投影矩阵，将各数据样本 $\boldsymbol{x}$ 投影到状态子空间，有

$$\boldsymbol{y}=[y_1,y_2,\cdots,y_d]=\boldsymbol{S}_0^{\mathrm{T}}\cdot\boldsymbol{x} \tag{10.15}$$

将不同连接状态的数据样本 $[x_1, x_2, \cdots, x_m]$ 向正常状态子空间 $\boldsymbol{S}_0$ 进行投影，可以获得各连接状态的投影矩阵 $[y_1, y_2, \cdots, y_d]$，样本数据的个数不变，维数下降。通过计算不同连接状态投影矩阵与正常状态投影矩阵之间的欧氏距离，实现了退化状态与正常状态之间的相似性度量，为连接结构预紧性能退化程度的定量评估指标构造奠定基础。

10.3　基于支持向量数据描述（SVDD）的连接性能指标构造

利用 SVDD 将正常状态投影矩阵表示为一个超球体，通过计算不同连接状态投影矩阵到超球体的距离来构造评估性能指标。

10.3.1　基于支持向量数据描述（SVDD）基本原理

SVDD 是针对单分类问题提出的一种数据建模方法，采用目标类样本构造超球体，根据数据样本是否在超球体内部完成当前样本类别的判定，实现数据分类的目的。超球体模型可以由超球体球心 a 和半径 r 来描述，通过这两个参数刻画数据样本在空间的分布情况，有效地描述数据样本的内在属性。

SVDD 的目标是构造一个包含尽可能多的目标类样本且半径尽可能小的超球体。

$$\text{目标:} \min L(r, a, \xi) = r^2 + C\sum_{i=1}^{m}\xi_i \tag{10.16}$$

$$\text{约束:} (y_i - a)^{\mathrm{T}}(y_i - a) \leqslant r^2 + \xi_i$$

式中：C 为惩罚因子，可设为 1；ξ 为松弛因子。

最小化目标函数 L 的本质相当于在欧氏空间构造一个紧凑区域，尽量使数据样本够落在该区域内。引入拉格朗日乘子，将上述约束方程转化为

$$L(r, a, \xi, \alpha, \gamma) = r^2 + C\sum_{i=1}^{m}\xi_i - \sum_{i=1}^{m}\alpha_i[r^2 + \xi_i - \|y_i - a\|_2^2] - \sum_{i=1}^{m}\gamma_i\xi_i \tag{10.17}$$

式中：α 和 γ 为拉格朗日乘子。

用式（10.17）对超球体模型的半径 r、球心 a 和松弛因子 ξ 求偏导，可得

$$a = \sum_{i=1}^{m}\alpha_i y_i \tag{10.18}$$

$$\gamma_i = C - \alpha_i, \quad \sum_{i=1}^{m}\alpha_i = 1 \tag{10.19}$$

在 SVDD 算法中，采用适当的核函数 $K(y_i, y_j)$ 代替内积运算 (y_i, y_j)，能够将数据样本从原空间向高维空间进行非线性映射，将其转化为某个高维空间的线性问题，进而在再生核希尔伯特空间（reproducing kernel Hilbert space, RKHS）中对数据样本进行描述。引入核函数计算后，将 SVDD 目标函数转化为对偶问题。

$$\max: L(r, a, \xi, \alpha) = \sum_{i=1}^{m} \alpha_i K(y_i \cdot y_i) - \sum_{i,j=1}^{m} \alpha_i \alpha_j K(y_i \cdot y_j) \tag{10.20}$$

采用二次规划算法求解方程可获得拉格朗日乘子 α，同时得到超球体模型的球心 a。对超球体决策边界上任意一个支持向量数据样本 y_k（训练模型用）进行求解，可得到超球体模型的半径 r：

$$\begin{aligned} r &= [K(y_k \cdot y_k) - 2K(y_k \cdot a) + K(a \cdot a)]^{1/2} \\ &= \left[K(y_k \cdot y_k) - 2\sum_{i=1}^{m} \alpha_i K(y_k \cdot y_i) + \sum_{i,j=1}^{m} \alpha_i \alpha_j K(y_i \cdot y_j)\right]^{1/2} \end{aligned} \tag{10.21}$$

获得超球体的球心和半径之后，利用目标类样本构建超球体模型：

$$\mathrm{Hs}(r, a): \begin{cases} r = \left[K(y_k \cdot y_k) - 2\sum_{i=1}^{m} \alpha_i K(y_k \cdot y_i) + \sum_{i,j=1}^{m} \alpha_i \alpha_j K(y_i \cdot y_j)\right]^{1/2} \\ a = \sum_{i=1}^{m} \alpha_i K(y_i) \end{cases} \tag{10.22}$$

式中：$\mathrm{Hs}(r, a)$ 表示由球心 a 和半径 r 确定的超球体模型。

利用 SVDD 构造的超球体模型对数据样本的分布情况进行描述，如图 10.7 所示。其中，左侧表示为状态投影矩阵数据点分布，右侧表示为基于 SVDD 构造的超球体。与球心距离越近，表示待识别数据样本与基准类别越相似；反之则表示两者差异越大，可用来描述连接结构退化状态与基准状态的相似性。

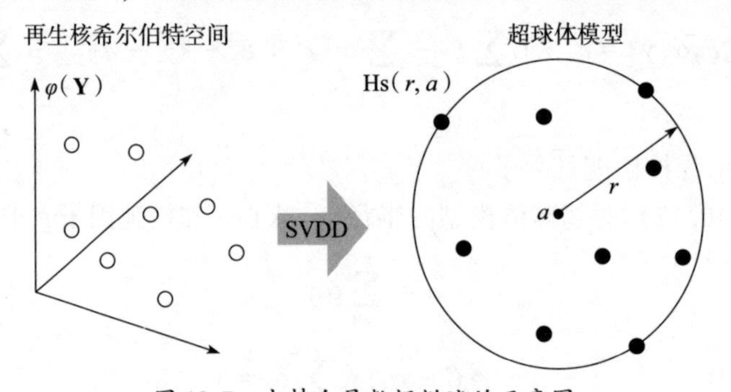

图 10.7　支持向量数据描述的示意图

10.3.2　预紧性能变化的评估指标构造

在连接结构预紧性能退化过程中，为了构造有效评估指标对预紧性能的退化程度进行定量评估，将状态分为基准状态和退化状态。如图10.8所示，将基准状态的样本数据进行子空间投影后得到$\boldsymbol{W}$；将当前退化状态作为待评估状态，向基准状态子空间投影后得到某个连接状态k（对应k类的n_k个数据样本）的投影$\boldsymbol{W}_k$。不同连接状态投影矩阵与基准状态投影矩阵之间的距离可表征状态信息的相似性，并用来构造评估指标。

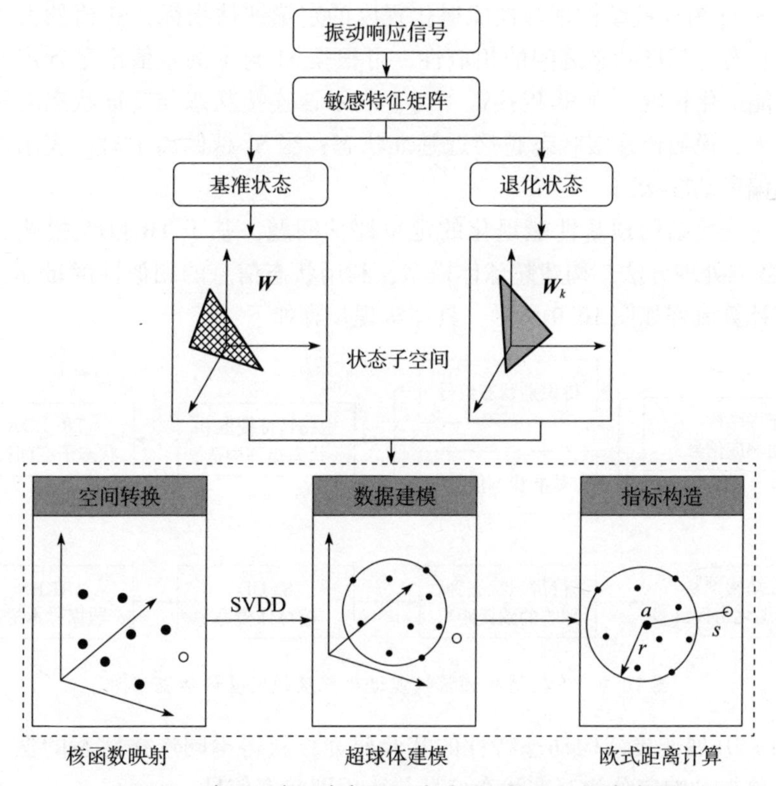

图10.8　基于状态信息相似性度量的评估指标构造过程

在RKHS中，连接结构预紧性能退化状态的数据样本y_k（识别用）到超球体球心的距离为s_k，可表示为

$$\begin{aligned} s_k &= \| y_k - a \|^{1/2} \\ &= \left[K(y_k \cdot y_k) - 2\sum_{i=1}^{m} \alpha_i K(y_k \cdot y_i) + \sum_{i,j=1}^{m} \alpha_i \alpha_j K(y_i \cdot y_j) \right]^{1/2} \end{aligned} \tag{10.23}$$

对当前连接状态的所有数据样本到超球体球面的距离进行平均化处理：

$$\bar{s} = \frac{1}{n_k}\sum_{k=1}^{n_k}(s_k - r) \tag{10.24}$$

式中：$\bar{s}$ 为所有数据样本到超球体球面的距离平均值。

连接结构预紧性能退化程度的评估指标 SI 定义为

$$\mathrm{SI} = 1 - \frac{\bar{s} - \bar{s}_{\min}}{\bar{s}_{\max} - \bar{s}_{\min}} \tag{10.25}$$

式中：$\bar{s}_{\max}$ 和 $\bar{s}_{\min}$ 分别为平均距离的最大值和最小值。

将 SI 作为连接结构预紧性能退化程度的定量评估指标，SI 值的大小反映了退化状态与基准状态之间的相似性，可根据 SI 与 1 的差值定量判定连接结构的性能退化程度。当 SI 越接近 1 时，表示该连接状态与基准状态之间的相似性越大，说明该连接状态越接近基准状态；当 SI 越偏离 1 时，表示该连接状态越偏离基准状态。

针对连接结构预紧性能退化的定量评估问题，基于 TR-LDA 模式分析和 SVDD 数据处理方法，构建超球体模型，利用状态信息的相似性度量建立评估模型，计算流程如图 10.9 所示，具体实现步骤如下：

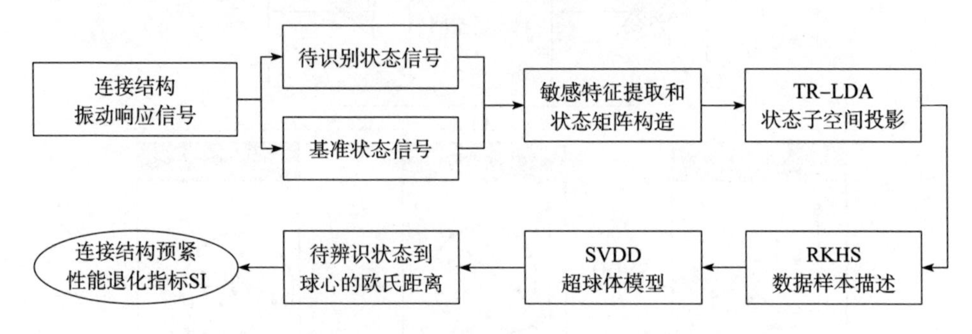

图 10.9　连接结构预紧性能退化程度的定量评估流程图

（1）开展连接结构动态特性的实验研究，获得不同连接状态的振动响应信号，将振动响应分为基准状态信号与待识别状态信号。

（2）对不同连接状态的振动响应信号进行分析，构造多域特征集，计算各类特征的类间距离和类内距离的比值构造评估因子，选择评估因子较大的敏感特征构造状态矩阵。

（3）基于 TR-LDA 模式分析方法将基准状态矩阵进行子空间投影，可以得到正常状态投影矩阵，将每种连接状态矩阵向基准状态子空间进行投影，得到待识别状态的投影矩阵。

（4）基于 SVDD，利用基准状态投影矩阵构建超球体模型，由球心和半径进行描述。

（5）计算每种连接状态投影矩阵所有数据样本到超球体球心的欧氏距离，对距离进行平均化处理，构造连接结构预紧性能退化程度的定量评估指标 SI。

10.4　螺栓法兰连接结构的应用

10.4.1　实验设置

为了验证连接结构预紧性能退化程度的定量评估方法，以螺栓法兰连接结构为研究对象。6 个 M8 螺栓沿法兰盘周向均匀排布，分为轴向激励和横向激励两种方式。其中，轴向激励的上法兰件和横向激励的右法兰件为共用实验件，圆筒内径 84mm，外径 100mm，法兰盘直径 176mm，螺栓分布圆直径 138mm，上法兰件总高 90mm，法兰盘厚度 10mm。

轴向激励的螺栓法兰连接结构实验设置如图 10.10 所示，包括上/下法兰件和螺栓连接，下法兰件底座通过 8 个 M8 螺栓与振动台相连。采用 8 个单向加速度传感器 $S_1 \sim S_8$ 进行振动测量，测点布置如图 10.11 所示，S_8 安装在底座，$S_1 \sim S_3$ 安装在上法兰盘，S_7 安装在上法兰盘水平方向，$S_4 \sim S_6$ 安装在上法兰件顶端。C_1 和 C_2 安装在底座，用于振动反馈控制。图中，●表示垂直于纸面的测量方向，■表示平行方向。

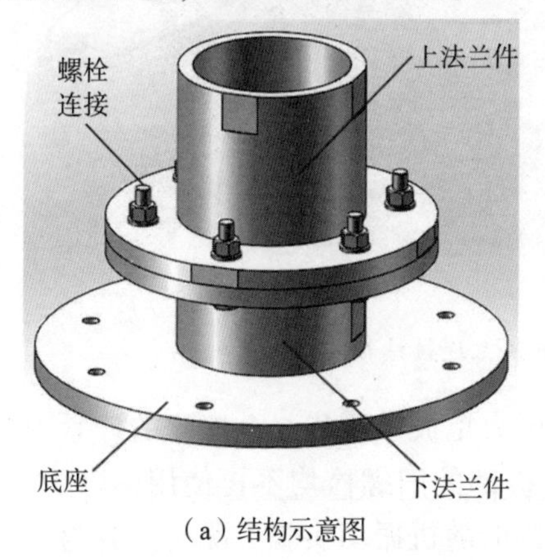

（a）结构示意图

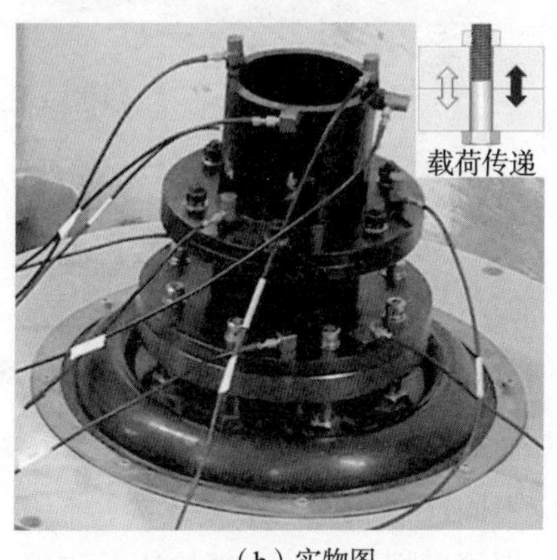

（b）实物图

图 10.10　轴向激励的螺栓法兰连接结构实验设置

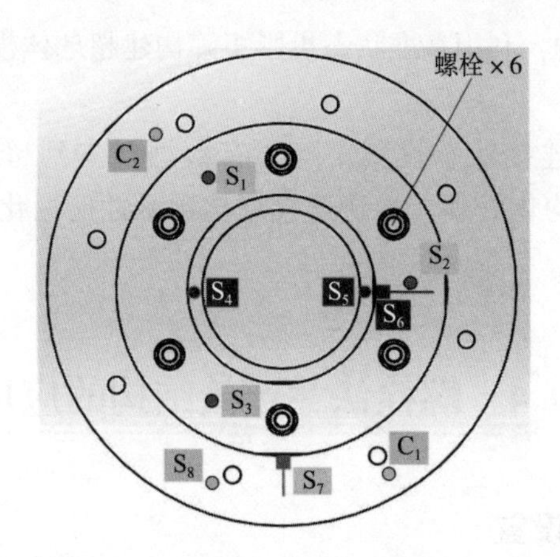

图 10.11　轴向激励的振动响应测点布置（俯视图）

横向激励的螺栓法兰连接结构实验设置如图 10.12 所示，包括由底座、肋板和立板焊接而成的夹具、左/右法兰件和螺栓连接，左法兰件和夹具焊接在一起。8 个单向加速度传感器 $S_1 \sim S_8$ 测点布置如图 10.13 所示。

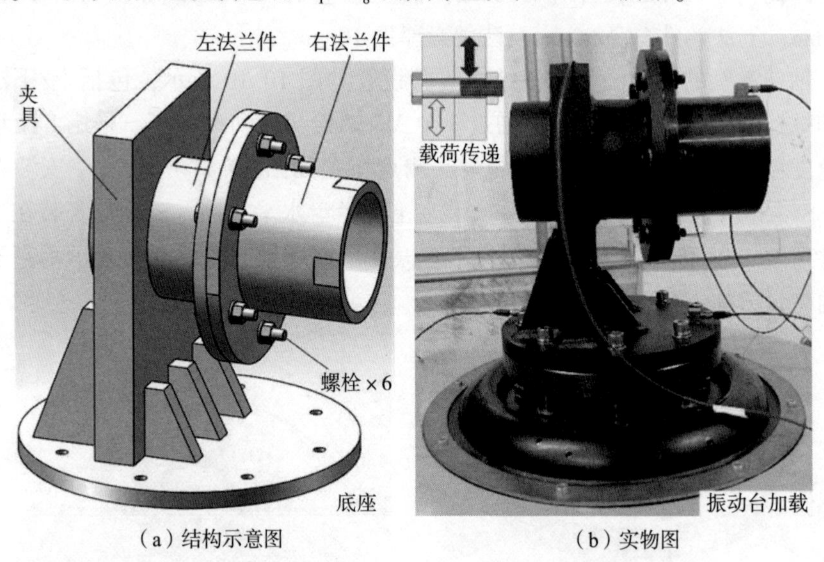

（a）结构示意图　（b）实物图

图 10.12　横向激励的螺栓法兰连接结构实验设置

实验时，根据设定的实验工况，利用力矩扳手调节 6 个螺栓的拧紧力矩，对应不同连接状态。重复实验过程中，拆卸的旧螺栓均不再使用，以防止螺牙、螺纹磨损的影响。螺栓法兰连接结构的随机振动实验工况主要分为三类：全部螺栓松动、5 个螺栓松动和半圈松动，见表 10.4。螺栓基准状态的拧紧力矩为 20N·m，螺栓松动为同步改变拧紧力矩。

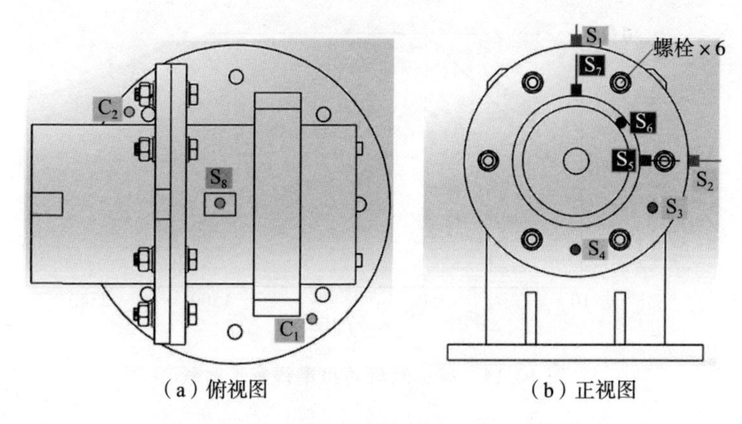

（a）俯视图　　　　（b）正视图

图 10.13　横向激励的振动响应测点布置

表 10.4　螺栓法兰连接结构实验工况

工况	松动位置	连接状态	松动螺栓预紧/(N · m)	未松螺栓预紧/(N · m)
全部松动	#1 #2 #3 #4 #5 #6	状态 1~8	5、6、7、8、10、12、16、20	—
5 个螺栓松动		状态 1~6	5、7、9、12、16、20	20
半圈松动		状态 1~7	5、6、7、8、12、16、20	20

对不同连接状态的螺栓法兰连接结构进行随机激励振动实验，功率谱密度曲线如图 10.14 所示。利用 LMS 系统采集加速度响应，采样频率 5120Hz，采样时长 120s，每 1s 数据作为一个信号样本。

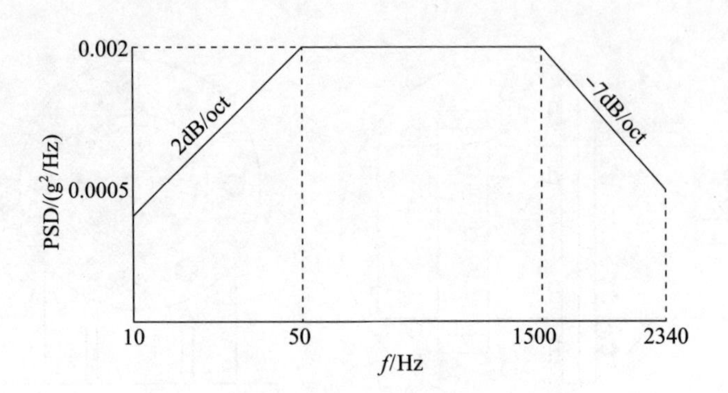

图 10.14　随机激励的功率谱密度曲线

10.4.2　轴向激励

在轴向随机振动激励下，针对全部螺栓松动的工况，对螺栓法兰连接结构圆筒上测点 S_5 采集的加速度响应进行分析，共 8 种连接状态，各状态有 120 个信号样本。基于类内、类间距离评估技术筛选前 13 个评估因子较大的特征作为敏感特征，得到 8 组 120×13 的状态矩阵。

TR-LDA 降维过程的维数设置为 3，将正常状态矩阵进行子空间投影后得到正常状态的投影矩阵，将每种连接状态矩阵向正常状态子空间投影后得到待评估状态的投影矩阵，可得到 8 组 120×3 的状态投影矩阵，选择第一列投影值进行表征，如图 10.15 所示。

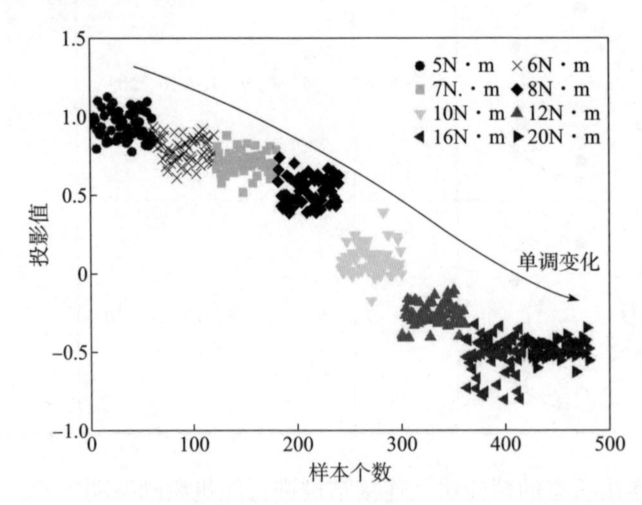

图 10.15　轴向激励载荷下螺栓法兰连接结构的状态子空间投影

由图 10.15 可知，在轴向随机振动激励下，螺栓法兰连接结构不同拧紧力矩对应的数据样本分布区域较集中，拧紧力矩从 5N · m 增大到 20N · m，投影值具有明显的下降趋势，并且具有一定的相关分布趋势。因此，TR-LDA 模式分析对不同连接状态具有可区分性，能够有效地描述螺栓连接结构预紧性能的退化程度。

基于 SVDD 利用正常状态投影矩阵构建球心为 a 和半径为 R 的超球体模型 $\mathrm{Hs}(R,a)$。利用不同连接状态下振动响应信号到超球体球心的距离构造预紧性能退化程度的定量评估指标 SI，如图 10.16 所示。其中，横坐标表示螺栓拧紧力矩的大小，对应整体结构的连接状态，纵坐标表示状态信息相似性变量指标 SI。

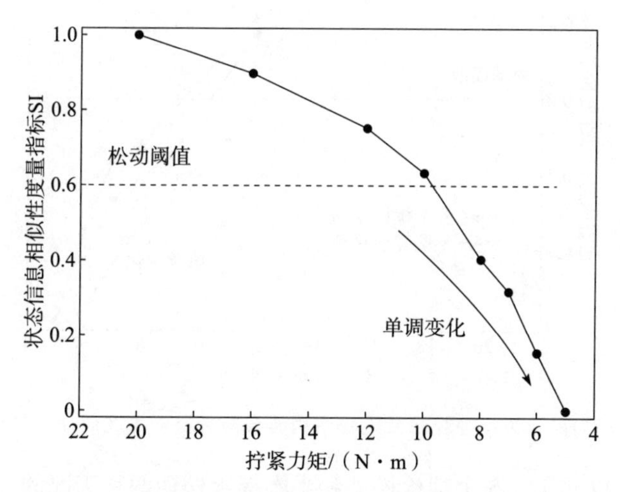

图 10.16　轴向随机激励螺栓法兰连接结构全部松动工况的评估指标变化规律

由图 10.16 可知，全部螺栓松动工况的评估指标 SI 具有较好的单调性，拧紧力矩从 20N · m 下降到 5N · m，即整体连接结构预紧性能的退化程度不断加深，构造的评估指标也在不断下降。拧紧力矩越大，对应的连接状态投影矩阵与超球体的距离越小，松动指标 SI 越接近 1，说明其对应的连接状态与正常状态之间的相似性越大。拧紧力矩越小，对应的松动状态投影矩阵与超球体的距离越大，松动指标越接近 0，说明对应的连接状态与正常状态之间的相似性越小。因此，基于 SVDD 构造的状态信息相似性度量指标 SI 能够为螺栓连接结构预紧性能退化程度的定量评估提供参考依据。

螺栓连接结构预设的基准拧紧力矩为 20N · m，可将预紧性能退化量在 40%以内的状态视为小量级松动状态，连接结构预紧性能仍在允许范围内。对于螺栓法兰连接结构，当拧紧力矩处于 12N · m 到 20N · m 时，认为整体结构处于小量级松动状态，未发生明显松动，预紧连接性能较好。针对轴向随机振动激励，将松动阈值定为0.6，当松动指标 SI>0.6 时，螺栓法兰连接结构整体预紧性能较好；当松动指标 SI<0.6 时，整体结构的预紧性能存在失效风险，需要检查各螺栓的连接状态并进行维护。

为了验证定量评估模型的有效性和通用性，针对轴向随机振动激励下螺栓法兰连接结构 5 个螺栓松动和半圈螺栓松动的两种工况，进行状态矩阵构造、TR-LDA 和 SVDD 分析的参数设置与全部螺栓松动工况相同，获得两种工况松动评估指标 SI 的变化趋势如图 10.17 所示。

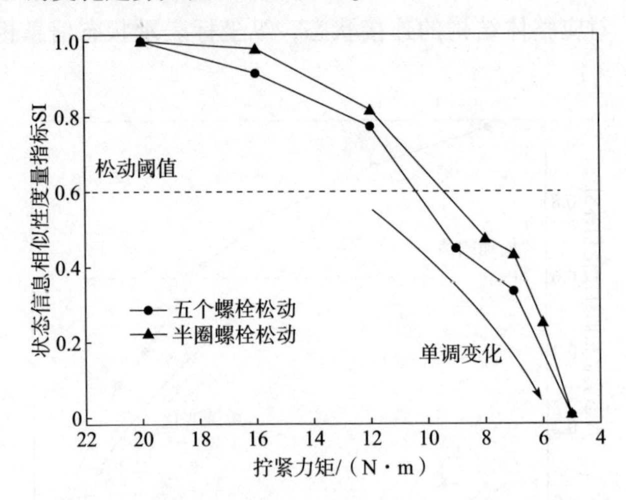

图 10.17　轴向随机激励螺栓法兰连接结构其余两种松动工况的评估指标变化规律

由图 10.17 可知，5 个螺栓松动和半圈螺栓松动两种工况的评估指标 SI 同样具有单调性，能够有效地描述螺栓连接结构预紧性能的退化程度。将两种工况的松动阈值定为 0.6，根据松动指标 SI 的大小能够有效地判断螺栓法兰连接结构的整体预紧性能。

为了说明定量评估模型在工程实际应用中的有效性，针对轴向随机振动激励的螺栓法兰连接结构，更换新的上法兰件和螺栓组并进行重新装配，螺栓全部松动为 8N·m，完成 3 次重复实验。将重复实验获取的信号样本作为输入，进行状态矩阵构造、TR-LDA 和 SVDD 分析，获得 3 次重复实验的松动评估指标 SI，如表 10.5 和图 10.18 所示。

表 10.5　轴向随机激励螺栓法兰连接结构全部松动工况的重复实验结果

实验工况	初始实验	重复实验 1	重复实验 2	重复实验 3
评估指标 SI	0.4033	0.4522	0.3763	0.4142

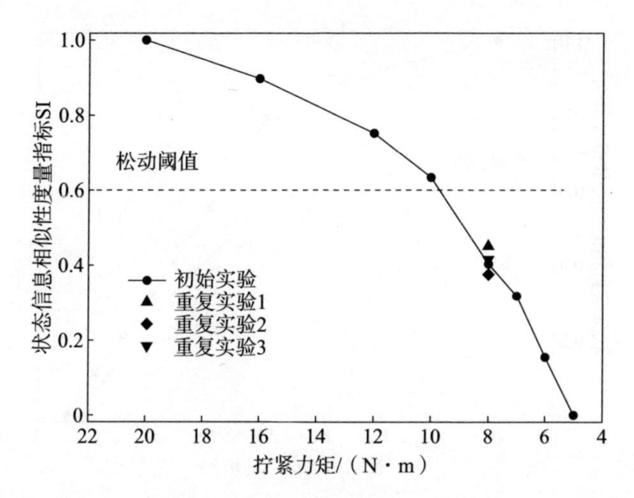

图 10.18　轴向随机激励螺栓法兰连接结构全部松动工况的重复实验结果

由表 10.5 和图 10.18 可知，3 次重复实验的松动评估指标 SI 均小于松动阈值 0.6。因此，在轴向随机振动激励下，针对全部螺栓拧紧力矩为 8N·m 的连接状态，整体结构松动程度较大，预紧性能较差，需进行检修。因此，在实际工程应用中，松动评估指标 SI 能够有效地反映螺栓法兰连接结构预紧性能的退化程度，可为整体结构松动状态的评估提供依据。

10.4.3　横向激励

在横向随机振动激励下，针对全部螺栓松动工况，对螺栓法兰连接结构圆筒上测点 S_7 采集的加速度响应进行分析，也是 8 种松动状态，各状态有 120 个信号样本。

利用振动响应作为信号样本输入，进行状态矩阵构造、TR-LDA 和 SVDD 分析，参数设置与轴向随机振动激励的评估模型相同，获得全部螺栓松动工况的松动评估指标 SI，如图 10.19 所示。

由图 10.19 可知，横向随机振动激励下，全部螺栓松动的评估指标 SI 同样具有单调性，能够有效地描述螺栓法兰连接结构预紧性能的退化程度。针对横向随机振动激励下螺栓法兰连接结构 5 个螺栓松动和半圈螺栓松动的两种工况，松动评估指标 SI 的变化趋势如图 10.20 所示。

由图 10.20 可知，横向随机振动激励下，螺栓法兰连接结构其余两种松动工况的评估指标 SI 同样具有较好的单调性，能够有效地描述螺栓连接结构预紧性能的退化程度。

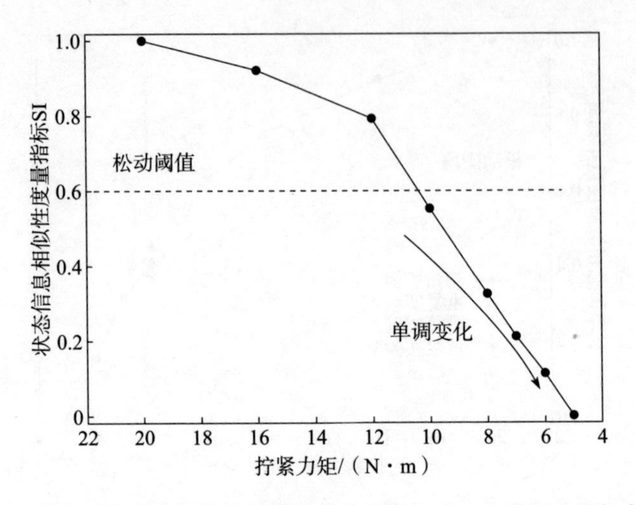

图 10.19 横向随机激励螺栓法兰连接结构全部松动工况的评估指标变化规律

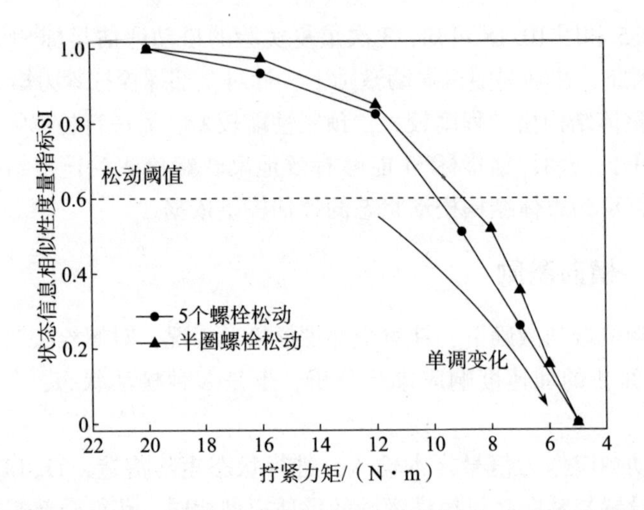

图 10.20 横向随机激励螺栓法兰连接结构其余两种松动工况的评估指标变化规律

针对横向随机振动激励的螺栓法兰连接结构，更换新的右法兰件和螺栓组并进行重新装配，螺栓全部松动为 8N·m，完成 3 次重复实验。将重复实验获取的信号样本作为输入，得到 3 次重复实验的松动评估指标 SI，如表 10.6 和图 10.21 所示。

表 10.6 横向随机激励螺栓法兰连接结构全部松动工况的重复实验结果

实验工况	初始实验	重复实验 1	重复实验 2	重复实验 3
评估指标 SI	0.3251	0.3078	0.3123	0.3544

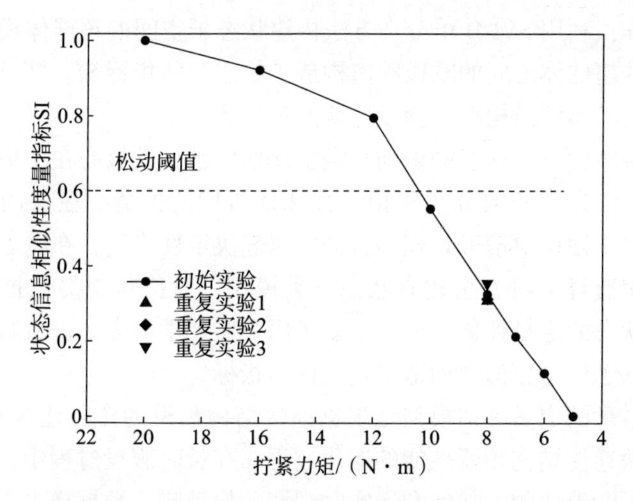

图 10.21　横向随机激励螺栓法兰连接结构全部松动工况的重复实验结果

由表 10.6 和图 10.21 可知，3 次重复实验得到的松动指标 SI 均小于松动阈值 0.6，此时整体结构松动程度较大，预紧性能较差。松动评估指标 SI 能够为整体结构松动状态的定量评估提供依据，验证了轴向随机振动激励的结论。

针对螺栓法兰连接结构全部螺栓松动、5 个螺栓松动和半圈螺栓松动的三种工况，将松动阈值定为 0.6，能够根据松动指标 SI 的大小有效地判断螺栓法兰连接结构的整体预紧性能。当松动评估指标 SI>0.6 时，螺栓法兰连接结构整体预紧性能较好；当松动指标 SI<0.6 时，整体结构的连接性能较差，需要进行检修。

因此，由全部螺栓松动、5 个螺栓松动和半圈螺栓松动三种工况的分析结果可知，基于状态信息相似性分析的定量评估模型实现了随机振动激励下螺栓法兰连接结构预紧性能退化程度的定量评估。随着连接结构预紧性能退化程度的不断加深，构造的松动评估指标 SI 也在不断下降，根据松动指标 SI 的大小可以有效地评估螺栓法兰连接结构的整体预紧性能，验证了定量评估模型的有效性和通用性。

10.5　小结

本章介绍了基于时频 MRA 的振动响应敏感特征筛选方法和状态矩阵构造方法，利用欧氏距离描述信号样本之间的差异性，构造了连接结构预紧性能退化程度的定量评估指标。利用 TR-LDA 对状态空间进行降维，并求解子空间的正交投影矩阵；利用 SVDD 单分类方法构建状态子空间的超球体模型；利用特征向量与基准超球体之间的欧氏距离构造了状态评估指标 SI，实现了随机振动激励下螺栓法兰连接结构整体预紧性能的定量评估。

针对连接结构预紧状态的识别与定量评估问题，其核心在于振动响应的敏感特征提取、状态空间的分类和相似性评估指标的构造。在振动信号处理方面，先验动力学知识对信号处理和特征提取起决定性作用；在状态空间分类方面，主要采用监督学习方法建立状态分类模型，对待辨识的数据样本进行判别；在预紧状态的定量评估方面，主要采用无监督学习方法进行特征空间的降维和融合，基于信息相似度构造定量的评估指标。

然而，本章的定量评估模型是根据连接结构预设的多种连接状态建立的，未真实地反映连接结构预紧性能的退化过程。在长时服役过程中，连接结构的预紧状态是不断退化的，如何利用实时观测的振动响应数据样本不断更新识别算法和评估模型，构建连接结构预紧性能退化的评估和预测体系是颇具挑战性的，需要发展先进的监/检测技术，紧密结合连接结构预紧性能退化的损伤机理、高效的数值仿真方法和实时的模型更新技术等进行深入研究，即数字孪生技术。

附　录

A.1　质量弹簧振子系统非线性动力学响应的松弛迭代求解程序

针对类似于4.4节含局部非线性连接模型的质量弹簧振子系统，基于Matlab环境，采用松弛迭代法计算非线性频响函数涉及4个程序，包括主函数main_function.m、质量弹簧振子系统的建模函数ChainOfOscillators.m、谐波成分的残差函数HB_residual.m和非线性接触载荷的计算函数Cfin_steady.m。该动力学仿真程序可推广到含有立方刚度、间隙接触、干摩擦接触等模型的多自由度质量弹簧振子系统，需要修改相应的质量、弹簧、阻尼、位置转换矩阵和非线性接触载荷的计算程序。另外，该程序可以拓展到含有多个非线性连接模型的振子系统，需要按照计算机堆栈存储方式对谐波成分的残差函数和迭代向量进行扩充。

1. 非线性动力学分析的主函数：main_function.m

```
tic
fs=1335;                                    % 临界滑移力
kj=3.8e8;                                   % 黏着刚度
amp=100;                                    % 激励幅值
fevec=[ 300:0.1:330 ]';                     % 激励频率区间
%% 三自由度系统构造 %%
mi = [5.28 0.55 5.21];                      % 质量
ki = [1e3 1.09e7 1.9e7 1e3];                % 刚度
di = [0  0 200  0];                         % 阻尼
Fext = [amp;0;0];                           % 作用于第一个自由度
Pnon=[ fs, kj ];                            % 参数集合
```

```
Tm=[0,-1,1];                                    % 位置转换矩阵
[M,K,C] = ChainOfOscillators(mi,di,ki);
%% 非线性动力学仿真参数设置 %%
H = 3;                                          % 截断的谐波阶数
Cal_cycle=1;                                    % 周期数目
num=2^8;                                        % 单位振动周期的离散数目
system=struct('M',M,'C',C,'K',K);
Nst=1;                                          % 延拓判断参数
fetw=zeros(1,num);
fetw(2)=num/2;
fi= length(fevec);
%% 牛顿-拉弗森迭代 %%
while fi >=1 && fi <= length(fevec)
    we=2* pi* fevec(fi);
    lamuda=0.25;                                % 松弛因子
    if Nst==1                                   % 构造初始迭代向量
        lamuda=0.8;                             % 计算初始解的松弛因子
        Xs = inv( K-we^2*M + we*C*j )*Fext*num/2;
        res=Tm*Xs;                              % 局部相对位移
        Pxt = zeros(H+1,1);
        Pxt(1:2) = [real(res);imag(res)];
    end
    itr_err=0;
    for cynum=1:200
        disp(['== 激励频率: ',num2str(fevec(fi)),'Hz,  ',...
            num2str(cynum),' 次迭代, 误差 = ',num2str(itr_err)]);
%% (1)构造初始迭代向量,维数:连接数目与谐波阶数的乘积
        jac_scale=1e-6;                         % 微元变化量 delta
        Jac=zeros(H+1,H+1);
        R_c=HB_residual(Pxt,system,H,num,Tm,Pnon,Fext,Cal_cycle,we);
        for ii=1:H+1
            xtem=Pxt( ii ) ;
            dx_scale=jac_scale*xtem;
            if dx_scale==0
                dx_scale=jac_scale;
            end
```

```
            %% 中心差分法构造雅可比矩阵每一列
            Pxt_f=Pxt;
            Pxt_f( ii )=(xtem+dx_scale);
             R_f=HB_residual(Pxt_f,system,H,num,Tm,Pnon,Fext,
Cal_cycle,we);
            Jac(:, ii )=( R_f-R_c)/dx_scale;
        end
        Pxts=Pxt-inv(Jac)*R_c;
  %% (2)改写为初始迭代向量相对应的复数关系式
        deltaxw=zeros(1,num);
        deltaxw( Cal_cycle+1:2*Cal_cycle:H*Cal_cycle+1 )=…
            Pxts(1:2:H)+Pxts(2:2:H+1)*j;
  %% (3)验证迭代结果
        dis=ifft(deltaxw,num);
        restem=real(dis)*2;
        itr_err=norm(res-restem)/norm( restem );
                                            % 相对误差构造收敛判断条件
        if itr_err<0.001 && cynum>2         % 中止迭代,输出结果
            res=restem;
            itr_err
            break;
        end
        Pxt=lamuda*Pxt+(1-lamuda)*Pxts;% 更新迭代向量
        res=restem;
    end
  %% (4)校验结果
    if itr_err<0.001                        % 输出整体结构的动力学响应
        fnon=Cfin_steady(restem,Pnon(1),Pnon(2));
        fnonw=fft(fnon,num);
        fnonw( abs(fnonw)<1e-6 *max( abs(fnonw) ) )=0;
        for k=1:2:H
            wte=we*k;
            gw=inv( K-wte^2*M+wte*j*C );
            xw(:,k* Cal_cycle+1)=gw* Fext* fetw(k* Cal_cycle+1)...
                -gw* Tm'* fnonw(k* Cal_cycle+1) ;
        end
```

```
            dis=ifft(xw,num,2);
            xt=real(dis)* 2;
            All_dis(fi,:)=max(xt');
            All_delta(fi,1)=max( restem )/fs* kj;
            %% 传递函数幅值和相位计算
            Trans(fi,1)=abs( xw(2,2)/fetw(2)/Fext(1));
            Trans(fi,2)=phase( xw(2,2)/fetw(2)/Fext(1));
            if Nst ==1                  % 延拓判断
                Nst=2;                  % 松弛因子较大时需要重新计算
            else
                fi=fi-1;
            end
        else                            % 重新执行循环,以初始线性解为迭代向量
            Nst=1;
        end
end
%% 输出结果 %%
figure;
subplot(221);   semilogy(fevec,All_dis(:,1),'-*');  ylabel('x_1');
subplot(222);   semilogy(fevec,All_dis(:,2),'-*');  ylabel('x_2');
subplot(223);   plot(fevec,Trans(:,2),'-*');   ylabel('phase');
subplot(224);   plot(Trans(:,2),Trans(:,1),'-*');  ylabel('amp');
xlabel('phase');
Reout=[fevec,All_dis];
tStart=toc;                             % CPU 计算时间
```

2. 质量弹簧振子系统的建模函数：ChainOfOscillators. m

```
function [M,K,C] = ChainOfOscillators(mi,di,ki)
%% 函数解释数说明
% 输入:
%      质量向量,mi
%      刚度向量,di
%      阻尼向量,ki
% 输出:
%      动力学系统质量矩阵、刚度矩阵、阻尼矩阵
M = diag(mi);
```

```
K = diag(ki(1:end-1)+ki(2:end)) - diag(ki(2:end-1),-1) - diag(ki(2:end-1),1);
C = diag(di(1:end-1)+di(2:end)) - diag(di(2:end-1),-1) - diag(di(2:end-1),1);
```

3. 残差函数：HB_residual. m

```
function R=HB_residual(Pxt,system,H,num,Tm,Pnon,Fout,Cal_cycle,we)
%% 函数解释数说明
% 输入:
%      谐波系数向量,Pxt
%      动力学系统特征,system
%      谐波阶数,H
%      单位周期振动响应离散数目,num
%      位置转换矩阵,Tm
%      非线性模型参数向量,Pnon
%      外激励载荷幅值,Fout
%      计算的周期数目,Cal_cycle
%      激励频率,we
% 输出:
%      与谐波系数向量相对应残差函数向量,R
%% 构造残差函数 %%
% (1)结构特征
M = system.M;
C = system.C;
K = system.K;
% (2)外载荷
fetw=zeros(1,num);
fetw(2)=num/2;
% (3)非线性载荷
deltaxw=zeros(1,num);
deltaxw( Cal_cycle+1:2* Cal_cycle:H*Cal_cycle+1 )=...
    Pxt(1:2:H)+Pxt(2:2:H+1)*j;
dis=ifft(deltaxw,num);
delta=real(dis)*2;
% 更换非线性接触载荷的计算函数
% 可引入其他非线性类型,如 fnon=Pnon(1)*delta.^3
fnon=Cfin_steady(delta,Pnon(1),Pnon(2));
```

```
fnonw=fft(fnon,num);
    fnonw( abs(fnonw)<1e-6 *max( abs(fnonw) ) )=0;
% (4)构造残差函数
deltayw=zeros(1,num);
for k=1:2:H
    wte=we*k;
    gw=inv( K-wte^2*M+wte*j*C );
    deltayw(k*Cal_cycle+1)=  Tm*gw*Fout*fetw(k*Cal_cycle+1)...
                 -Tm*gw*Tm'*fnonw(k*Cal_cycle+1) ;
end
tem=deltaxw-deltayw;
R=zeros(H+1,1);
% 多个非线性连接模型按照计算机堆栈方式进行压缩
R(1 : 2 : H)= real( tem(Cal_cycle+1:2*Cal_cycle:H*Cal_cycle+1));
R(2 : 2 : H+1)= imag( tem(Cal_cycle+1:2*Cal_cycle:H*Cal_cycle+1));
```

4. 非线性接触载荷的计算函数：Cfin_steady. m

```
function Fnon=Cfin_steady(delta,fs,k)
%% 函数解释数说明
% 输入:
%     相对位移向量,delta
%     临界滑移力,fs
%     黏着刚度,k
% 输出:
%     与相对位移相对应的非线性接触载荷,Fnon
%% 计算非线性接触载荷 %%
% (1) 计算相对位移速度
N=length(delta);
vt=diff(delta);
dv=interp1([1.5:N-0.5],vt,[2:N-1]);
dv=[vt(1),dv,vt(end)];
%% 相对位移正则化
xmax=fs/k;
delta=delta/xmax;
% (2) 确定迟滞曲线的最大值、最小值
disdown=min(delta);
fdown=-f_backbone( min(delta) );
```

```
disup=max(delta);
fup=f_backbone( max(delta) );
% (3) 迹线法计算迟滞载荷,需确定初始条件:加载或卸载
if dv(1)>0
   loadtype=2;                              % 加载过程
else
   loadtype=1;                              % 卸载过程
end
% (4) 计算每个相对位移对应的接触载荷
for i=1:N
   x=delta(i);
  if loadtype==2                            % 卸载过程
     ftem=fdown+2*f_backbone( (x-disdown)/2 );
  else                                      % 加载过程
     ftem=fup-2*f_backbone( (disup-x)/2 );
  end
     ftem=max(ftem,-1);ftem=min(ftem,1);    % 强制约束载荷区间
  if(i>1 && dv(i)*dv(i-1)<=0 && dv(i-1)~=0 )% 判断迹线转折点
       if(loadtype==1)                      % 卸载过程转化为加载过程
           loadtype=2;
       else
           loadtype=1;
       end
   end
   Fnon(i)=fs*ftem;
end
% (5) 单调载荷下力-位移曲线
function out=f_backbone(x)
% 子函数
% 单位力-位移函数关系
u=abs(x);
if  u<= 1
   out=1-(1-u)^1.5;               % 非线性刚度软化模型
else
   out=1;
end
```

A.2 有限元动力学分析的常用结构单元及 Matlab 程序

有限元法将连续体的求解域离散成若干单元，各单元通过边界上的节点相互连接。有限元分析的步骤主要包括结构离散化、位移模式选择、单元力学特性分析、平衡方程推导等，其核心在于构建节点位移与载荷之间的关系，并将单元的质量分配到这些节点上，获得单元的刚度矩阵、质量矩阵和阻尼矩阵。常用的结构单元包括梁单元（欧拉或铁木辛柯）、壳单元、实体单元（四面体单元、棱柱单元、六面体单元）等。针对第 4 章和第 5 章的数值仿真算例，简要介绍二维平面梁单元和高阶六面体等参单元理论，并提供相关计算程序。

1. 二维平面梁单元

如图 A.1 所示，二维平面梁单元由 i 和 j 两个节点构成，在轴力 N、剪切应力 F 和弯矩 M 的作用下，梁单元处于轴向拉压和平面弯曲的组合变形状态，节点将发生横向平动位移 u、垂向平动位移 v 和转动角位移 θ。

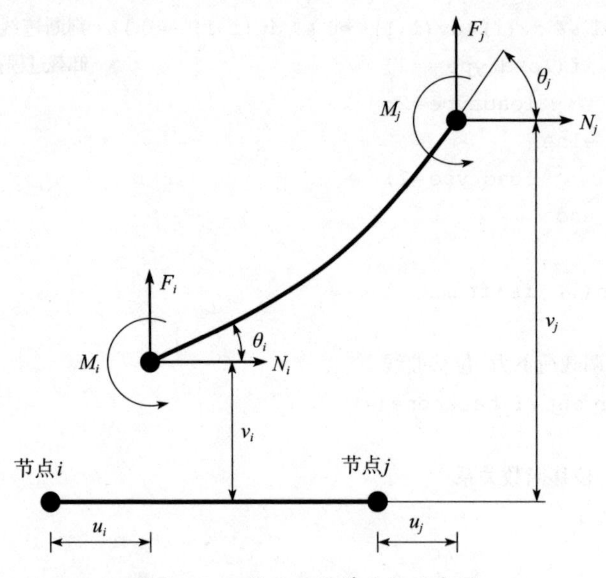

图 A.1　二维平面梁单元的示意图

二维平面梁单元的位移向量定义为

$$\boldsymbol{x}^{\mathrm{ele}}=[\,u_i \quad v_i \quad \theta_i \quad u_j \quad v_j \quad \theta_j\,]^{\mathrm{T}} \tag{A.1}$$

对应的质量矩阵和刚度矩阵分别为

$$
\boldsymbol{K}^{\text{ele}}=E\cdot\begin{bmatrix}
\frac{A}{l} & 0 & 0 & -\frac{A}{l} & 0 & 0\\
0 & \frac{12I}{l^3} & \frac{6I}{l^2} & 0 & -\frac{12I}{l^3} & \frac{6I}{l^2}\\
0 & \frac{6I}{l^2} & \frac{4I}{l} & 0 & -\frac{6I}{l^2} & \frac{2I}{l}\\
-\frac{A}{l} & 0 & 0 & \frac{A}{l} & 0 & 0\\
0 & -\frac{12I}{l^3} & -\frac{6I}{l^2} & 0 & \frac{12I}{l^3} & -\frac{6I}{l^2}\\
0 & \frac{6I}{l^2} & \frac{2I}{l} & 0 & -\frac{6I}{l^2} & \frac{4I}{l}
\end{bmatrix} \tag{A.2}
$$

$$
\boldsymbol{M}^{\text{ele}}=\frac{\rho Al}{420}\begin{bmatrix}
140 & 0 & 0 & 70 & 0 & 0\\
0 & 156 & 22l & 0 & 54 & -13l\\
0 & 22l & 4l^2 & 0 & 13l & -3l^2\\
70 & 0 & 0 & 140 & 0 & 0\\
0 & 54 & 13l & 0 & 156 & -22l\\
0 & -13l & -3l^2 & 0 & -22l & 4l^2
\end{bmatrix} \tag{A.3}
$$

式中：E 为材料弹性模量；l 为梁单元的长度；A 为梁单元的截面积；I 为截面转动惯性矩；ρ 为材料密度。

二维梁单元质量和刚度矩阵的 Matlab 程序分别为 Calculate_Ke. m 和 Calculate_Me. m。

```
function K=Calculate_Ke(E,I,A,l)
%% 函数解释数说明
% 输入:
%     弹性模量,E
%     转动惯性矩,I
%     截面积,A
%     单元长度,l
% 输出:
%     梁单元刚度矩阵
K=E*[A/l   0           0           -A/l  0           0           ;
     0     12*I/l^3    6*I/l^2     0     -12*I/l^3   6*I/l^2     ;
     0     6*I/l^2     4*I/l       0     -6*I/l^2    2*I/l       ;
     -A/l  0           0           A/l   0           0           ;
     0     -12*I/l^3   -6*I/l^2    0     12*I/l^3    -6*I/l^2    ;
     0     6*I/l^2     2*I/l       0     -6*I/l^2    4*I/l       ];
end
```

```
functionM= Calculate_Me(ruo,A,l)
%% 函数解释数说明
% 输入:
%       材料密度,ruo
%       截面积,A
%       单元长度,l
% 输出:
%       梁单元质量矩阵
M=ruo*A*l/420*[ 140   0       0         70    0       0        ;
                0     156     22*l      0     54      -13*l    ;
                0     22*l    4*l^2     0     13*l    -3*l^2   ;
                70    0       0         140   0       0        ;
                0     54      13*l      0     156     -22*l    ;
                0     -13*l   -3*l^2    0     -22*l   4*l^2    ];
end
```

由式（A.2）和式（A.3）可知，横向位移 u 与垂向位移 v 和转动角位移 θ 不相关，故在4.5节、5.4节和7.4节螺栓连接梁的垂向振动分析中，忽略了横向位移 u。

2. 高阶六面体单元

六面体单元由20个节点构成，每个节点有3个平动自由度 u、v、w。采用等参单元法计算单元的质量矩阵、刚度矩阵，3个自由度对应的局部坐标分别为 ξ、η、ζ，如图A.2所示。

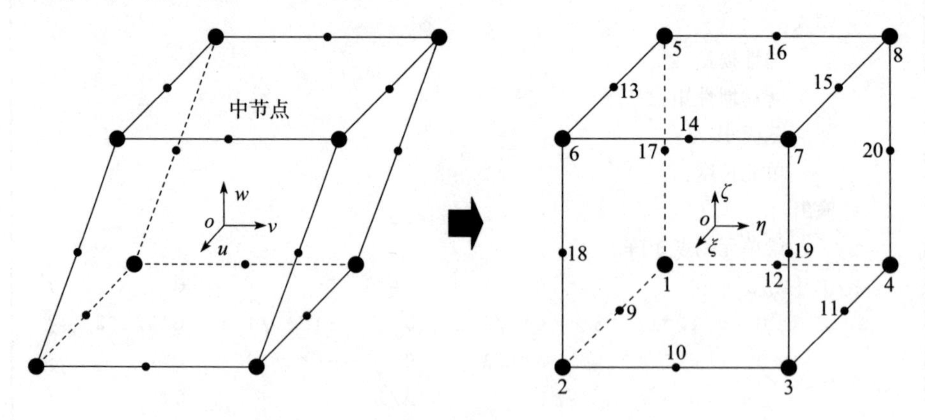

图A.2 高阶六面体单元及等参单元

20节点六面体单元为等参坐标系内的规范化单元，单元的插值形函数为

$$N_1=\frac{1}{8}(1-\xi)(1-\eta)(1-\zeta)(-\xi-\eta-\zeta-2)$$

$$N_2=\frac{1}{8}(1+\xi)(1-\eta)(1-\zeta)(\xi-\eta-\zeta-2)$$

$$N_3=\frac{1}{8}(1+\xi)(1+\eta)(1-\zeta)\cdot(\xi+\eta-\zeta-2)$$

$$N_4=\frac{1}{8}(1-\xi)(1+\eta)(1-\zeta)\cdot(-\xi+\eta-\zeta-2) \tag{A.4}$$

$$N_5=\frac{1}{8}(1-\xi)(1-\eta)(1+\zeta)\cdot(-\xi-\eta+\zeta-2)$$

$$N_6=\frac{1}{8}(1+\xi)(1-\eta)(1+\zeta)\cdot(\xi-\eta+\zeta-2)$$

$$N_7=\frac{1}{8}(1+\xi)(1+\eta)(1+\zeta)\cdot(\xi+\eta+\zeta-2)$$

$$N_8=\frac{1}{8}\underbrace{(1-\xi)(1+\eta)(1+\zeta)}_{\text{8节点单元使用}}\cdot\underbrace{(-\xi+\eta+\zeta-2)}_{\text{中节点贡献}}$$

$$N_9=\frac{1}{4}(1-\xi^2)(1-\eta)(1-\zeta)\quad N_{10}=\frac{1}{4}(1+\xi)(1-\eta^2)(1-\zeta)$$

$$N_{11}=\frac{1}{4}(1-\xi^2)(1+\eta)(1-\zeta)\quad N_{12}=\frac{1}{4}(1-\xi)(1-\eta^2)(1-\zeta)$$

$$N_{13}=\frac{1}{4}(1-\xi^2)(1-\eta)(1+\zeta)\quad N_{14}=\frac{1}{4}(1+\xi)(1-\eta^2)(1+\zeta)$$

$$N_{15}=\frac{1}{4}(1-\xi^2)(1+\eta)(1+\zeta)\quad N_{16}=\frac{1}{4}(1-\xi)(1-\eta^2)(1+\zeta) \tag{A.5}$$

$$N_{17}=\frac{1}{4}(1-\xi)(1-\eta)(1-\zeta^2)\quad N_{18}=\frac{1}{4}(1+\xi)(1-\eta)(1-\zeta^2)$$

$$N_{19}=\frac{1}{4}(1+\xi)(1+\eta)(1-\zeta^2)\quad N_{20}=\frac{1}{4}(1-\xi)(1+\eta)(1-\zeta^2)$$

将插值形函数对局部坐标ξ、η、ζ求偏导数，构造雅可比矩阵$\boldsymbol{J}$。

$$\boldsymbol{J}=\begin{bmatrix}\frac{\partial N_1}{\partial\xi} & \frac{\partial N_2}{\partial\xi} & \cdots & \frac{\partial N_{20}}{\partial\xi}\\ \frac{\partial N_1}{\partial\eta} & \frac{\partial N_2}{\partial\eta} & \cdots & \frac{\partial N_{20}}{\partial\eta}\\ \frac{\partial N_1}{\partial\zeta} & \frac{\partial N_2}{\partial\zeta} & \cdots & \frac{\partial N_{20}}{\partial\zeta}\end{bmatrix}\cdot\begin{bmatrix}x_1 & y_1 & z_1\\ x_2 & y_2 & z_2\\ \vdots & \vdots & \vdots\\ x_{20} & y_{20} & z_{20}\end{bmatrix} \tag{A.6}$$

式中：x、y、z 分别为 20 个节点的坐标。

由雅可比矩阵 $\boldsymbol{J}$ 可得插值函数与节点坐标系导数间之间的变换关系：

$$\begin{bmatrix} \dfrac{\partial N_i}{\partial x} \\ \dfrac{\partial N_i}{\partial y} \\ \dfrac{\partial N_i}{\partial z} \end{bmatrix} = \boldsymbol{J}^{-1} \begin{bmatrix} \dfrac{\partial N_i}{\partial \xi} \\ \dfrac{\partial N_i}{\partial \eta} \\ \dfrac{\partial N_i}{\partial \zeta} \end{bmatrix} \quad (i=1,2,3,\cdots,20) \tag{A.7}$$

六面体单元应变-位移向量之间的变换矩阵 $\boldsymbol{B}$ 为

$$\boldsymbol{B} = [\boldsymbol{B}_1 \quad \boldsymbol{B}_2 \quad \cdots \quad \boldsymbol{B}_{20}]$$

$$\boldsymbol{B}_i = \begin{bmatrix} \dfrac{\partial N_i}{\partial x} & 0 & 0 & \dfrac{\partial N_i}{\partial y} & 0 & \dfrac{\partial N_i}{\partial z} \\ 0 & \dfrac{\partial N_i}{\partial y} & 0 & \dfrac{\partial N_i}{\partial x} & \dfrac{\partial N_i}{\partial z} & 0 \\ 0 & 0 & \dfrac{\partial N_i}{\partial z} & 0 & \dfrac{\partial N_i}{\partial y} & \dfrac{\partial N_i}{\partial x} \end{bmatrix}^{\mathrm{T}} \tag{A.8}$$

六面体单元的位移向量定义为

$$\boldsymbol{x}^{\mathrm{ele}} = [u_1 \quad v_1 \quad w_1 \quad u_1 \quad v_1 \quad w_1 \quad \cdots \quad u_{20} \quad v_{20} \quad w_{20}]^{\mathrm{T}} \tag{A.9}$$

对应的质量矩阵和刚度矩阵分别为

$$\boldsymbol{K}^{\mathrm{ele}} = \int_{-1}^{1}\int_{-1}^{1}\int_{-1}^{1} \boldsymbol{B}^{\mathrm{T}}\boldsymbol{D}\boldsymbol{B} \cdot \det(\boldsymbol{J})\,\mathrm{d}\xi\,\mathrm{d}\eta\,\mathrm{d}\zeta \tag{A.10}$$

$$\boldsymbol{M}^{\mathrm{ele}} = \rho\int_{-1}^{1}\int_{-1}^{1}\int_{-1}^{1} \boldsymbol{N}^{\mathrm{T}}\boldsymbol{N} \cdot \det(\boldsymbol{J})\,\mathrm{d}\xi\,\mathrm{d}\eta\,\mathrm{d}\zeta \tag{A.11}$$

式中：$\boldsymbol{N}$ 为插值函数矩阵；$\boldsymbol{D}$ 为弹性矩阵。

$$\boldsymbol{N} = \begin{bmatrix} N_1 & 0 & 0 & N_2 & 0 & 0 & & N_{20} & 0 & 0 \\ 0 & N_1 & 0 & 0 & N_2 & 0 & \cdots & 0 & N_{20} & 0 \\ 0 & 0 & N_1 & 0 & 0 & N_2 & & 0 & 0 & N_{20} \end{bmatrix} \tag{A.12}$$

$$\boldsymbol{D} = \frac{E}{(1+v)(1-2v)} \begin{bmatrix} 1-v & v & v & 0 & 0 & 0 \\ v & 1-v & v & 0 & 0 & 0 \\ v & v & 1-v & 0 & 0 & 0 \\ 0 & 0 & 0 & (1-2v)/2 & 0 & 0 \\ 0 & 0 & 0 & 0 & (1-2v)/2 & 0 \\ 0 & 0 & 0 & 0 & 0 & (1-2v)/2 \end{bmatrix} \tag{A.13}$$

20节点六面体等参单元刚度和质量矩阵的构造涉及四阶多项式的积分运算，为保证积分精度，采用3次高斯积分方法，即3×3×3的高斯积分方案。母单元内部ξ、η、ζ三个变量分别取值$-(3/5)^{1/2}$、0和$(3/5)^{1/2}$，与之对应的积分权重系数ψ分别为5/9、8/9、5/9，共计27个积分点。单元质量和刚度矩阵的计算表达式为

$$\boldsymbol{K}^{\mathrm{ele}} = \sum_{i=1}^{3}\sum_{j=1}^{3}\sum_{k=1}^{3}\{\psi_{\xi_i}\psi_{\eta_j}\psi_{\zeta_k}\cdot \boldsymbol{B}(\xi_i,\eta_j,\zeta_k)^{\mathrm{T}}\boldsymbol{D}\boldsymbol{B}(\xi_i,\eta_j,\zeta_k)\cdot \det[\boldsymbol{J}(\xi_i,\eta_j,\zeta_k)]\} \tag{A.14}$$

$$\boldsymbol{M}^{\mathrm{ele}} = \rho\cdot\sum_{i=1}^{3}\sum_{j=1}^{3}\sum_{k=1}^{3}\{\psi_{\xi_i}\psi_{\eta_j}\psi_{\zeta_k}\cdot \boldsymbol{N}(\xi_i,\eta_j,\zeta_k)^{\mathrm{T}}\boldsymbol{N}(\xi_i,\eta_j,\zeta_k)\cdot \det[\boldsymbol{J}(\xi_i,\eta_j,\zeta_k)]\} \tag{A.15}$$

六面体单元质量和刚度矩阵的 Matlab 程序为 Element_20_brick. m。

```
function [Ke,Me] = Element_20_brick (x,y,z,E,miu,ruo)
%% 函数解释数说明
% 输入:
%     节点坐标,x,y,z:维数 20×1
%     材料模量,E
%     泊松比,miu
%     材料密度,ruo
% 输出:
%     实体单元刚度矩阵 Ke
%     实体单元质量矩阵 Me
D = E/(1+miu)/(1-2*miu).* ...
    [1-miu    miu      miu      0        0          0;
     miu      1-miu    miu      0        0          0;
     miu      miu      1-miu    0        0          0;
     0        0        0        0.5-miu  0          0;
     0        0        0        0        0.5-miu    0;
     0        0        0        0        0          0.5-miu];
Ke = zeros(60,60);
Me = zeros(60,60);
% 3 × 3 × 3 高斯积分点和权系数
int_poi = [ -sqrt(0.6), 0,sqrt(0.6) ];
wei_poi = [ 5, 8, 5 ]/9 ;
xx = [-1,1, 1, -1, -1, 1, 1,-1, 0, 1, 0, -1, 0, 1, 0, -1, -1, 1, 1, -1];
```

```
ee = [-1, -1, 1, 1, -1, -1, 1, 1, -1, 0, 1, 0, -1, 0, 1, 0, -1, -1, 1, 1 ];
zz = [-1, -1, -1, -1, 1, 1, 1, 1, -1, -1, -1, -1, 1, 1, 1, 1, 0, 0, 0, 0 ];
xx2=[0,0,0,0,0,0,0,0,1,0,1,0,1,0,1,0,0,0,0,0];
ee2=[0,0,0,0,0,0,0,0,0,1,0,1,0,1,0,1,0,0,0,0];
zz2=[0,0,0,0,0,0,0,0,0,0,0,0,0,0,0,0,1,1,1,1];
%% 采用高斯全积分方法计算刚度矩阵和质量矩阵  %%
for i=1:length(int_poi)
    for j=1:length(int_poi)
        for k=1:length(int_poi)
            xi= int_poi(i);
            eta= int_poi(j);
            zeta= int_poi(k);
            % 计算雅可比矩阵 J
            R=N_xi_eta_zata(xx,ee,zz,xx2,ee2,zz2,xi,eta,zeta);
            J = R* [x,y,z];
          % 插值函数关于节点坐标偏导数的转换关系
            dN = J\R;
            for ii=1:20
                if ii<=8
                    Ni=(1+xx(ii)*xi)*(1+ee(ii)*eta)*(1+zz(ii)*zeta)*...
                              (xx(ii)*xi+ ee(ii)*eta+ zz(ii)*zeta - 2 )/8;
                else
                    Ni = (1-xx2(ii)*xi^2)*(1-ee2(ii)*eta^2)*(1-
zz2(ii)*zeta^2)*...
                           (1+xx(ii)*xi)*(1+ee(ii)*eta)*(1+zz(ii)*zeta)/4;
                end
                % 计算应力-应变变换矩阵 B
                B(:,3*ii-2:3*ii) = [dN(1,ii)  0         0
                                    0         dN(2,ii)  0
                                    0         0         dN(3,ii)
                                    dN(2,ii)  dN(1,ii)  0
                                    0         dN(3,ii)  dN(2,ii)
                                    dN(3,ii)  0         dN(1,ii)];
                % 计算插值函数矩阵
                N(:,3*ii-2:3*ii) = [Ni        0         0
                                    0         Ni        0
                                    0         0         Ni];
```

```
                end
                Ke = Ke+ wei_poi(i)*wei_poi(j)*wei_poi(k)*transpose
(B)*D*B*det(J);
                Me = Me + wei_poi(i)*wei_poi(j)*wei_poi(k)*ruo*trans-
pose(N)*N*det(J);
            end
        end
    end
    %% 子函数:计算插值函数对局部坐标的导数
    function R=N_xi_eta_zata(xx,ee,zz,xx2,ee2,zz2,xi,eta,zeta)
    Ni= zeros( 1, 20 );
    Nj= zeros( 1, 20 );
    Nk= zeros( 1, 20 );
    %% 1~8号节点计算
    Ni(1:8)=xx(1:8).*(1+ee(1:8)*eta).*(1+zz(1:8)*zeta).* ...
            ( 2*xx(1:8)*xi+ ee(1:8)*eta+ zz(1:8)* zeta-1)/8;
    Nj(1:8)=(1+xx(1:8)*xi).*ee(1:8).*(1+zz(1:8)*zeta).* ...
            ( xx(1:8)*xi+ 2*ee(1:8)*eta+ zz(1:8)* zeta-1)/8;
    Nk(1:8)=(1+xx(1:8)*xi).*(1+ee(1:8)*eta).*zz(1:8).* ...
            ( xx(1:8)*xi+ ee(1:8)*eta+ 2*zz(1:8)* zeta-1)/8;
    %% 9~20号节点计算
    Nu1=(1-xx2(9:20)*xi^2).*(1-ee2(9:20)*eta^2).*(1-zz2(9:20)*ze-
ta^2)./4;
    Nu2=(1+xx(9:20)*xi).*(1+ee(9:20)*eta).*(1+zz(9:20)*zeta)/4;
    Ni(9:20)=xx(9:20).*(1+ee(9:20)*eta).*(1+zz(9:20)*zeta).*Nu1...
            -2*xi*xx2(9:20).*(1-ee2(9:20)*eta^2).*(1-zz2(9:20)
*zeta^2).*Nu2;
    Nj(9:20)=(1+xx(9:20)*xi).*ee(9:20).*(1+zz(9:20)*zeta).*Nu1...
            -2*eta*ee2(9:20).*(1-xx2(9:20)*xi^2).*(1-zz2(9:20)
*zeta^2).*Nu2;
    Nk(9:20)=(1+xx(9:20)*xi).*(1+ee(9:20)*eta).*zz(9:20).*Nu1...
            -2*zeta*zz2(9:20).*(1-xx2(9:20)*xi^2).*(1-ee2(9:20)
*eta^2).*Nu2;
    R=[Ni;Nj;Nk];
```

图 A.2 忽略中节点可退化为 8 节点的低阶六面体单元。利用式（A.4）的前 3 个多项式，仅考虑式（A.6）~式（A.9）和式（A.12）的前 8 项可获得该单元的刚度矩阵和质量矩阵。构造过程涉及三阶多项式的积分运算，高斯积分方案为 2×2×2，母单元内部 ξ、η、ζ 三个变量分别取值$\pm(1/3)^{1/2}$，积分权重系数均为 1，共计 8 个积分点。单元质量和刚度矩阵的计算表达式分别为

$$\boldsymbol{K}^{\mathrm{ele}} = \sum_{i=1}^{2}\sum_{j=1}^{2}\sum_{k=1}^{2}\{\boldsymbol{B}(\xi_i,\eta_j,\zeta_k)^{\mathrm{T}}\boldsymbol{D}\boldsymbol{B}(\xi_i,\eta_j,\zeta_k)\cdot\det[\boldsymbol{J}(\xi_i,\eta_j,\zeta_k)]\} \tag{A.16}$$

$$\boldsymbol{M}^{\mathrm{ele}} = \rho\cdot\sum_{i=1}^{2}\sum_{j=1}^{2}\sum_{k=1}^{2}\{\boldsymbol{N}(\xi_i,\eta_j,\zeta_k)^{\mathrm{T}}\boldsymbol{N}(\xi_i,\eta_j,\zeta_k)\cdot\det[\boldsymbol{J}(\xi_i,\eta_j,\zeta_k)]\} \tag{A.17}$$

A.3 连接结构动力学研究主要使用的 Matlab 命令

在连接结构动力学建模、求解与辨识等研究过程中，主要使用的 Matlab 命令见表 A.1。

表 A.1 连接结构动力学研究主要使用的 Matlab 命令

命令	功能	命令	功能
tic/toc	CPU 耗费计算	fopen/fclose	文件打开/关闭
struct	数据结构开辟	fgetl	一行文本读取
fscanf/fprintf	文件读/写	strcmp	两个文本比较
lower	关键词处理	polyfit	多项式拟合
norm	欧氏空间距离计算	ode45	微分方程数值求解
int	数值积分运算	str2num/num2str	数值和字符串转换
diff	差分运算	fft/ifft	傅里叶和逆傅里叶变换
real/imag	实部和虚部提取	fsolve	代数方程组求解
lsqnonlin	非线性拟合	linspace	区间分割
fminsearch	无约束函数极小值求解	interp1	一维线性插值
spline	样条插值	inv	矩阵求逆
feval	函数值计算	inline	文本函数转换
xlsread/xlswrite	表格数据读/写	findpeaks	峰值点寻找
vmd	变分模式分解	sparse	稀疏矩阵定义

续表

命令	功能	命令	功能
spectrogram	时域谱分析	abs/angle	复数的幅值和相位计算
size/length	矩阵/向量维数计算	sort	数组排序计算
patch	三维有限元网格绘制	plot/semilogy	曲线绘制

A.4 关键词说明

非线性动力学 —— nonlinear dynamics
连接界面 —— joint interfaces
黏滑摩擦 —— stick-slip friction
迟滞非线性 —— hysteresis nonlinearity
频响函数 —— frequency response function, FRF
降阶模型 —— reduced-order models, ROM
动力学降阶 —— dynamic reduction
模态叠加法 —— modal superposition method
局部非线性转换 —— local nonlinearity transformation
谐波平衡法 —— harmonic balance method, HBM
多点约束 —— multi-points constrain, MPC
物理机理建模 —— physics-based modeling
数据驱动建模 —— data-driven modeling
松弛迭代 —— successive over relaxation iteration
伪弧长延拓法 —— arch-length continuation method
模型修正 —— model updating
载荷重构 —— force reconstruction
混合时频转换 —— alternatively frequency/time, AFT
快速傅里叶变换 —— fast Fourier transform, FFT
非线性系统辨识 —— nonlinear system identification
小波变换 —— wavelet transform, WT
经验模式分解 —— empirical mode decomposition, EMD
静刚度补偿 —— static stiffness conpensation
非线性最小二乘拟合 —— nonlinear least-squares fitting

变分模式分解 —— variational mode decomposition，VMD
多分辨分析 —— multi-resolution analysis，MRA
交替方向乘子法 —— alternating direction method of multipliers，ADMM
线性判别分析 —— linear discriminant analysis，LDA
支持向量数据描述 —— support vector data description，SVDD
双树复小波变换 —— dual tree complex wavelet transform，DTCWT
近似解析小波包变换 —— quasi-analytic wavelet packet transform，QAWPT
比迹 —— ratio trace，TR
再生核希尔伯特空间 —— reproducing kernel Hilbert space，RKHS

参考文献

[1] 李一堃．预紧连接结构非线性力学模型研究［D］．南京：南京理工大学，2017.

[2] 李东武．连接界面摩擦磨损行为动力学建模与实验研究［D］．西安：西北工业大学，2020.

[3] 吴志刚，王本利，马兴瑞．在轨航天器连接结构动力学及其参数辨识［J］．宇航学报，1998，19（3）：103-109.

[4] 芦旭．基于螺栓法兰连接简化建模的箭体结构动力学特性研究［D］．大连：大连理工大学，2017.

[5] 栾宇．航天器结构中螺栓法兰连接的动力学建模方法研究［D］．大连：大连理工大学，2012.

[6] 曹军义，刘清华，洪军．螺栓连接微观摩擦到宏观动力学研究综述［J］．中国机械工程，2021，32（11）：1273-1361.

[7] SEGALMAN D J，GREGORY D L，STARR M J，et al. Handbook on dynamics of jointed structures［R］. Albuquerque，NM：Sandia National Laboratories，2009.

[8] BRAKE M R W. The mechanics of jointed structures：Recent research and open challenges for developing predictive models for structural dynamics［M］. Berlin：Springer，2018.

[9] GAUL L，LENZ J. Nonlinear dynamics of structures assembled by bolted joints［J］. Acta Mechanica，1997，125(1-4)：169-181.

[10] ZUCCA S，FIRRONE C M. Nonlinear dynamics of mechanical systems with friction contacts：Coupled static and dynamic Multi-Harmonic Balance Method and multiple solutions［J］. Journal of Sound and Vibration，2014，333(3)：916-926.

[11] ZUCCA S，FIRRONE C M，GOLA M M. Numerical assessment of friction damping at turbine blade root joints by simultaneous calculation of the static and dynamic contact loads［J］. Nonlinear Dynamics，2012，67(3)：1943-1955.

[12] BEHESHTI A，KHONSARI M. Asperity micro-contact models as applied to the deformation of rough line contact［J］. Tribology International，2012，52：61-74.

[13] QUINN D D，SEGALMAN D J. Using series-series Iwan-type models for understanding joint dynamics［J］. Journal of Applied Mechanics，2005，72(5)：666-673.

[14] POLYCARPOU A A，ETSION I. Static friction of contacting real surfaces in the presence of sub-boundary lubrication［J］. Journal of Tribology，1998，120(2)：296-303.

[15] POLYCARPOU A A，ETSION I. Analytical approximations in modeling contacting rough surfaces［J］. Journal of Tribology，1999，121(2)：234-239.

[16] AHMADIAN H，MOTTERSHEAD J E，JAMES S，et al. Modelling and updating of large surface-to-surface joints in the AWE-MACE structure［J］. Mechanical Systems and Signal Processing，2006，20(4)：868-880.

[17] 王东．结构动力学问题中连接界面的非线性力学建模［D］．西安：西北工业大学，2015.

[18] RAJAEI M，AHMADIAN H. Development of generalized Iwan model to simulate frictional contacts with

variable normal loads [J]. Applied Mathematical Modelling, 2014, 38(15/16): 4006-4018.

[19] SÜβ D, WILLNER K. Investigation of a jointed friction oscillator using the Multiharmonic Balance Method [J]. Mechanical Systems and Signal Processing, 2015, 52/53(1): 73-87.

[20] ERITEN M, POLYCARPOU A A, BERGMAN L A. Physics-based modeling for fretting behavior of nominally flat rough surfaces [J]. International Journal of Solids and Structures, 2011, 48 (10): 1436-1450.

[21] SEGALMAN D J. Model reduction of systems with localized nonlinearities [J]. Journal of Computational and Nonlinear Dynamics, 2007, 2(3): 249-266.

[22] BOGRAD S, REUSS P, SCHMIDT A. Modeling the dynamics of mechanical joints [J]. Mechanical Systems and Signal Processing, 2011, 25(8): 2801-2826.

[23] 丁千，翟红梅．机械系统摩擦动力学研究进展 [J]．力学进展，2013，43(1)：112-131.

[24] 蔡力钢，王锋，李玲，等．栓接结合部动态特性研究进展 [J]．机械工程学报，2013，49(9)：158-168.

[25] 王东，徐超，胡杰，等．连接结构接触界面非线性力学建模研究 [J]．力学学报，2018，50(1)：44-57.

[26] GHAEDNIA H, WANG X Z, SAHA S. A review of elastic-plastic contact mechanics [J]. Applied Mechanics Reviews, 2017, 69(11): 060804.

[27] VAKIS A I, YASTREBOV V A, SCHEIBERT J. Modeling and simulation in tribology across scales: An overview [J]. Tribology International, 2018, 125(1): 169-199.

[28] HERTZ H. On the contact of elastic solids [J]. J. reine angew. Math, 1881, 92: 156-171.

[29] MINDLIN R D. Compliance of elastic bodies in contact [J]. Journal of Applied Mechanics, 1949, 16 (3): 259-268.

[30] MINDLIN R D, MASON W P, OSMER T F, et al. Effects of an oscillating tangential force on the contact surfaces of elastic spheres [J]. Journal of Applied Mechanics, 1951, 18(3): 203-208.

[31] JOHNSON K L. The effect of a tangential contact force on the rolling motion of an elastic sphere on a plane [J]. Journal of Applied Mechanics, 1958, 25: 339-346.

[32] JOHNSON K L. Energy dissipation at spherical surfaces in contact transmitting oscillating forces [J]. Journal of Mechanical Engineering Science, 1961, 3(4): 362-368.

[33] CHANG W, ETSION I, BOGY D B. An elastic-plastic model for the contact of rough surfaces [J]. Journal of Tribology, 1987, 109(2): 257-263.

[34] KOGUT L, ETSION I. A finite element based elastic-plastic model for the contact of rough surfaces [J]. Tribology Transactions, 2003, 46(3): 383-390.

[35] CHANG W R, ETSION I, BOGY D B. Static friction coefficient model for metallic rough surfaces [J]. Journal of Tribology, 1988, 110(1): 57-63.

[36] KOGUT L, ETSION I. A static friction model for elastic-plastic contacting rough surfaces [J]. Journal of Tribology, 2004, 126(1): 34-40.

[37] JACKSON R L, GREEN I. A statistical model of elasto-plastic asperity contact between rough surfaces [J]. Tribology International, 2006, 39(9): 906-914.

[38] BRIZMER V, KLIGERMAN Y, ETSION I. The effect of contact conditions and material properties on the elasticity terminus of a spherical contact [J]. International Journal of Solids and Structures, 2006, 43

(18): 5736-5749.

[39] GREENWOOD J, WILLIAMSON J. Contact of nominally flat surfaces [J]. Proceedings of the Royal Society of London. Series A. Mathematical and Physical Sciences, 1966, 295(1442): 300-319.

[40] PHAN-THIEN N. On an elastic theory of friction [J]. Journal of Applied Mechanics, 1981, 48: 438-439.

[41] FARHANG K, SEGALMAN D J, STARR M J. Approximate constitutive relation for lap joints using a tribo-mechanical approach [C]. Proceedings of the ASME 2007 International Design Engineering Technical Conferences & Computers and Information in Engineering Conference, 2007.

[42] ARGATOV I I, BUTCHER E A. On the Iwan models for lap-type bolted joints [J]. International Journal of Non-Linear Mechanics, 2011, 46(2): 347-356.

[43] 王东，徐超. 一种考虑粗糙结合面切向黏滑摩擦模型 [J]. 机械工程学报，2014，50(13): 129-134.

[44] 李玲，蔡安江，阮晓光，等. 栓接结合部刚度建模与特性分析 [J]. 振动工程学报，2017，30(1): 1-8.

[45] 李玲，蔡安江，阮晓光，等. 栓接结合部非线性等效线性化方法 [J]. 振动工程学报，2015，28(4): 560-566.

[46] ERITEN M, POLYCARPOU A A, BERGMAN L A. Physics-based modeling for partial slip behavior of spherical contacts [J]. International Journal of Solids and Structures, 2010, 47(18/19): 2554-2567.

[47] FUJIMOTO T, KAGAMI J, KAWAGUCHI T, et al. Micro-displacement characteristics under tangential force [J]. Wear, 2000, 241(2): 136-142.

[48] WANG D, XU C, WAN Q. Modeling tangential contact of rough surfaces with elastic-and plastic-deformed asperities [J]. Journal of Tribology, 2017, 139(5): 051401.

[49] 高志强，傅卫平，王雯，等. 弹塑性微凸体侧向接触相互作用能耗 [J]. 力学学报，2017，49(4): 858-869.

[50] 王雯，吴洁蓓，高志强，等. 机械结合面切向接触阻尼计算模型 [J]. 力学学报，2018，50(3): 633-642.

[51] 刘丽兰，刘宏昭，吴子英. 机械系统中摩擦模型的研究进展 [J]. 力学进展，2008，38(2): 201-213.

[52] 李强，雒建彬. 接触力学与摩擦学的原理及其应用 [M]. 北京：清华大学出版社，2011.

[53] OLDFIELD M, OUYANG H, MOTTERSHEAD J E. Simplified models of bolted joints under harmonic loading [J]. Computers and Structures, 2005, 84(1): 25-33.

[54] IWAN W D. A distributed-element model for hysteresis and its steady-state dynamic response [J]. Journal of Applied Mechanics, 1966, 33(4): 893-900.

[55] IWAN W D. On a class of models for the yielding behavior of continuous and composite systems [J]. Journal of Applied Mechanics, 1967, 34(3): 612-617.

[56] WEN Y K. Methods of random vibration for inelastic structures [J]. Applied Mechanics Reviews, 1989, 42(2): 39-52.

[57] YUE X. Developments of joint elements and solution algorithms for dynamic analysis of jointed structures [D]. Boulder: University of Colorado, 2002.

[58] AHMADIAN H, JALALI H, POURAHMADIAN F. Nonlinear model identification of a frictional contact

support [J]. Mechanical Systems and Signal Processing, 2010, 24(8): 2844-2854.

[59] BAZRAFSHAN M, AHMADIAN H, JALALI H. Modeling the interaction between contact mechanisms in normal and tangential directions [J]. International Journal of Non-Linear Mechanics, 2014, 58: 111-119.

[60] MIGNOLET M P, SONG P C, WANG X Q. A stochastic Iwan-type model for joint behavior variability modeling [J]. Journal of Sound and Vibration, 2015, 349(1): 289-298.

[61] LI Y K, HAO Z M. A six-parameter Iwan model and its application [J]. Mechanical Systems and Signal Processing, 2016, 68/69(1): 354-365.

[62] SEGALMAN D J. A four-parameter Iwan model for lap-type joints [J]. Journal of Applied Mechanics, 2005, 72(5): 752-760.

[63] BRAKE M R W. A reduced Iwan model that includes pinning for bolted joint mechanics [J]. Nonlinear Dynamics, 2017, 87(2): 1335-1349.

[64] SONG Y X, HARTWIGSEN C J, BERGMAN L A, et al. A three-dimensional nonlinear reduced-order predictive joint model [J]. Earthquake Engineering and Engineering Vibration, 2003, 2(1): 59-73.

[65] SONG Y X, HARTWIGSEN C J, MCFARLAND D M, et al. Simulation of dynamics of beam structures with bolted joints using adjusted Iwan beam elements [J]. Journal of Sound and Vibration, 2004, 273(1): 249-276.

[66] 张相盟，王本利，卫洪涛，等. Iwan 模型非线性恢复力及能量耗散计算研究 [J]. 工程力学, 2012, 29(11): 33-39.

[67] 张相盟. 摩擦连接的结构非线性动力学研究 [D]. 哈尔滨：哈尔滨工业大学, 2013.

[68] OUYANG H, OLDFIELD M J, MOTTERSHEAD J E. Experimental and theoretical studies of a bolted joint excited by a torsional dynamic load [J]. International Journal of Mechanical Sciences, 2006, 48(12): 1447-1455.

[69] 李一堃，郝志明，章定国. 基于六参数非均匀密度函数的伊万模型研究 [J]. 力学学报, 2015, 47(3): 513-520.

[70] LI Y K, HAO Z M, FENG J Q, et al. Investigation into discretization methods of the six-parameter Iwan model [J]. Mechanical Systems and Signal Processing, 2017, 85: 98-110.

[71] WANG D, XU C, FAN X H, et al. Reduced-order modeling approach for frictional stick-slip behaviors of joint interface [J]. Mechanical Systems and Signal Processing, 2018, 103: 131-138.

[72] WANG D, ZHANG Z S. A four-parameter model for nonlinear stiffness of bolted joint with non-Gaussian surfaces [J]. Acta Mechanica, 2020, 231(5): 1963-1976.

[73] LI D W, BOTTO D, XU C, et al. A new approach for the determination of the Iwan density function in modeling friction contact [J]. International Journal of Mechanical Sciences, 2020, 180: 105671.

[74] LI D W, XU C, LIU T, et al. A modified IWAN model for micro-slip in the context of dampers for turbine blade dynamics [J]. Mechanical Systems and Signal Processing, 2019, 121(1): 14-30.

[75] LI D W, BOTTO D, XU C, et al. A micro-slip friction modeling approach and its application in underplatform damper kinematics [J]. International Journal of Mechanical Sciences, 2019, 161/162(1): 105029.

[76] SEGALMAN D J, STARR M J. Inversion of Masing models via continuous Iwan systems [J]. International Journal of Non-Linear Mechanics, 2008, 43(1): 74-80.

[77] NAYFEH A H, MOOK D T. Nonlinear oscillations [M]. Hoboken: Wiley, 1995.
[78] SATYA N A. Method of computer modeling in engineering & the science [M]. Forsyth: chn Science Press, 2005.
[79] XIE Y M. An assessment of time integration schemes for non-linear dynamic equations [J]. Journal of Sound and Vibration, 1996, 192(1): 321-331.
[80] MILLER J D, QUINN D D. A two-sided interface model for dissipation in structural systems with frictional joints [J]. Journal of Sound and Vibration, 2009, 321(1): 201-219.
[81] 尉飞. 局部非线性结构分析方法及其在航天器结构分析中的应用 [D]. 哈尔滨: 哈尔滨工业大学, 2010.
[82] HE J H. A coupling method of a homotopy technique and a perturbation technique for non-linear problems [J]. International Journal of Non-linear Mechanics, 2000, 35(1): 37-43.
[83] MOON B Y, KANG B S. Vibration analysis of harmonically excited non-linear system using the method of multiple scales [J]. Journal of Sound and Vibration, 2003, 263(1): 1-20.
[84] SHOOSHTARI A, ZANOOSI A A P. A multiple times scale solution for non-linear vibration of mass grounded system [J]. Applied Mathematical Modelling, 2010, 34(12): 1918-1929.
[85] ZHANG Z Y, CHEN Y S. Harmonic balance method with alternating frequency/time domain technique for nonlinear dynamical system with fractional exponential [J]. Applied Mathematics and Mechanics, 2014, 35(4): 423-436.
[86] DETROUX T, RENSON L, KERSCHEN G. The Harmonic balance method for advanced analysis and design of nonlinear mechanical systems [M]. Heidelberg: Springer International Publishing, 2014.
[87] WOIWODE L, BALAJI N N, KAPPAUF J. Comparison of two algorithms for Harmonic Balance and path continuation [J]. Mechanical Systems and Signal Processing, 2020, 136: 106503.
[88] BUDAK E, N H. Iterative receptance method for determining harmonic response of structures with symmetrical non-linearities [J]. Mechanical Systems and Signal Processing, 1993, 7(1): 75-87.
[89] ÖZER M B, ÖZGÜVEN H N, ROYSTON T J. Identification of structural non-linearities using describing functions and the Sherman-Morrison method [J]. Mechanical Systems and Signal Processing, 2009, 23(1): 30-44.
[90] WANG D, ZHANG Z S. High-efficiency nonlinear dynamic analysis for joint interfaces with Newton-Raphson iteration process [J]. Nonlinear Dynamics, 2020, 100(1): 543-559.
[91] WEI S, HAN Q, PENG Z, et al. Dynamic analysis of parametrically excited system under uncertainties and multi-frequency excitations [J]. Mechanical Systems and Signal Processing, 2016, 72/73(1): 762-784.
[92] CHEN Y S, YAGHOUBI V, LINDERHOLT A, et al. Informative data for model calibration of locally nonlinear structures based on multiharmonic frequency responses [J]. Journal of Computational and Nonlinear Dynamics, 2016, 11(5): 051023.
[93] ARMAND J, PESARESI L, SALLES L, et al. A multiscale approach for nonlinear dynamic response predictions with fretting wear [J]. Journal of Engineering for Gas Turbines and Power, 2016, 139(2): 022505.
[94] 漆文凯, 高德平. 带摩擦阻尼装置系统振动响应分析方法研究 [J]. 航空动力学报, 2006, 21(1): 161-167.

[95] 王本利，张相盟，卫洪涛，等．基于谐波平衡法的含 Iwan 模型干摩擦振子非线性振动［J］．航空动力学报，2013，28(1)：1-9.

[96] 阳刚，周标，臧朝平，等．缘板阻尼结构减振特性的影响因素分析［J］．航空动力学报，2019，34(1)：115-124.

[97] QIN Z Y，HAN Q K，CHU F L. Bolt loosening at rotating joint interface and its influence on rotor dynamics［J］. Engineering Failure Analysis，2016，59(1)：456-466.

[98] JAUMOUILLÉ V，SINOU J-J，PETITJEAN B. Simulation of Payne effect of elastomeric isolators with a harmonic balance method［J］. Shock and Vibration，2012，19(11)：1281-1295.

[99] FERHATOGLU E，ZUCCA S. Determination of periodic response limits among multiple solutions for mechanical systems with wedge dampers［J］. Journal of Sound and Vibration，2021，494(1)：115900.

[100] AHMADIAN H，JALALI H. Generic element formulation for modelling bolted lap joints［J］. Mechanical Systems and Signal Processing，2007，21(5)：2318-2334.

[101] KIM T C，ROOK T E，SINGH R. Super-and sub-harmonic response calculations for a torsional system with clearance nonlinearity using the harmonic balance method［J］. Journal of Sound and Vibration，2005，281(3/4/5)：965-993.

[102] BONELLO P，HAI P M. A receptance harmonic balance technique for the computation of the vibration of a whole aero-engine model with nonlinear bearings［J］. Journal of Sound and Vibration，2009，324(1/2)：221-242.

[103] LACAYO R，PESARESI L，GROß J，et al. Nonlinear modeling of structures with bolted joints：A comparison of two approaches based on a time-domain and frequency-domain solver［J］. Mechanical Systems and Signal Processing，2019，114：413-438.

[104] JAUMOUILLÉ V，SINOU J J，PETITJEAN B. An adaptive harmonic balance method for predicting the nonlinear dynamic responses of mechanical systems-application to bolted structures［J］. Journal of Sound and Vibration，2010，329(19)：4048-4067.

[105] CAMERON T M，GRIFFIN J H. An alternating frequency/time domain method for calculating the steady-state response of nonlinear dynamic systems［J］. Journal of Applied Mechanics，1989，56(1)：149-154.

[106] MOHAMMAD A，INES L A，LEIF K. An analytical calculation of the Jacobian matrix for 3D friction contact model applied to turbine blade shroud contact［J］. Computers and Structures，2016，177(1)：204-217.

[107] SOMBROEK C S M，TISO P，RENSON L，et al. Numerical computation of nonlinear normal modes in a modal derivative subspace［J］. Computers and Structures，2018，195(1)：34-46.

[108] LOÏC P，SÉBASTIEN B，MOHAMED T，et al. A comparison of stability computational methods for periodic solution of nonlinear problems with application to rotordynamics［J］. Nonlinear Dynamics，2013，72(3)：671-682.

[109] JOANNINA C，CHOUVIONA B，THOUVEREZA F，et al. A nonlinear component mode synthesis method for the computation of steady-state vibrations in non-conservative systems［J］. Mechanical Systems and Signal Processing，2017，83(Complete)：75-92.

[110] WU Y G，LI L，FAN Y，et al. Design of semi-active dry friction dampers for steady-state vibration：sensitivity analysis and experimental studies［J］. Journal of Sound and Vibration，2019，459

(1): 114850.

[111] LI D W, XU C, KANG J H, et al. Modeling tangential friction based on contact pressure distribution for predicting dynamic responses of bolted joint structures [J]. Nonlinear Dynamics, 2020, 101(1): 255-269.

[112] 康佳豪, 徐超, 李东武, 等. 基于谐波平衡-时频转换法的摩擦振子稳态响应分析 [J]. 振动与冲击, 2020, 39(12): 170-176.

[113] PETROV E P. A high-accuracy model reduction for analysis of nonlinear vibrations in structures with contact interfaces [J]. Journal of Engineering for Gas Turbines and Power, 2011, 133(10): 102503.

[114] SEVER I A, PETROV E P, EWINS D J. Experimental and numerical investigation of rotating bladed disk forced response using underplatform friction dampers [J]. Journal of Engineering for Gas Turbines and Power, 2008, 130(4): 042503.

[115] PETROV E P, EWINS D J. Analytical formulation of friction interface elements for analysis of nonlinear multi-harmonic vibrations of bladed discs [J]. Journal of Turbomachinery, 2003, 125(2): 364-371.

[116] PETROV E P, EWINS D J. State-of-the-art dynamic analysis for non-linear gas turbine structures [J]. Proceedings of the Institution of Mechanical Engineers, Part G: Journal of Aerospace Engineering, 2004, 218(3): 199-211.

[117] KRACK M, GROSS J. Harmonic Balance for Nonlinear Vibration Problems [M]. Heidelberg: Springer, 2019.

[118] KRACK M, SALLES L, THOUVEREZ F. Vibration prediction of bladed disks coupled by friction joints [J]. Archives of Computational Methods in Engineering, 2017, 24(3): 589-636.

[119] AMATA S, ARGYROSB I K, BUSQUIERA S. Newton-type methods on Riemannian manifolds under Kantorovich-type conditions [J]. Applied Mathematics and Computation, 2014, 227(1): 762-787.

[120] ARGYROS I K. On Newton' s method under mild differentiability conditions and applications [J]. Applied Mathematics and Computation, 1999, 102(2/3): 177-183.

[121] ZHOU B, THOUVEREZ F, LENOIR D. A variable-coefficient harmonic balance method for the prediction of quasi-periodic response in nonlinear systems [J]. Mechanical Systems and Signal Processing, 2015, 64/65: 233-244.

[122] DETROUX T, RENSON L, MASSET L, et al. The harmonic balance method for bifurcation analysis of large-scale nonlinear mechanical systems [J]. Computer Methods in Applied Mechanics and Engineering, 2015, 296(1): 18-38.

[123] FESTJENS H, CHEVALLIER G, DION J L. Nonlinear model order reduction of jointed structures for dynamic analysis [J]. Journal of Sound and Vibration, 2014, 333(12): 2100-2113.

[124] WANG X, GUAN X, ZHENG G T. Inverse solution technique of steady-state responses for local nonlinear structures [J]. Mechanical Systems and Signal Processing, 2016, 70/71: 1085-1096.

[125] GASTALDI C, ZUCCA S, I. EPUREANU B. Jacobian projection reduced-order models for dynamic systems with contact nonlinearities [J]. Mechanical Systems and Signal Processing, 2018, 100: 550-569.

[126] SHIAU T-N, JEAN A-N. Prediction of periodic response of flexible mechanical systems with nonlinear characteristics [J]. Journal of Vibration and Acoustics, 1990, 112(4): 501-507.

[127] FRISWELL M I, PENNY J E T, GARVEY S D. Using linear model reduction to investigate the dynamics of structures with local nonlinearities [J]. Mechanical Systems and Signal Processing, 1995, 9: 317-328.

[128] FRISWELL M I, PENNY J E T, GARVEY S D. Application of the IRS and balanced realization methods to obtain reduced models of structures with local non-linearities [J]. Journal of Sound and Vibration, 1996, 196(4): 453-468.

[129] QU Z Q. Model reduction for dynamical systems with local nonlinearities [J]. AIAA Journal, 2002, 40(2): 327-333.

[130] QU Z Q. Adaptive mode superposition and acceleration technique with application to frequency response function and its sensitivity [J]. Mechanical Systems and Signal Processing, 2007, 21(1): 40-57.

[131] WANG D. An improved nonlinear dynamic reduction method for complex jointed structures with local hysteresis model [J]. Mechanical Systems and Signal Processing, 2021, 149: 107214.

[132] 王东，张周锁. 连接局部迟滞非线性的时频域动力学降阶方法 [J]. 振动工程学报, 2021, 34(3): 559-566.

[133] JOANNINA C, CHOUVIONA B, THOUVEREZA F, et al. A nonlinear component mode synthesis method for the computation of steady-state vibrations in non-conservative systems [J]. Mechanical Systems and Signal Processing, 2017, 83: 75-92.

[134] FERHATOGLU E, CIĞEROĞLU E, ÖZGÜVEN H N. A novel modal superposition method with response dependent nonlinear modes for periodic vibration analysis of large MDOF nonlinear systems [J]. Mechanical Systems and Signal Processing, 2020, 135: 106388.

[135] CIĞEROĞLU E, ÖZGÜVEN H N. Nonlinear vibration analysis of bladed disks with dry friction dampers [J]. Journal of Sound and Vibration, 2006, 295(3/4/5): 1028-1043.

[136] FERHATOGLU E, CIĞEROĞLU E, ÖZGÜVEN H N. A new modal superposition method for nonlinear vibration analysis of structures using hybrid mode shapes [J]. Mechanical Systems and Signal Processing, 2018, 107: 317-342.

[137] YUAN J, SALLES L, HADDAD E F, et al. An adaptive component mode synthesis method for dynamic analysis of jointed structure with contact friction interfaces [J]. Computers and Structures, 2020, 229: 106177.

[138] WEI F, ZHENG G T. Nonlinear vibration analysis of spacecraft with local nonlinearity [J]. Mechanical Systems and Signal Processing, 2010, 24(2): 481-490.

[139] WEI F, ZHENG G T. Multiharmonic response analysis of systems with local nonlinearities based on describing functions and linear receptance [J]. Journal of Vibration and Acoustics, 2010, 132(3): 031004.

[140] WEI F, LIANG L, ZHENG G T. Parametric study for dynamics of spacecraft with local nonlinearities [J]. AIAA Journal, 2010, 48(8): 1700-1707.

[141] WANG D, XU C. Combination reduction dynamic analysis for complex jointed structures with local hysteresis nonlinearity [J]. Nonlinear Dynamics, 2020, 100(4): 271-290.

[142] GROLL G V, EWINS D J. The harmonic balance method with arc-length continuation in rotor/stator contact problems [J]. Journal of Sound and Vibration, 2001, 241(2): 223-233.

[143] IBÁÑEZ P. Identification of dynamic parameters of linear and non-linear structural models from experimental data [J]. Nuclear Engineering and Design, 1973, 25(1): 30-41.

[144] MASRI S F, CAUGHEY T K. A nonparametric identification technique for nonlinear dynamic problems [J]. Journal of Applied Mechanics, 1979, 46(2): 433-447.

[145] KERSCHEN G, WORDEN K, VAKAKIS A F, et al. Past, present and future of nonlinear system identification in structural dynamics [J]. Mechanical Systems and Signal Processing, 2006, 20(3): 505-592.

[146] NOËL J P, KERSCHEN G. Nonlinear system identification in structural dynamics: 10 more years of progress [J]. Mechanical Systems and Signal Processing, 2017, 83: 2-35.

[147] WORDEN K, HICKEY D, HAROON M, et al. Nonlinear system identification of automotive dampers: A time and frequency-domain analysis [J]. Mechanical Systems and Signal Processing, 2009, 23(1): 104-126.

[148] MEHRPOUYA M, GRAHAM E, PARK S S. FRF based joint dynamics modeling and identification [J]. Mechanical Systems and Signal Processing, 2013, 39(1/2): 265-279.

[149] NICGORSKI D, AVITABILE P. Conditioning of FRF measurements for use with frequency based substructuring [J]. Mechanical Systems and Signal Processing, 2010, 24(2): 340-351.

[150] WANG X, HILL T L, NEILD S A, et al. Model updating strategy for structures with localised nonlinearities using frequency response measurements [J]. Mechanical Systems and Signal Processing, 2018, 100(1): 940-961.

[151] MATTHEW S A, HARTONO S, DAVID S E. Piecewise-linear restoring force surfaces for semi-nonparametric identification of nonlinear systems [J]. Nonlinear Dynamics, 2008, 54(1/2): 123-135.

[152] WANG X, ZHENG G T. Equivalent dynamic stiffness mapping technique for identifying nonlinear structural elements from frequency response functions [J]. Mechanical Systems and Signal Processing, 2016, 68/69(1): 394-415.

[153] KONG L F, JIANG H L, AMIR H G, et al. Condensation modeling of the bolted joint structure with the effect of nonlinear dynamics [J]. Journal of Sound and Vibration, 2019, 442(1): 657-676.

[154] WANG Z C, XIN Y, REN W X. Nonlinear structural joint model updating based on instantaneous characteristics of dynamic responses [J]. Mechanical Systems and Signal Processing, 2016, 76/77(1): 476-496.

[155] BOLOURCHI A, MASRI S F, ALDRAIHEM O J. Development and application of computational intelligence approaches for the identification of complex nonlinear systems [J]. Nonlinear Dynamics, 2015, 79(2): 765-786.

[156] CHATTERJEE A, VYAS N S. Non-linear parameter estimation with Volterra series using the method of recursive iteration through harmonic probing [J]. Journal of Sound and Vibration, 2003, 268(4): 657-678.

[157] YUN C B, BAHNG E Y. Substructural identification using neural networks [J]. Computers and Structures, 2000, 77(1): 41-52.

[158] 王兴. 局部非线性结构的动力学计算与试验辨识研究 [D]. 北京：清华大学，2016.

[159] WANG D, FAN X H. Nonlinear dynamic modeling for joint interfaces by combining equivalent linear mechanics with multi-objective optimization [J]. Acta Mechanica Solida Sinica, 2020, 33(4): 148-159.

[160] LACAYO R M, ALLEN M S. Updating structural models containing nonlinear Iwan joints using quasi-static modal analysis [J]. Mechanical Systems and Signal Processing, 2019, 118: 133-157.

[161] YUAN P P, REN W X, ZHANG J. Dynamic tests and model updating of nonlinear beam structures with bolted joints [J]. Mechanical Systems and Signal Processing, 2019, 126: 193-210.

[162] SANAYEI M, ESFANDIARI A, RAHAI A, et al. Quasi-linear sensitivity-based structural model updating using experimental transfer functions [J]. Structural Health Monitoring, 2012, 11(11): 656-670.

[163] ESFANDIARI A, BAKHTIARINEJAD F, SANAYEI M, et al. Structural finite element model updating using transfer function data [J]. Computers and Structures, 2010, 88(1/2): 54-64.

[164] XU X, OU J P. Force identification of dynamic systems using virtual work principle [J]. Journal of Sound and Vibration, 2015, 337(1): 71-94.

[165] LIU J, SUN X S, HAN X, et al. Dynamic load identification for stochastic structures based on Gegenbauer polynomial approximation and regularization method [J]. Mechanical Systems and Signal Processing, 2015, 56/57(1): 35-54.

[166] KHOO S Y, ISMAI L Z, KONG K K, et al. Impact force identification with pseudo-inverse method on a lightweight structure for under-determined, even-determined and over-determined cases [J]. International Journal of Impact Engineering, 2014, 63(1): 52-62.

[167] KALHORI H, LIN Y, MUSTAPHA S. Inverse estimation of impact force on a composite panel using a single piezoelectric sensor [J]. Journal of Intelligent Material Systems and Structures, 2017, 28(11): 799-810.

[168] WEI S, PENG Z K, DONG X J, et al. A nonlinear subspace-prediction error method for identification of nonlinear vibrating structures [J]. Nonlinear Dynamics, 2018, 91(3): 1605-1617.

[169] NOËL J P, KERSCHEN G. Frequency-domain subspace identification for nonlinear mechanical systems [J]. Mechanical Systems and Signal Processing, 2013, 40(2): 701-717.

[170] LIU J, LI B, MIAO H H. Numerical and experimental study of clearance nonlinearities based on nonlinear response reconstruction [J]. Journal of Computational and Nonlinear Dynamics, 2018, 13(2): 021001.

[171] SANCHEZ J, BENAROYA H. Review of force reconstruction techniques [J]. Journal of Sound and Vibration, 2014, 333(14): 2999-3018.

[172] WORDEN K, TOMLINSON G R. Nonlinearity in Structural Dynamics, Detection, Identification and Modelling [M]. Bristol Institute of Physics, 2001.

[173] HUANG J Y, LIU J H, GONG H, et al. A comprehensive review of loosening detection methods for threaded fasteners [J]. Mechanical Systems and Signal Processing, 2022, 168: 108652.

[174] ZHOU L, CHEN S X, NI Y Q, et al. EMI-GCN: a hybrid model for real-time monitoring of multiple bolt looseness using electromechanical impedance and graph convolutional networks [J]. Smart Materials and Structures, 2021, 30(3): 035032.

[175] WANG L T, YUAN B, XU Z B, et al. Synchronous detection of bolts looseness position and degree based on fusing electro-mechanical impedance [J]. Mechanical Systems and Signal Processing, 2022, 174: 109068.

[176] WANG F R, SONG G B. Monitoring of multi-bolt connection looseness using a novel vibro-acoustic method [J]. Nonlinear Dynamics, 2020, 100(1): 243-254.

[177] ZHANG M R, TANG Z F, YUN C B, et al. Bolt looseness detection using SH guided wave and wave energy transmission [J]. Smart Materials and Structures, 2021, 30(10): 105015.

[178] WANG F R, HO S C M, SONG G B. Monitoring of early looseness of multi-bolt connection: a new entropy-based active sensing method without saturation [J]. Smart Materials and Structures, 2019, 28

(10): 10LT01.

[179] FENG Z P, LIANG M, CHU F L. Recent advances in time-frequency analysis methods for machinery fault diagnosis: A review with application examples [J]. Mechanical Systems and Signal Processing, 2013, 38(1): 165-205.

[180] YAN R Q, GAO R X, CHEN X F. Wavelets for fault diagnosis of rotary machines: A review with applications [J]. Signal Processing, 2014, 96: 1-15.

[181] CHEN J L, LI Z P, PAN J, et al. Wavelet transform based on inner product in fault diagnosis of rotating machinery: A review [J]. Mechanical Systems and Signal Processing, 2016, 70/71: 1-35.

[182] BARBOSH M, SINGH P, SADHU A. Empirical mode decomposition and its variants: a review with applications in structural health monitoring [J]. Smart Materials and Structures, 2020, 29(9): 093001.

[183] GUO Y F, ZHANG Z S, YANG W Z, et al. Early bolt looseness state identification via generalized variational mode decomposition and similarity index [J]. Journal of Mechanical Science and Technology, 2021, 35(3): 861-873.

[184] FENG Z P, ZHOU Y K, ZUO M J, et al. Atomic decomposition and sparse representation for complex signal analysis in machinery fault diagnosis: A review with examples [J]. Measurement, 2017, 103: 106-132.

[185] SWELDENS W. The lifting scheme: A construction of second generation wavelets [J]. Siam Journal on Mathematical Analysis, 1998, 29(2): 511-546.

[186] SELESNICK I W, BARANIUK R G, KINGSBURY N C. The dual-tree complex wavelet transform [J]. IEEE Signal Processing Magazine, 2005, 22(11): 123-151.

[187] SELESNICK I W. Wavelet transform with tunable Q-factor [J]. IEEE Transactions on Signal Processing, 2011, 59(8): 3560-3575.

[188] BAYRAM I, SELESNICK I W. Orthonormal FBs with rational sampling factors and oversampled DFT-Modulated FBs: A connection and flter design [J]. IEEE Transactions on Signal Processing, 2009, 57(12): 2515-2526.

[189] HUANG N E, SHEN Z, LONG S R, et al. The empirical mode decomposition and the Hilbert spectrum for nonlinear and non-stationary time series analysis [J]. Proceedings of the Royal Society a-Mathematical Physical and Engineering Sciences, 1998, 454(1971): 903-995.

[190] SMITH J S. The local mean decomposition and its application to EEG perception data [J]. Journal of The Royal Society Interface, 2005, 2(5): 443-454.

[191] GILLES J. Empirical wavelet transform [J]. IEEE Transactions on Signal Processing, 2013, 61(16): 3999-4010.

[192] DRAGOMIRETSKIY K, ZOSSO D. Variational mode decomposition [J]. IEEE Transactions on Signal Processing, 2014, 62(3): 531-544.

[193] CICONE A, LIU J F, ZHOU H M. Adaptive local iterative filtering for signal decomposition and instantaneous frequency analysis [J]. Applied and Computational Harmonic Analysis, 2016, 41(2): 384-411.

[194] IATSENKO D, MCCLINTOCK P V, STEFANOVSKA A. Nonlinear mode decomposition: a noise-robust, adaptive decomposition method [J]. Physical Review E, 2015, 92(3): 032916.

[195] APOSTOLIDIS G K, HADJILEONTIADIS L J. Swarm decomposition: A novel signal analysis using swarm intelligence [J]. Signal Processing, 2017, 132: 40-50.

[196] LECUN Y, BENGIO Y, HINTON G. Deep learning [J]. Nature, 2015, 521(12553): 436-444.

[197] ZHANG T, BISWAL S, WANG Y. SHMnet: Condition assessment of bolted connection with beyond human-level performance [J]. Structural Health Monitoring, 2020, 19(4): 1188-1201.

[198] LI X C, WANG J C, ZHANG B. Fault diagnosis of rolling element bearing weak fault based on sparse decomposition and broad learning network [J]. Transactions of the Institute of Measurement and Control, 2020, 42(2): 169-179.

[199] ZHANG Y, ZHAO X F, SUN X W, et al. Bolt loosening detection based on audio classification [J]. Advances in Structural Engineering, 2019, 22(13): 2882-2891.

[200] QU J X, SHI C Q, DING F, et al. A novel aging state recognition method of a viscoelastic sandwich structure based on permutation entropy of dual-tree complex wavelet packet transform and generalized Chebyshev support vector machine [J]. Structural Health Monitoring, 2020, 19(1): 156-172.

[201] WANG F R, CHEN Z, SONG G B. Monitoring of multi-bolt connection looseness using entropy-based active sensing and genetic algorithm-based least square support vector machine [J]. Mechanical Systems and Signal Processing, 2020, 136: 106507.

[202] SUN C, ZHANG Z S, GUO T, et al. A novel manifold-manifold distance index applied to looseness state assessment of viscoelastic sandwich structures [J]. Smart Materials and Structures, 2014, 23(11): 065019.

[203] CHEN R X, CHEN S Y, YANG L X, et al. Looseness diagnosis method for connecting bolt of fan foundation based on sensitive mixed-domain features of excitation-response and manifold learning [J]. Neurocomputing, 2017, 219: 376-388.

[204] YANG X, NASSAR S A, ASME F, et al. Criterion for preventing self-loosening of preloaded cap screws under transverse cyclic excitation [J]. Journal of Vibration and Acoustics, 2011, 133(4): 041013.

[205] SAYED A. NASSAR X Y. A mathematical model for vibration-induced loosening of preloaded threaded fasteners [J]. Journal of Vibration and Acoustics, 2009, 131(2): 021009.

[206] ERITEN M, POLYCARPOU A A, BERGMAN L A. Effects of surface roughness and lubrication on the early stages of fretting of mechanical lap joints [J]. Wear, 2011, 271(11/12): 2928-2939.

[207] BOYD S, PARIKH N, CHU E, et al. Distributed optimization and statistical learning via the alternating direction method of multipliers [J]. Foundations and Trends in Machine Learning, 2010, 3(1): 1-122.

[208] BAYRAM I, SELESNICK I W. On the dual-tree complex wavelet packet and M-band transforms [J]. IEEE Transactions on Signal Processing, 2008, 56(11): 2298-2310.

[209] BANDT C, POMPE B. Permutation entropy: a natural complexity measure for time series [J]. Physical Review Letters, 2002, 88(17): 174102.

[210] LEI Y G, HE Z J, ZI Y Y, et al. New clustering algorithm-based fault diagnosis using compensation distance evaluation technique [J]. Mechanical Systems and Signal Processing, 2008, 22(2): 419-435.

[211] JIN X H, ZHAO M B, CHOW T W S, et al. Motor bearing fault diagnosis using trace ratio linear discriminant analysis [J]. IEEE Transactions on Industrial Electronics, 2014, 61(5): 2441-2451.

[212] YANG A, WANG Y, ZI Y Y, et al. An enhanced trace ratio linear discriminant analysis for fault diagnosis: an illustrated example using HDD data [J]. IEEE Transactions on Instrumentation and Measurement, 2019, 68(12): 4629-4639.

结　束　语

在工程装备结构的研制过程中，连接结构动力学研究发挥着越来越重要的基础性作用。零部件之间不可避免地形成接触界面，这些预紧连接界面是引起装备功能精度和服役性能下降的主要影响因素之一。针对以上问题，本书重点介绍了连接界面的非线性动力学降阶建模、复杂连接结构的高效非线性动力学求解、动力学敏感特征提取和连接界面预紧状态辨识等问题的部分相关研究成果。然而，面向工程装备结构长时服役过程的动力学分析与性能评估需求，形成产品全寿命周期内动力学响应特性的高效数值仿真与预测能力，还有许多问题有待进一步完善，可作为后续研究工作的拓展。作者结合近些年从事工程装备结构的研发实践，谈些体会和建议。

连接结构预紧性能退化的动力学建模与求解方法研究是十分必要的。预紧连接结构广泛地用于工程装备结构的零部件之间传递能量和载荷，连接是整体结构的关键薄弱环节。长时服役过程中，受到振动载荷的作用，连接结构的预紧性能将发生退化，严重地影响装备结构的完整性、功能性和安全性。因此，有必要开展长时振动过程的预紧性能退化和非线性动力学求解方法研究，为工程装备结构的优化改进、健康监测和寿命预测等分析提供理论支撑。

连接界面的摩擦、磨损和滑移等接触行为是引起预紧性能退化的主要影响因素之一，需要建立界面微细观损伤机理和宏观尺度预紧性能退化规律之间的关联关系，以及对整体结构动力学响应特性的影响机制。开展连接结构预紧性能退化的非线性动力学建模方法研究，有利于加深连接结构预紧性能退化机理认识，也能为工程装备结构长时振动过程的动力学分析提供模型输入。另外，连接界面预紧性能退化与结构非线性动力学响应往往是耦合的，需要发展高效的非线性动力学求解算法，形成工程装备结构长时振动过程的动力学响应预测能力，并揭示连接界面微细观损伤机理与宏观动力学响应特性的影响机制。

连接结构的健康监测与评估方法研究也是非常重要的。工程装备结构在长时服役过程中，连接结构预紧性能退化是一个渐变的连续过程，需要深入挖掘动力学响应的敏感特征、发展基于深度学习的分类识别算法，利用实时测量的振动响应数据不断更新算法和评估模型，融合数字孪生技术，开发连接结构长时服役过程的健康监测平台，为工程装备结构的可靠性评估和使用寿命预测分析提供理论和工具支撑。

由此可见，面向工程装备结构动力学性能的评估需求，连接结构动力学研究需着力解决以下关键科学/技术问题：

（1）建立关联界面微细观接触机理和预紧性能退化的非线性连接模型。

（2）建立长时振动过程中复杂连接结构的高效非线性动力学求解方法。

（3）建立连接结构服役性能和剩余使用寿命的评估技术与平台。

致　谢

从2015年作者所在团队从事连接结构动力学建模、求解与辨识等方面的研究工作开始，到2022年本书成稿，凝聚了团队成员大量的心血和智慧。在本书即将出版之际，作者向整个项目团队致以崇高的谢意。

感谢中国工程物理研究院总体工程研究所的魏发远研究员和肖世富研究员两位所领导在项目实施过程中给予的大力支持。感谢中国工程物理研究院总体工程研究所力学中心的范宣华研究员、郝志明研究员、李上明研究员、陈学前研究员、胡杰研究员和陈红永副研究员给予的各种指导和帮助。

由衷感谢西北工业大学的徐超教授在非线性动力学建模与求解方面给予的指导和帮助，并详细审阅了初稿，指出并修改了若干错误。感谢中国工程物理研究院总体工程研究所力学中心的刘信恩副研究员在连接结构结构非线性动力学建模方面给予的指导。感谢西安交通大学的杨文展和郭燕飞博士在连接结构预紧状态识别方面给予的指导。

在本书编写过程中，作者参阅了诸多同行专家的宝贵资料和科研成果，在此谨向他们致以衷心的感谢。

此外，感谢国防工业出版社的周敏文老师及全社同志为本书出版付出的辛勤劳动。

本书相关研究工作得到国防基础核科学挑战项目（TZ2018007）、国家自然科学基金面上项目（11872059、51775410）、叶企孙联合基金重点项目（U2141212）和中国工程物理研究院科学技术基金重点项目（2014A0203006）的资助，在此表示感谢。

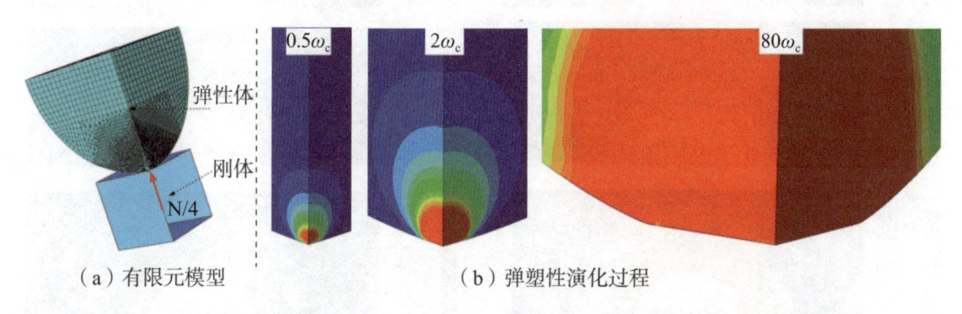

图 1.7　微凸体法向接触的变形规律（图中 ω_c 为临界弹塑性接触变形）

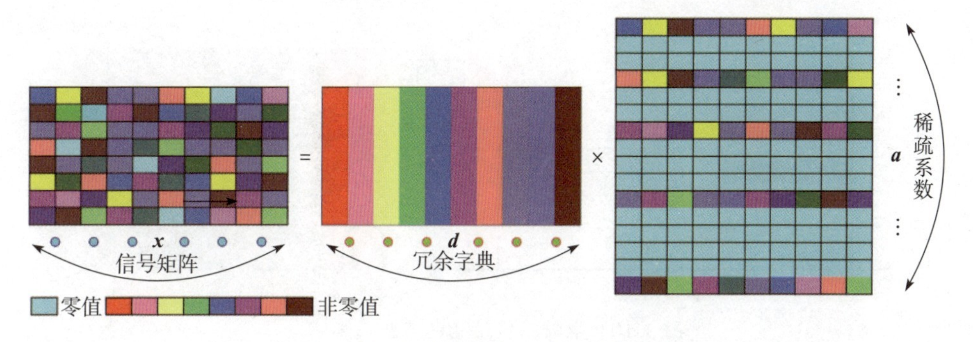

图 1.13　信号稀疏表示的原理示意图

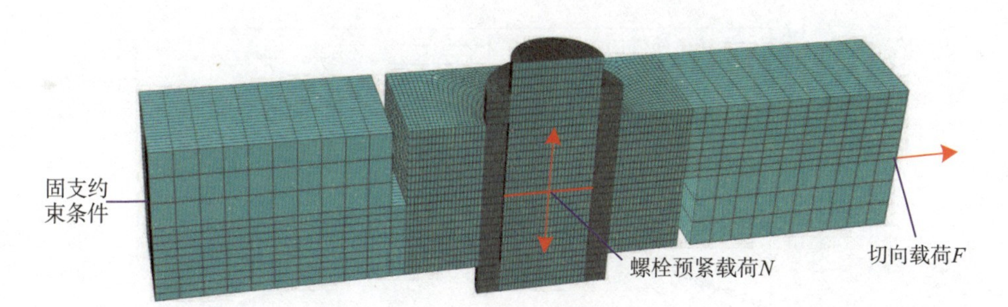

图 3.1　螺栓连接结构的有限元模型

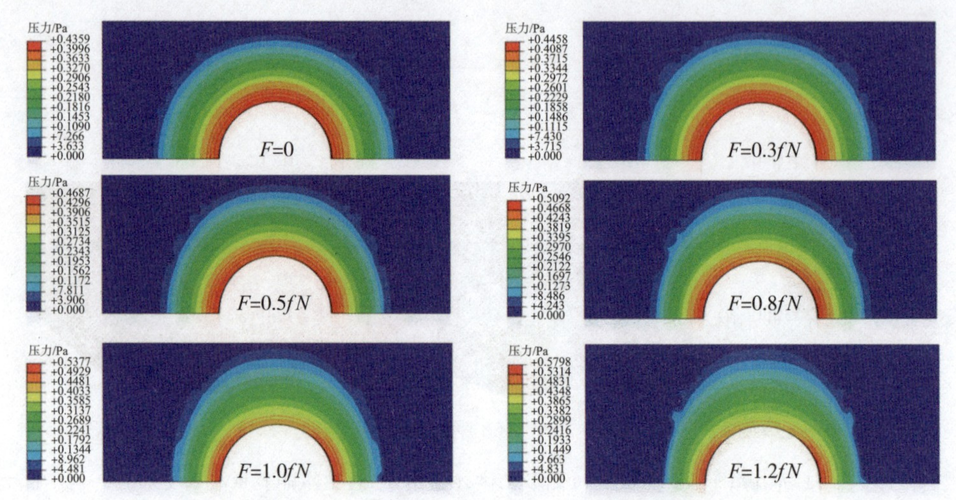

图 3.3　不同切向载荷下接触区域的压力分布

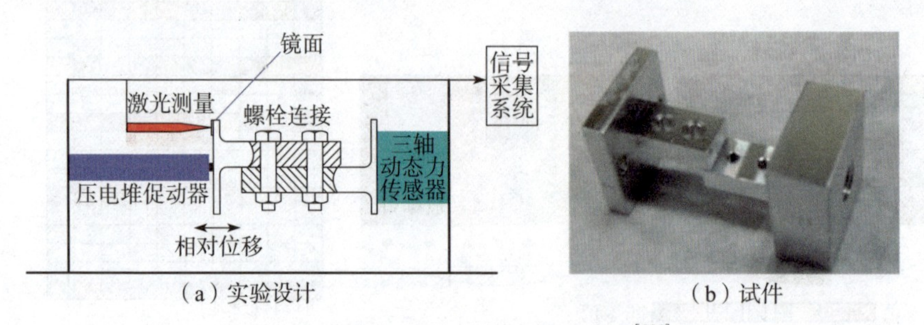

图 3.10　螺栓连接结构的实验设置[206]

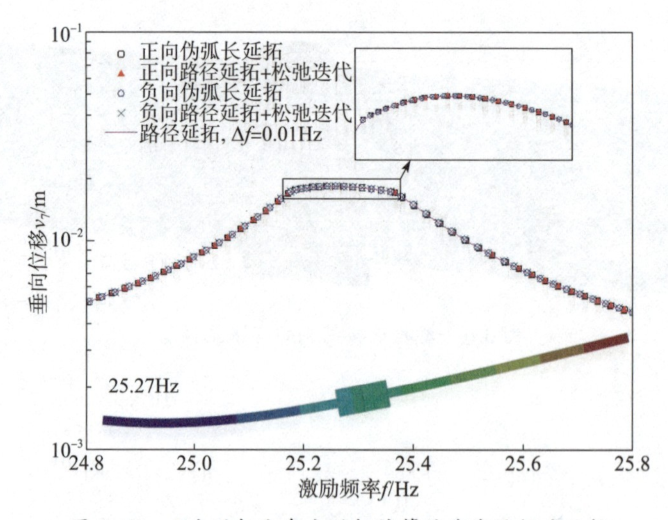

图 4.14　正向延拓和负向延拓计算的非线性频响函数

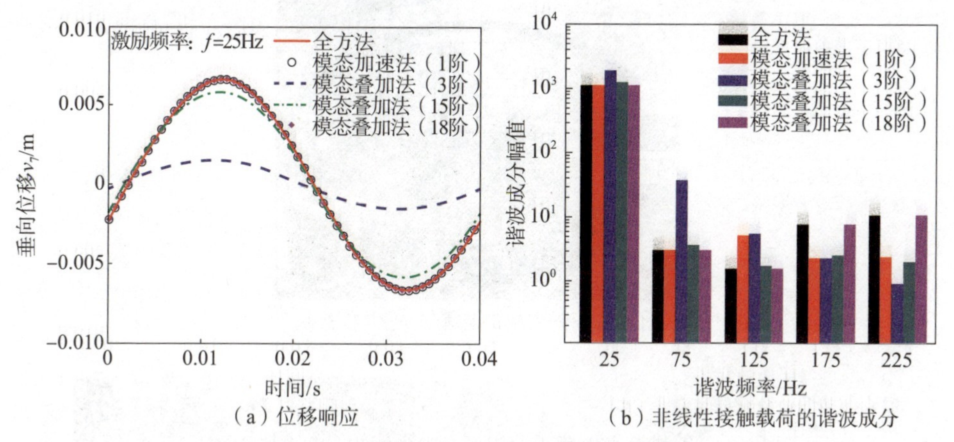

（a）位移响应　　（b）非线性接触载荷的谐波成分

图 5.9　传递函数对时域动力学响应的影响

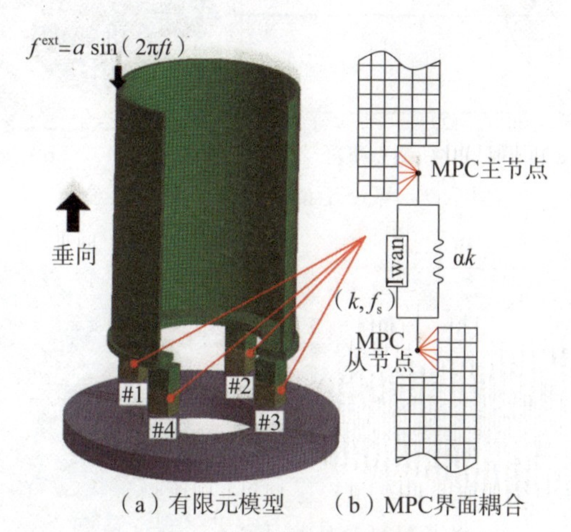

（a）有限元模型　　（b）MPC界面耦合

图 5.10　多螺栓连接薄壁筒结构

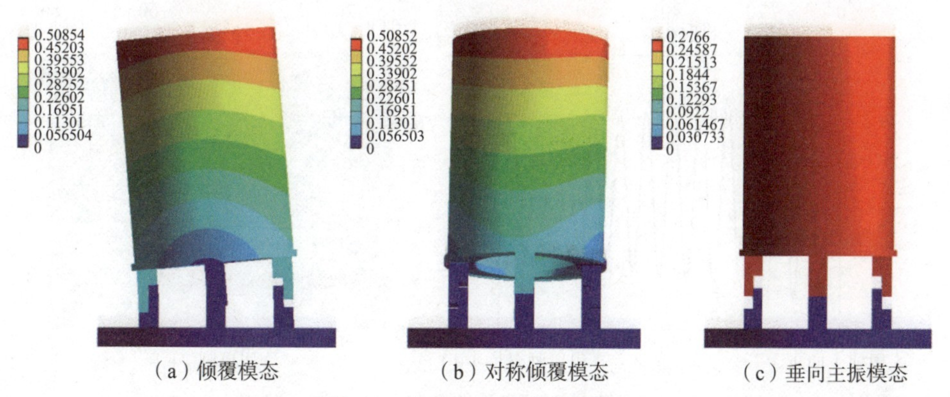
（a）倾覆模态　　（b）对称倾覆模态　　（c）垂向主振模态

图 5.11　薄壁筒结构前三阶模态

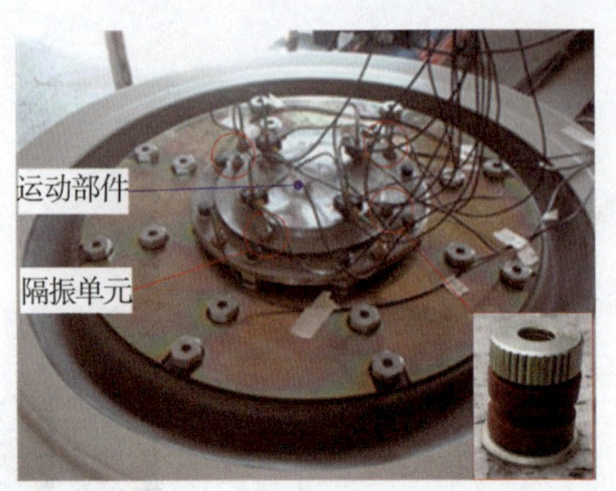

图 6.6　含橡胶隔振单元的实验系统

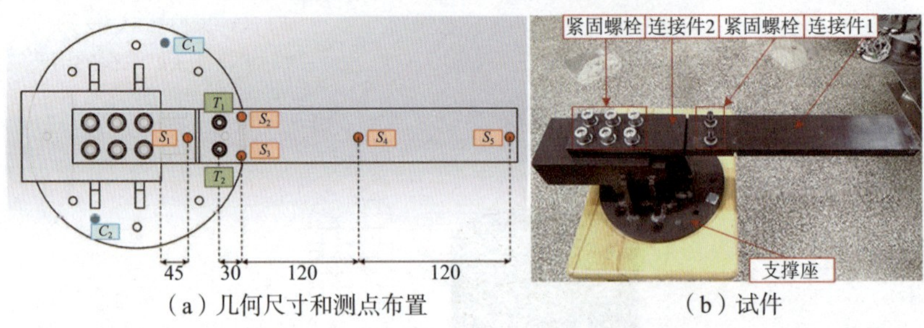

（a）几何尺寸和测点布置　　（b）试件

图 7.9　螺栓连接梁结构的实验设置

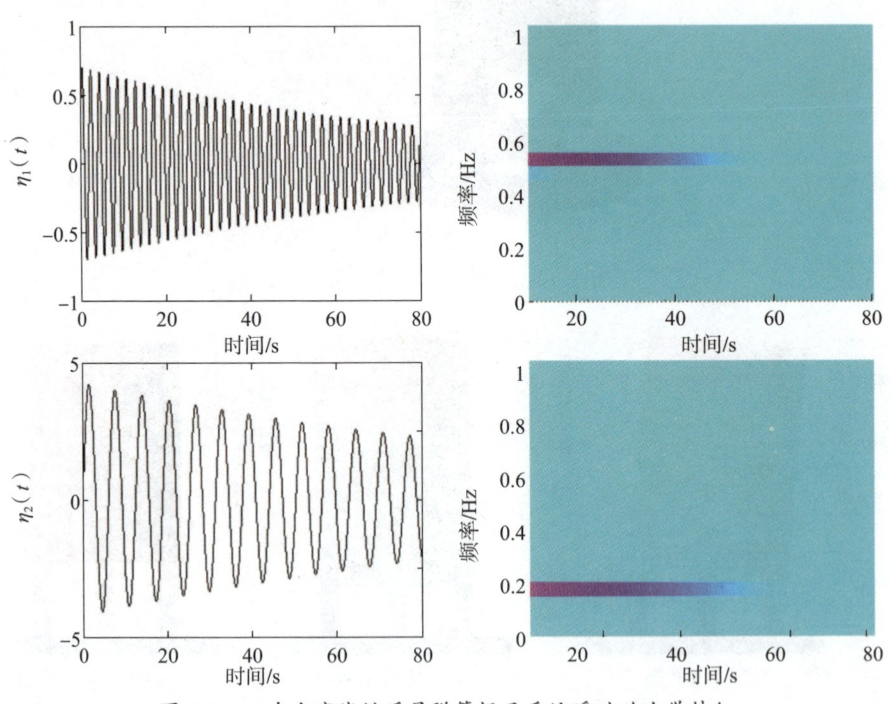

图 8.3　二自由度线性质量弹簧振子系统瞬时动力学特征

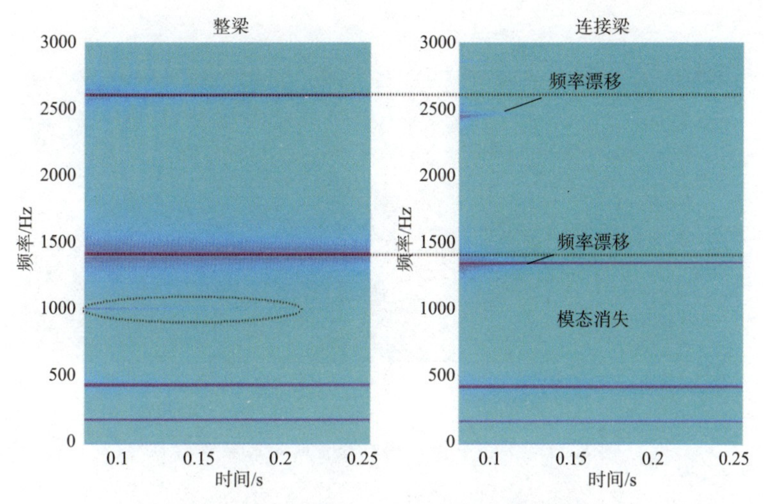

图 8.7　螺栓连接界面对瞬时频率特征的影响

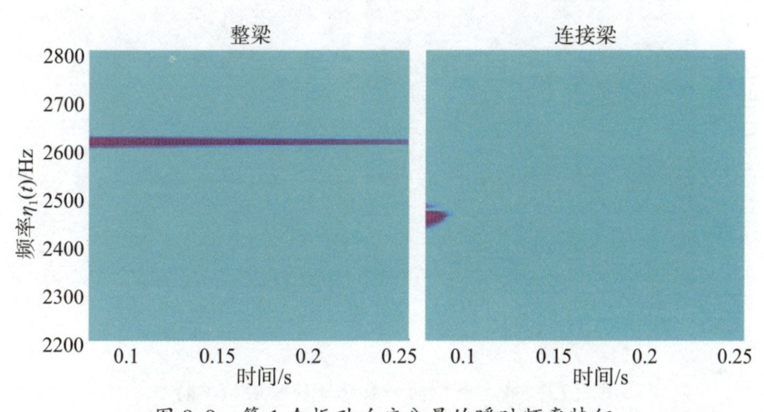

图 8.9　第 1 个振动响应分量的瞬时频率特征

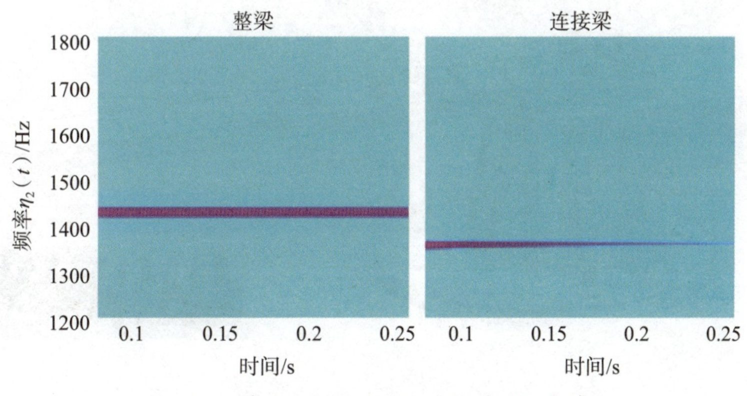

图 8.10　第 2 个振动响应分量的瞬时频率特征

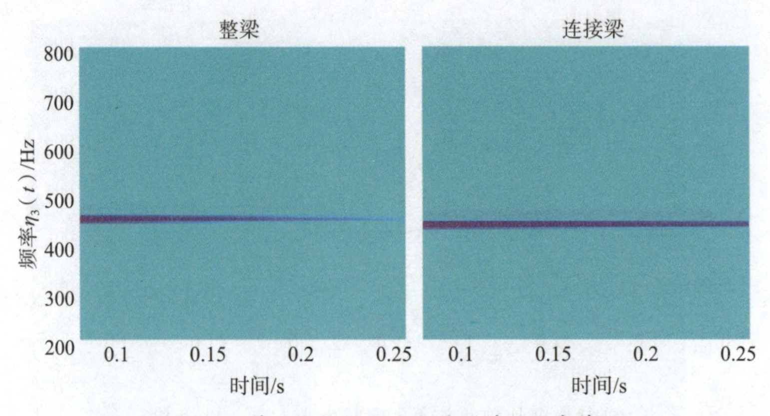

图 8.11　第 3 个振动响应分量的瞬时频率特征

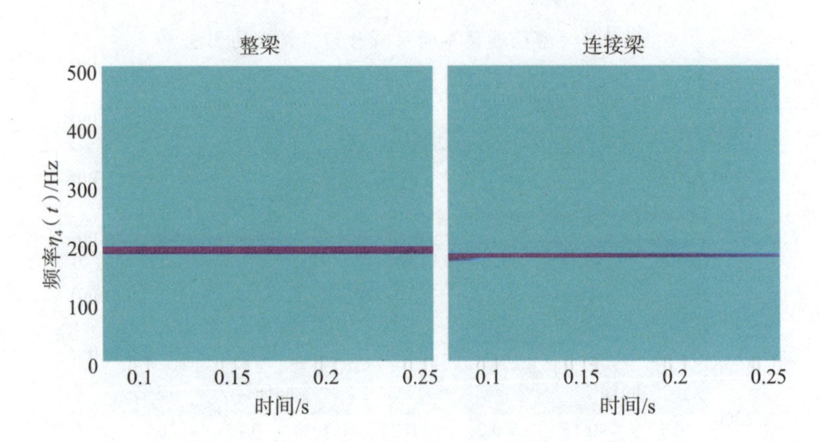

图 8.12　第 4 个振动响应分量的瞬时频率特征

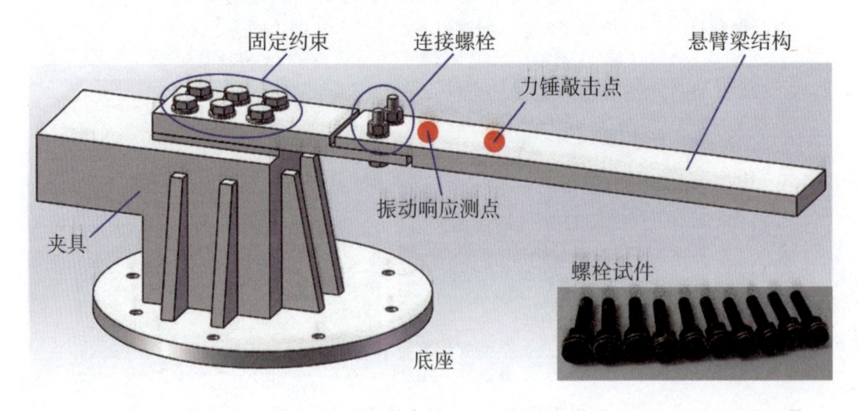

图 9.6　螺栓连接梁的实验结构

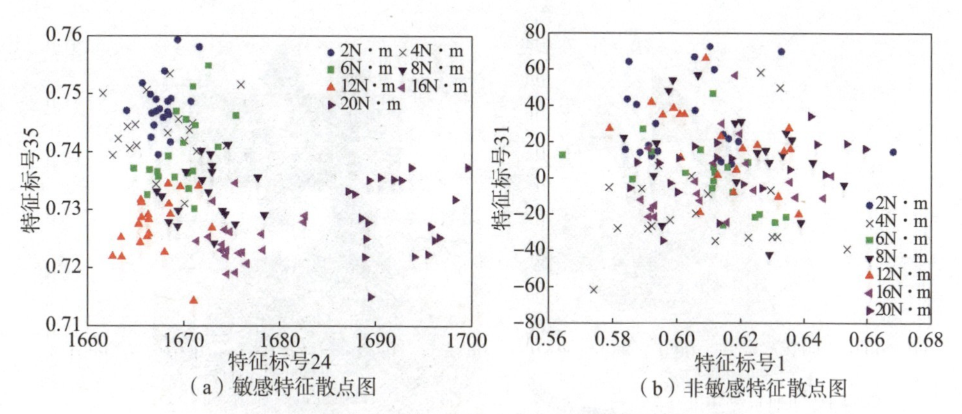

（a）敏感特征散点图　　（b）非敏感特征散点图

图 10.6　类内、类间距离评估特征散点图

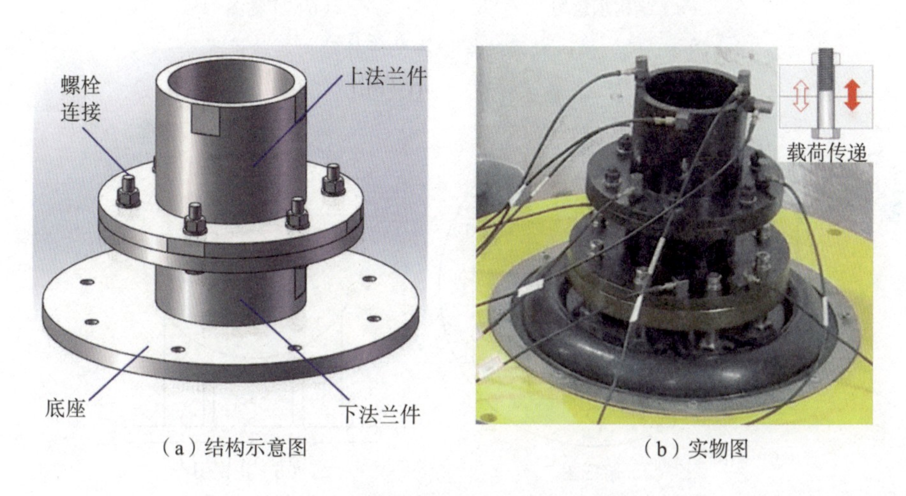

（a）结构示意图　　（b）实物图

图 10.10　轴向激励的螺栓法兰连接结构实验设置

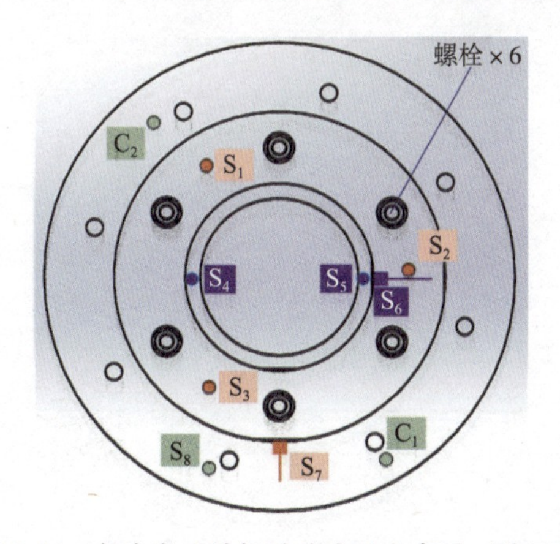

图 10.11　轴向激励的振动响应测点布置（俯视图）

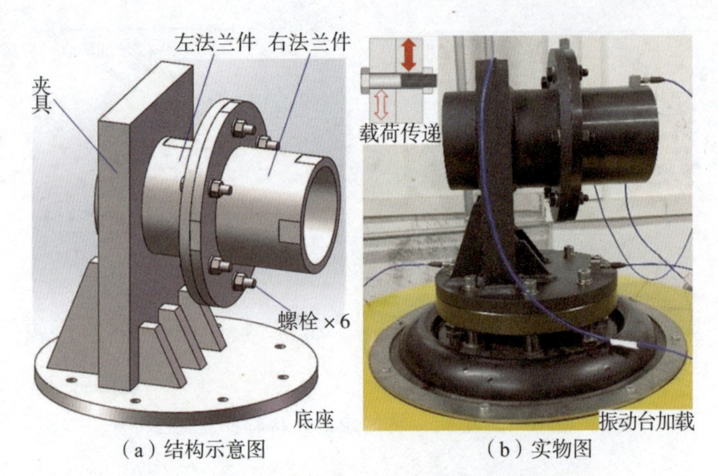

（a）结构示意图　　（b）实物图

图 10.12　横向激励的螺栓法兰连接结构实验设置

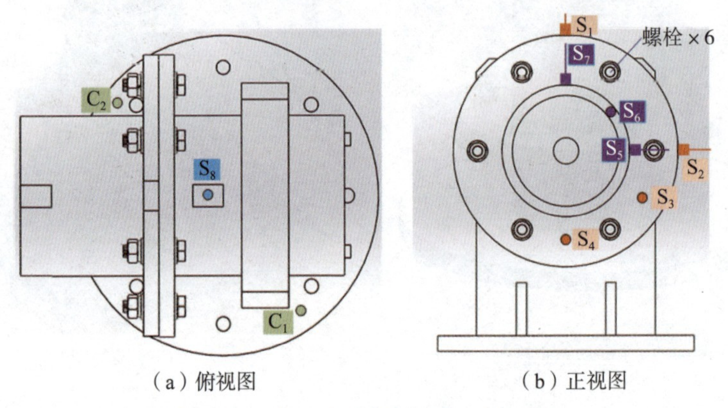

（a）俯视图　　（b）正视图

图 10.13　横向激励的振动响应测点布置